"十二五"职业教育国家规划教材

经全国职业教育教材审定委员会审定

药物分离与纯化技术

第三版

张雪荣　主编　　杜会茹　副主编

卢义和　主审

U0345333

化学工业出版社

·北京·

药物分离与纯化技术是药品生产中的关键技术之一。本书按照制药技术类专业毕业生进入岗位工作的职业成长过程规律，创设教学情境；按照由简单到复杂、从单项到综合、先实验室小型仪器到工业化大中型装置进行教学设计。该教材的总体设计思路是通过能力培养三台阶，即实验能力、岗位能力、工艺能力，实现学生成长三部曲，即学生、岗位操作工、工艺技术员。该书是针对高职高专制药技术类专业培养目标编写的主要教材之一。

全书共8个项目、30个任务，项目1药物分离与纯化技术概述，通过各类实例和社会实践来认识其在制药过程中的作用、一般工艺过程，并能分析混合物的来源和特性；项目2至项目6以青霉素钠的分离纯化生产过程为主线，通过任务驱动，使学生掌握药物分离纯化过程中常用的沉淀、固液分离、膜分离、萃取、结晶、干燥和离子交换技术；项目7柱色谱分离阿司匹林粗品，使学生能够认识和了解新的分离纯化技术；项目8综合训练，学生通过仿真或模拟系统，学会对各类分离与纯化技术的特性进行分析比较，并能探讨药物分离与纯化工艺的影响因素、一般规则及步骤。项目中的知识拓展、阅读材料模块，包含了药物分离纯化的相关技术、发展趋势等内容；项目中的能力拓展模块，不仅强化训练了学生的操作技能，还提高了学生操作方案的设计能力。

本书适用于化学制药技术、生化制药技术、生物制药技术等制药技术类专业的高职高专院校作为必修专业课教材，也可作为化工、制药、生物等相关行业的职业培训之教材，也可供生物工程、精细化工等相关专业学生和从事生产、开发等有关技术人员参考。

图书在版编目（CIP）数据

药物分离与纯化技术/张雪荣主编. —3 版. —北京：
化学工业出版社，2014.12（2020.9重印）
"十二五"职业教育国家规划教材
ISBN 978-7-122-22008-0

Ⅰ.①药… Ⅱ.①张… Ⅲ.①药物-分离②药物-提
纯 Ⅳ.①TQ460.6

中国版本图书馆 CIP 数据核字（2014）第 233149 号

责任编辑：于 卉　　　　　　　　　　文字编辑：周 倜
责任校对：边 涛　　　　　　　　　　装帧设计：关 飞

出版发行：化学工业出版社（北京市东城区青年湖南街 13 号　邮政编码 100011）
印　　装：北京虎彩文化传播有限公司
787mm×1092mm　1/16　印张 14　字数 359 千字　2020 年 9 月北京第 3 版第 4 次印刷

购书咨询：010-64518888（传真：010-64519686）　　售后服务：010-64518899
网　　址：http://www.cip.com.cn
凡购买本书，如有缺损质量问题，本社销售中心负责调换。

定　价：30.00 元

前　言

　　本书第一版和第二版作为教育部高职高专规划教材，出版至今已重印多次，得到广大师生、读者的厚爱和同行的肯定。为全面落实国家高等职业教育有关文件的精神，适应学生职业能力培养的要求，我们在本书第一版和第二版的基础上进行了修订，并配有 PPT 课件。

　　高等职业教育以培养生产、建设、管理、服务第一线的高端技能型人才为根本任务。在修订过程中，我们依据专业培养目标要求，从职业岗位所需能力入手，以国家职业标准为准则，按照"做中学、练中会"的原则，根据药品生产领域的实际岗位（群）及任职要求，参照岗位任职资格标准，以药品生产车间的工作岗位设置及其工作任务和工作过程为依据，模拟在企业里为完成一项工作任务并获得工作成果而设计一个完整的工作程序；按照企业新员工上岗及成长过程进行教学设计（即认识车间、岗位操作、换岗操作、车间工艺技术员），根据岗位工作实际对教学内容进行了重组和优化。通过创造仿真的工作环境，让学生在教师设计的学习环境中进行学习，学生从专业技能、问题分析到现场管理等方面得到全方位的锻炼，突出了工作过程系统化在教学过程中的逻辑主线地位，为学生提供了体验完整工作过程的学习机会。

　　本教材编写具体分工为：张雪荣负责编写项目 1、5、8；杨志远、张雪荣、张之东负责编写项目 2；夏俊亭、张雪荣、张之东负责编写项目 3；杨志远、张雪荣、黄文杰负责编写项目 4；乔德阳、杜会茹、黄文杰负责编写项目 6；张雪荣、卢楠、杜会茹负责编写项目 7。全书由张雪荣统一修改定稿，由卢义和主审。

　　再版教材在编写过程中，得到了我们所在单位的大力支持和同事们的热情帮助，从而保证了编写出版工作的顺利进行，在此表示衷心的感谢。由于笔者水平和经验所限，书中难免有不妥之处，敬请同行与读者批评指正。

编　者

2015 年 4 月

第一版前言

本教材是在全国化工高职教学指导委员会制药专业委员会的指导下，根据教育部有关高职高专教材建设的文件精神，以高职高专制药技术类专业学生的培养目标为依据编写的。教材在编写过程中广泛征求了制药企业专家的意见，具有较强的实用性。

近年来，我国制药行业迅猛发展，随着生物和化学合成技术的不断发展，对药物分离与纯化技术提出了更新、更高的要求。药物分离与纯化过程直接关系到药品质量、生产成本和新药品的工业化，因此药物分离与纯化技术越来越受到制药企业的重视。

药物分离与纯化技术涉及内容较多，本教材通过适宜的组合，按大类综合论述，使读者对此类分离纯化技术有一个较全面的了解。在内容的选取上，贯彻理论简明扼要、重点突出的原则，以应用为目的，以必需够用为度，整体上注重各部分内容之间的衔接与配合，减少同层次内容的重复，做到了主线清晰、重点明确，达到了指导读者快速掌握药物分离与纯化基础知识的目的。作为专业课，本书注重理论与实践相结合，增加了各类分离与纯化技术的操作实训内容，达到加强针对性和实用性训练的目的。为了增强学生的动脑、动手能力训练，提高学生分析问题、解决问题的能力，本教材提出了实训目标要求、实训方案设计与能力培养要点，以便各院校教师根据本院校实际情况，自行拟定实训题目进行操作。

《药物分离与纯化技术》课程的主要任务是使学生掌握药品生产中常用分离与纯化技术的基本概念、分离原理，学会分析各种分离技术的影响因素，了解典型设备及应用。本书内容主要包括：分离纯化前的预处理技术，萃取技术（液-液萃取、固-液萃取、双水相萃取、超临界萃取），离子交换技术，膜分离技术，色谱分离技术，结晶技术，干燥技术（热干燥、冷冻干燥）和药物分离与纯化技术过程的分析及设计。为方便学习，每章前有学习目标，每章后有阅读材料和复习思考题。

本教材共九章，由张雪荣主编。第一、三、五、八、九章由张雪荣编写（河北化工医药职业技术学院），第二、七章由杨志远编写（湖南化工职业技术学院），第四章由乔德阳编写（徐州工业职业技术学院），第六章由张雪荣、卢楠编写（河北化工医药职业技术学院）。全书由河北科技大学化学与制药工程学院卢义和教授主审。

本书在编写过程中得到了我们所在单位的大力支持和同事们的热情帮助，三达公司提供了有关资料和图片，给予了极大的支持，并提出宝贵意见，从而保证了编写出版工作的顺利进行，在此表示衷心的感谢。

制药技术类专业是一门比较新兴的专业，可供参考的信息资料较少，加之笔者水平和经验所限，本书难免存在不当之处，敬请广大读者批评指正。

编　者
2005 年 3 月

第二版前言

本书第一版作为教育部高职高专规划教材，2005年出版至今已重印多次，得到广大师生、读者的厚爱和同行的肯定。为全面落实国家高等职业教育有关文件的精神，适应学生职业能力培养的要求，我们在本书第一版的基础上进行了修订再版。

高等职业教育以培养生产、建设、管理、服务第一线的高素质技能型专门人才为根本任务。在修订过程中，我们依据专业培养目标要求，从职业岗位所需能力入手，以国家职业标准为准则，通过制药技术类专业生产岗位工作任务分析，确定学习领域的知识、能力和素质等具体要求，使教学内容与实际工作岗位相对应；同时注重理论与实践相结合，不仅在相应的章节中提出实训目标要求、实训方案设计与能力培养要点，还在最后一章增加了典型的药物分离与纯化过程操作实训项目，以加强学生素质和技能训练，提高学生分析问题、解决问题的能力，突出职业教育的针对性和实用性。

本教材编写具体分工为：河北化工医药职业技术学院张雪荣负责编写第一、三、五、八、九章，长沙环境保护职业技术学院杨志远负责编写第二、七章，徐州工业职业技术学院乔德阳负责编写第四章，河北化工医药职业技术学院张雪荣、卢楠负责编写第六章，河北化工医药职业技术学院张雪荣、黄文杰负责编写第十章。全书由张雪荣统一修改定稿，由河北科技大学化学与制药学院卢义和主审。

再版教材在编写过程中，得到了我们所在单位的大力支持和同事们的热情帮助，从而保证了编写出版工作的顺利进行，在此表示衷心感谢。由于笔者水平和经验所限，书中难免有疏漏和不足，敬请同行与读者批评指正。

编　者
2010 年 12 月

项目 1 药物分离与纯化技术概述

【知识与能力目标】

掌握药物分离与纯化技术的基本概念；熟悉药物分离纯化过程的一般原则；了解药物分离与纯化技术的发展。

能通过各类实例和社会实践认识药物分离与纯化技术在制药过程中的作用、一般工艺过程，并能分析混合物的来源和特性。

任务 1.1 回顾药品制备工艺实例

对于制药技术类专业学生，前期已学习了有机化学、药物合成反应、制药工艺等课程，常见的药品制备实验实训项目有：阿司匹林的制备与精制、苯妥英钠的制备与精制、苯佐卡因的制备、维生素 C 的精制、扑热息痛的合成与精制、头孢噻肟钠的合成与精制、7-羟基-4-甲基香豆素（胆通）的合成与精制等。请同学们回顾本人完成的有关药品制备的实验实训项目名称。

其中典型的药品制备实验实训项目为阿司匹林的制备与精制、苯佐卡因的制备，其工艺过程简述如下。

1. 阿司匹林制备工艺过程

阿司匹林为非甾体解热镇痛药，临床上用于感冒发烧、头痛、牙痛、神经痛、肌肉痛和风湿痛等，还能抑制血小板聚集，用于预防和治疗缺血性心脏病、心绞痛、心肌梗死、脑血栓形成。

阿司匹林的合成以邻羟基苯甲酸（水杨酸）为原料，在浓硫酸的催化作用下与醋酐发生酯化反应，得到乙酰水杨酸（阿司匹林），反应式如下。

其生产工艺过程包括酯化反应和产品的重结晶两部分。

（1）酯化反应操作 在干燥的装有搅拌、温度计和球形冷凝器的三口烧瓶中，依次加入水杨酸、醋酐，开动搅拌，加浓硫酸。打开冷却水，逐渐加热到 70℃，在 70～75℃反应30min。取样测定，反应完成后，停止搅拌，然后将反应液倾入冷水中，继续缓缓搅拌，直至乙酰水杨酸全部析出，抽滤，用蒸馏水洗涤、压干，即得粗品。

（2）重结晶操作 将上步所得粗品置于装有搅拌、温度计和球形冷凝器的三口烧瓶中，按质量体积比 1∶1 加入乙醇，微热溶解，在搅拌下按乙醇∶水＝1∶3（体积比）加入温度为 60～75℃热水，按 5％质量比加活性炭脱色，脱色 5～10min。趁热过滤，搅拌下滤液自然冷至室温，冰浴下搅拌 10min。过滤，用冷水洗涤、压干，置红外烘箱内干燥（干燥温度不超过 60℃为宜），得白色粉末状产品。

2. 苯佐卡因制备工艺过程

苯佐卡因，化学名为对氨基苯甲酸乙酯。临床作为局部麻药，用于创面、溃疡面及痔疮的镇痛。

苯佐卡因的合成可用对硝基苯甲酸为原料，与乙醇发生酯化反应，随后与铁粉发生还原反应，得到产物。其反应式如下。

$$HOOC \text{—} \bigcirc \text{—} NO_2 \xrightarrow{C_2H_5OH, H^+} C_2H_5OOC \text{—} \bigcirc \text{—} NO_2 \xrightarrow{Fe, NH_4Cl} C_2H_5OOC \text{—} \bigcirc \text{—} NH_2$$

（1）酯化反应操作　在干燥的圆底瓶中加入对硝基苯甲酸，无水乙醇，逐渐加入浓硫酸，振摇混合均匀，装上附有氯化钙干燥管的球型冷凝器，在油浴上加热回流90min。稍冷，在搅拌下，将反应液倾入到蒸馏水中，抽滤，滤渣移至乳钵中，细研后，再加5％碳酸钠溶液，研磨5min，测pH值（检查反应物是否呈碱性），抽滤，用稀乙醇洗涤，干燥，计算收率。

（2）还原反应操作　在装有搅拌器、球型冷凝器的三口瓶中，加入水，氯化铵，加热至95℃，加入铁粉，在90～98℃活化20min，慢慢加入对硝基苯甲酸乙酯，在95～98℃反应90min，冷却至45℃左右，加入少量碳酸钠饱和溶液调pH至7～8。加入氯仿，搅拌3～5min，抽滤，用氯仿洗涤三口瓶及滤渣。抽滤，将滤液倾入分液漏斗中，静置分层。弃除水层，氯仿层用5％盐酸提取，合并提取液，用40％氢氧化钠调pH至8，析出结晶，抽滤，得苯佐卡因粗品。

任务1.2　认识药物分离与纯化技术

一、分离与纯化技术在制药过程中的作用

制药工业的技术发展水平主要包括生物或化学反应技术水平、分离与纯化技术水平和药物制剂技术水平。从含有目的药物成分的混合物中，经提取、精制并加工制成高纯度的、符合药典规定的各种药品的生产技术，称为药物分离与纯化技术，又称下游技术或下游加工过程。

药品生产，质量第一。药品质量的好坏直接关系到人民的身体健康和生命安危，同时也是衡量制药工业生产水平的重要标志之一。通过各种反应技术获得的含有目的药物成分的混合物是一个复杂的多相系统，成分复杂；杂质含量高，则有效成分浓度较低；许多生物活性药物通常很不稳定；有些药品还要求无菌操作；某些反应过程须分批进行，这就要求分离操作有一定的弹性，这些都对药物分离与纯化技术和设备提出了较高的要求。在药物的分离与纯化过程中，要克服分离步骤多、加工周期长、影响因素复杂、控制条件严格、生产过程中不确定性较大、收率低且重复性差的弊端，综合运用多种现代分离与纯化技术手段，保证药品的有效性、稳定性、均一性和纯净度，使药品质量符合国家药典标准要求。由此可以看出，药物分离与纯化技术对药品质量起着非常重要的作用。

在药品生产中，制药设备和制药工艺是两个重要的技术基础，其中制药设备是药品生产的物质基础和工具，而现代分离与纯化技术是制药工艺的重点。现代分离与纯化过程除具有多样性、普遍性、重要性等一般特性外，还具有重要的经济意义。据各种资料统计，分离纯化过程的成本在制药总成本中所占有的比例越来越高，如化学合成药物的分离成本是合成反应成本的1～2倍；抗生素类药物的分离纯化费用为发酵部分的3～4倍；对维生素和氨基酸等药物的分离纯化费用而言，为1.5～2倍；对于新开发的基因药物和各种生物药品，其分

离纯化费用可占整个生产费用的80%～90%。由此可以看出，药物分离与纯化技术直接影响着药品的成本，制约着药品生产工业化的进程，对实现药品的商品化生产起着决定性作用。

由于药品生产所用原料的多样性，反应过程的复杂性，药品质量要求的严格性，使药物分离与纯化技术发展迅速，许多新型分离与纯化技术应运而生，成为药品生产技术的重要组成部分之一。对于从事药品生产和科研开发的高等职业技术应用型人才来说，需要了解更多的现代药物分离与纯化技术，以针对不同的混合物、不同的分离要求，考虑采用适宜的药物分离与纯化方法，更好地为药品生产服务。

二、分离与纯化技术基本原理

在药品生产中所涉及的混合物是多种多样的，每一种混合物的特性又因其原料来源不同、反应条件的变化，使其产生的含有目的药物成分的混合物组成产生很大的差异；不同特性的混合物，往往需要采用不同的药物分离与纯化方法，选择不同的操作条件，有时还需要综合利用几种分离方法，才能更经济、更有效地达到预期的药物分离与纯化要求。因此，在进行药物分离与纯化之前，必须了解混合物的来源及一般特性。

1. 混合物的来源及一般特性

在药品生产中，混合物主要来源于三个方面。

（1）天然物质　如水、空气、动植物体等，都含有多种成分。在药品生产中，还需向这些天然混合物中加入某些物质，如向动物的组织、药用植物中加入水或乙醇等溶剂进行浸取，以获得含有目的药物成分的混合物。一般情况下，天然物质混合物的成分比较复杂。

（2）化学反应产物　经化学反应过程，获得含有目的药物成分的混合物，其主要包含目的产物、副产物和未转化的反应物，可能还有催化剂、溶剂等。

（3）生物反应产物　经生物反应过程，获得含有目的药物成分的混合物，其主要成分为目的产物、生物代谢的副产物、生物体、未被利用的培养基及其他物质。该混合物是一个复杂的多相系统。

混合物的性质可从两方面看，一方面是混合物中各组分的性质；另一方面是混合物的总体性质。这里涉及的混合物总体性质主要有混合物的密度、黏度、熔点、沸点、两相密度差、表面张力、溶解度、分配系数、蒸气压、扩散系数等。

根据混合物内是否有相界面存在，混合物可分为均相混合物和非均相混合物两大类。均相混合物中，各组分均匀分布、相互溶解，形成单一相，如空气、溶液等。非均相混合物中，各组分之间互不相溶或部分互溶，物质以不同的形态、不同的相态混合在一起，如菌悬液、油水混合液等。

2. 分离与纯化技术基本原理

虽然药物分离与纯化过程是多种多样的，但一般情况下主要分为机械分离与传质分离两大类。机械分离针对非均相混合物，根据物质的大小、密度的差异，依靠外力作用，将两相或多相分开，该过程的特点是相间不发生物质传递，如过滤、沉降、膜分离等分离过程。传质分离针对均相混合物，也包括非均相混合物，通过加入分离剂（能量或质量），使原混合物体系形成新相，在推动力的作用下，物质从一相转移到另一相，达到分离与纯化的目的，该过程的特点是相间发生了物质传递。

某些传质分离过程利用溶质在两相中的浓度与达到相平衡时的浓度之差为推动力进行分离，称为平衡分离过程，如蒸馏、萃取、结晶等分离纯化过程。某些传质分离过程依据溶质在某种介质中移动速率的差异，在压力、化学位、浓度、电势等梯度所造成的推动力下进行分离，称为速率控制分离过程，如超滤、反渗透、电泳等分离纯化过程。有些传质分离过程还要经过机械分离才能实现物质的最终分离，如萃取、结晶等传质分离过程都需经离心分离来实现液-液、固-液两相的分离。因此，机械分离的好坏也会直接影响到传质分离速率和效果，必须同时掌握传质分离和机械分离的原理和方法，合理运用各种分离技术，才能获得符合药品质量要求、生产效率高的药物分离纯化工艺过程。

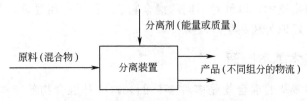

图 1-1 分离纯化过程的一般原则

如图 1-1 所示为分离纯化过程的一般原则。原料为某种混合物，产品为不同组分或相的物流。分离剂是分离过程的辅助物质或推动力，它可以是某种形式的能量，也可以是某一种物质，如蒸馏过程的分离剂是热能，液-液萃取过程的分离剂是萃取剂，离子交换过程的分离剂是离子交换树脂。分离装置主要提供分离场所或分离介质。

随着原料来源的不同，对分离程度的要求不同，所选用的分离剂不同，分离装置将有很大差异。另外，对于某一混合物的分离要求，有时用一种分离方法就能完成，但大多数情况下，需要用两种、甚至多种分离方法才能实现分离；有时分离技术上可行，但经济上不一定可行，需要将几种分离技术优化组合，才能达到高效分离的目的。综上所述，对于某一混合物的分离过程，其分离工艺和设备是多种多样的。

三、药物分离与纯化的一般工艺过程

1. 药物分离与纯化过程的特点

药品不同于一般的工业产品，其药品生产必须执行《药品生产质量管理规范》（GMP）。药品的特殊性使得药物分离与纯化过程与一般化工分离过程存在着明显的差异。

第一，药品种类繁多，性质差异较大，致使混合物复杂多样。目前世界上有药物 2 万余种，我国目前有中药制剂 5100 多种，西药制剂 4000 多种，共有各种药物制剂近万种，中药材 5000 余种。

第二，混合物中欲分离的目的药物成分含量低，常需多步分离，致使收率较低。例如发酵液中抗生素的质量分数为 $1‰ \sim 3‰$，酶为 $0.1‰ \sim 0.5‰$，维生素 B_{12} 为 $0.002‰ \sim 0.005‰$，胰岛素不超过 $0.01‰$，单克隆抗体不超过 $0.0001‰$，而杂质含量却很高，并且杂质往往与目的药物成分有相似的结构，从而加大了分离的难度。

第三，药物成分的稳定性通常较差，使分离与纯化方法的选择受到很大限制，必须严格控制操作条件。如青霉素发酵液在整个分离纯化过程中，始终控制在 10℃ 以下；如生物活性药物对温度、酸碱度、某些有机溶剂等都十分敏感，易引起药物的失活或分解。

第四，某些药物在分离与纯化过程中，还要求无菌操作。对于基因工程产品，还应注意生物安全问题，即在密闭环境下操作，防止因生物体扩散对环境造成危害。

第五，药品质量要求高，这就对分离与纯化技术提出了更高的要求。依据国家药品标准，药品只有合格品与不合格品之分，所有不合格药品不准出厂，不准销售，不准使用，这就是药品质量的严格性。因此，药品生产要求质量第一，确保药品的安全有效、稳定均一，才能保证达到防病治病、保护健康的目的。如果在质量上不严格要求，就会对患者造成危害，形成各种药源性疾病。

传统化工分离单元操作如蒸馏、吸收、萃取、干燥等很难满足上述药物分离要求，许多新型分离与纯化技术如膜分离、离子交换、色谱分离、冷冻干燥等技术在药品生产中应用越来越广泛，它们在提高药品分离质量、节约能源和环境保护等方面显现出无可比拟的优越性。

2. 药物分离与纯化的一般工艺过程

由于药品的品种多，原料来源广泛，反应过程多种多样，使其生成的含有目的药物成分的混合物组成复杂，分离与纯化工艺及设备各不相同。按生产过程的性质划分，分离与纯化工艺过程可划分为四个阶段，即分离纯化前的预处理、提取、精制、成品加工。其一般工艺过程如图 1-2 所示。

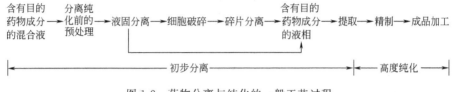

图 1-2 药物分离与纯化的一般工艺过程

（1）分离纯化前的预处理 此为分离纯化操作的第一步。利用凝聚、絮凝、沉淀等技术，除去部分杂质，改变流体特性，以利于固-液分离；经离心分离、膜分离等固-液分离操作后，分别获得固相和液相。若目的药物成分存在于固相（如胞内产物），则将收集的固相（如细胞）进行细胞破碎和细胞碎片的分离，最终使目的药物成分存在于液相中，便于下一步的提取分离操作。

（2）提取 此为分离纯化操作的主要步骤。利用超滤、萃取、吸附、离子交换等分离技术进行提取操作，除去与产物性质差异较大的杂质，提高目的药物成分的浓度，为下一步的精制操作奠定基础。

（3）精制 此为药物分离与纯化操作的关键步骤。采用结晶、色谱分离、冷冻干燥等对产物有较高选择性的纯化技术，除去与目的药物成分性质相近的杂质，达到精制的目的。

（4）成品加工 根据药品应用的要求和国家药典的质量标准，精制后还需进行无菌过滤和去热原、干燥、造粒、分级过筛等成品加工操作，经检验合格后包装，完成生产过程。

上述药物分离与纯化工艺过程可划分为两部分，初步分离和高度纯化。其中包含多种分离纯化技术，其中一些分离纯化技术既可用于初步分离过程，又可用于高度纯化过程。随着药品生产中反应技术的发展，对药物分离与纯化技术提出了更高的要求，将会有许多新型分离与纯化技术被开发应用。

任务 1.3　感知药物分离与纯化生产岗位

一、青霉素生产工艺与岗位设置

青霉素是一族抗生素的总称，其化学结构通式可用下式表示：

目前已知的天然青霉素（即通过发酵产生的青霉素）有 8 种，各种天然青霉素的命名和结构见表 1-1，它们具有共同的母核。其母核为 6-氨基青霉烷酸（简称 6-APA），它是由四氢噻唑环和 β-内酰胺环稠合而成。青霉素分子中含有 3 个手性碳原子（用 * 标记的碳原子），故具有旋光性；侧链 R 不同，青霉素不同。临床应用最广、疗效最好的是苄青霉素（也称为青霉素 G）。

表 1-1　各种天然青霉素的命名和结构

序号	侧链 R	学　名	俗　名
1	HO—〇—CH₂—	对羟基苄青霉素	青霉素 X
2	〇—CH₂—	苄青霉素	青霉素 G
3	$CH_3CH_2CH=CHCH_2—$	2-戊烯青霉素	青霉素 F
4	$CH_3CH_2CH_2CH_2CH_2—$	戊青霉素	青霉素二氢 F
5	$CH_3CH_2CH_2CH_2CH_2CH_2CH_2—$	庚青霉素	青霉素 K
6	$CH_2=CHCH_2—S—CH_2—$	丙烯硫甲基青霉素	青霉素 D
7	〇—O—CH₂—	苯氧甲基青霉素	青霉素 V
8	$HOOC—CH—CH_2CH_2CH_2—NH_2$	4-氨基-4-羧基丁基青霉素	青霉素 N

通常医疗上应用的有青霉素 G 钠盐、钾盐、普鲁卡因盐和二苄基乙二胺盐。青霉素钠多制成粉针剂使用；青霉素钾又称青霉素工业盐，多作为原料药用于进一步加工，如生产钠盐或普鲁卡因盐等，大多用于生产半合成青霉素的原料（6-APA）。二苄基乙二胺盐作用时间长，因此又称为长效青霉素或苄星青霉素。青霉素 G 盐类的理化常数见表 1-2。

表 1-2　青霉素 G 盐类的理化常数

名　称	分子式	相对分子质量	熔点或分解温度/℃	旋光度 $[\alpha]^{20}$	理论效价/(U/mg)	在水中的溶解性
青霉素 G 钠盐	$C_{16}H_{17}O_4N_2SNa$	356.4	215	$+298°$ ($c=2$,水)	166	易溶
青霉素 G 钾盐	$C_{16}H_{17}O_4N_2SK$	372.4	214~217	$+285°$ ($c=0.1$,水)	1593	易溶
普鲁卡因青霉素 G	$C_{16}H_{17}O_4N_2S\cdot$ $C_{13}H_{20}N_2O_2\cdot H_2O$	588.7	129~130	$+176°$ ($c=1$,水,丙酮)	1010	0.5%
二苄基乙二胺二青霉素 G	$2C_{16}H_{17}O_4N_2S\cdot$ $C_{16}H_{20}N_2\cdot 4H_2O$	981.2	110~117	$+213°$ ($c=0.5$,甲醇)	1310	0.014% (20℃)

(一) 青霉素的理化性质

青霉素类抗生素大多为白色或类白色结晶或无定形粉末。青霉素的分类、命名、特性和药理作用现已研究得非常深入，下面仅讨论其在分离纯化中所涉及的重要性质。

1. 溶解度

青霉素是一种有机酸，易溶于醇、酮、醚和酯类等有机溶剂，在水中的溶解度很小，且迅速丧失其抗菌能力。青霉素能与碱金属、碱土金属、有机胺等结合形成盐，其盐易溶于水、甲醇等，几乎不溶于乙醚、氯仿或乙酸戊酯，微溶于乙醇、丁醇、酮类或乙酸乙酯中，但如果此类溶剂中含有少量水分，其在该溶剂中的溶解度就大大增加。青霉素的有机胺盐则视其分子量的大小而溶解度不同。

从发酵滤液中提取青霉素是利用青霉素酸在 pH＝2 左右易溶于乙酸丁酯溶剂中，而青霉素盐在 pH＝7 左右易溶于水的特性，通过改变 pH 值，有选择性地使其溶解在相应的溶剂相中，而达到分离、提纯和浓缩的目的。

2. 吸湿性

青霉素的吸湿性主要与其品种和纯度有关。青霉素钠盐的吸湿性较强，其次为有机胺盐，钾盐的吸湿性最弱，因此青霉素工业盐均为钾盐，其生产条件要求较低，易于保存。另外，青霉素盐类的纯度越高，其吸湿性越小。一般情况下，晶体的纯度较无定形粉末的纯度高，因此青霉素多以结晶钾盐形式保存。

3. 稳定性

影响青霉素稳定性的因素很多，内在因素有纯度和吸湿性等，外界因素包括温度、湿度和酸碱度等。青霉素在水溶液中是非常不稳定的，而晶体状态的青霉素比较稳定，故一般均以固态晶体保存，在使用前才用水溶解。另外，不同青霉素的吸湿性不同，其稳定性也不同，而纯度增加，其稳定性也增强，因此药品质量标准必须严格执行，不可随意降低标准。

青霉素游离酸的无定形粉末在绝对干燥的环境下能保存几小时，由于其吸湿性较强，即使在含微量水分的环境中，也会很快失效，故一般密闭保存。青霉素属热敏性药物，温度升高，稳定性较低，可发生降解反应而失去药效。溶液的 pH 值对青霉素的稳定性影响也较大，酸性（或碱性）越大，稳定性越低。通过大量实验可知，青霉素 G 水溶液在 pH＝6 时最稳定，而温度一般控制在 10℃ 以下。

4. 降解反应

青霉素是很不稳定的化合物，遇酸、碱或加热都易分解而失去活性，并且很易发生分子重排反应。分子中最不稳定的部位是 β-内酰胺环，其破裂后，青霉素即失去抗菌活性。

青霉素发生碱性水解反应生成青霉噻唑酸，而青霉噻唑酸与碘的反应是碘量法测定青霉素含量的基本原理。青霉素在酸性条件下，可发生不完全水解和完全水解反应。上述反应都使青霉素水解、开环而失去抗菌活性。

另外，青霉素在青霉酰胺酶的作用下，能裂解为 6-APA，它是半合成抗生素的原料，可与各种侧链酰化后，生成青霉素的系列产品，在改进青霉素抗菌谱方面获得很大成功，高效药物相继出现。

（二）青霉素生产工艺流程

青霉素生产工艺流程如图 1-3 所示，主要包括发酵工艺、提取精制工艺和钾盐转钠盐工艺。菌种发酵培养得到青霉素发酵液，发酵液经过滤、萃取、脱色、反萃、共沸结晶、干燥得到青霉素钾工业盐，青霉素钾经离子交换反应转化为青霉素钠。

图 1-3　青霉素生产工艺流程

发酵工艺过程：在生产前，将冷冻管种子接入母瓶斜面上，25℃ 下培养 6～7 天，制得大米孢子。按照规定接种量，将孢子移入一级种子罐，在 26℃ 下培养 56h，得一级种子培养液；再按照一定接种量，将一级种子培养液移入二级培养罐，在 27℃ 下培养 24h，得二级种子培养液，经检验合格后，作为发酵罐种子，按规定接种量移入发酵罐，在 26℃ 下发酵 7 天，得青霉素发酵液。

提取精制工艺过程：发酵液加絮凝剂、稀硫酸，经过混合器进酸化罐，加少量水稀释，进真空转鼓机过滤，得滤液；也可发酵液直接进膜过滤装置，得滤液。萃取采用二级逆流萃取法生产。滤液中加入破乳剂、稀硫酸与醋酸丁酯进行混合萃取分离，得青霉素萃取液。加入活性炭，冷冻搅拌，脱去水分与色素。加入碳酸钾溶液反萃，反萃液加入丁醇。以丁醇为共沸剂，采用共沸结晶得青霉素钾盐结晶。结晶料液真空抽滤后得青霉素湿晶。加入丁醇进行洗涤，同样方法再洗一次丁醇。湿粉装入双锥回转干燥器干燥，干燥后即得青霉素钾工业盐。

钾盐转钠盐工艺过程：将青霉素钾盐溶于70％含水丁醇中，通入强酸性钠型阳离子交换柱，收集交换液，再用90％丁醇洗脱。合并交换液和洗脱液，经无菌过滤进入无菌室内结晶罐，用真空共沸蒸馏法结晶，夹套通70℃热水，真空720Pa以上，在蒸馏过程中水分逐渐降低，多次补加一部分丁醇，至结晶析出完全。过滤、洗晶、制颗粒、干燥、装粉，得青霉素钠原药。

（三）青霉素生产车间与岗位设置

青霉素生产车间主要有三个，分别为发酵车间、提取精制车间与辅助车间。

发酵车间主要完成青霉素发酵工艺过程，主要岗位有种子室、霉菌室、化验室、配料、消毒、看罐等。种子室完成菌种选育与保藏、种子罐发酵等工艺操作。霉菌室主要是发酵过程工艺调控，看罐岗位是执行霉菌室的生产指令并记录生产情况。化验室对各项生产指标进行检测。配料岗位是按生产指令进行配料。消毒岗位是对设备及配好的基础料进行消毒灭菌工作。

提取精制车间主要完成青霉素的提取精制，主要岗位有过滤、萃取、脱色、反萃、结晶、干燥、分装、化验等。过滤岗位完成发酵液的固液分离得到滤液。萃取岗位主要以醋酸丁酯为萃取剂，将青霉素从滤液中萃取到醋酸丁酯相中。脱色岗位是利用活性炭进行脱色，提高成品的质量。反萃岗位主要是加入碳酸钾，反应生成青霉素钾盐水溶液。结晶岗位是采用共沸结晶的工艺制得青霉素钾盐湿晶体。干燥岗位是将湿晶体进行洗涤后进行干燥。分装岗位需要按照合同要求进行分装。化验室对各岗位的生产中间体进行分析检测。

辅助车间主要为生产岗位提供水、电、气、冷和设备保障，主要岗位有制水、配电、空压、制冷、回收和机修等。制水岗位任务是生产纯化水与注射用水。配电岗位任务是电力的供给与维修。空压岗位任务是提供生产车间所用的压缩气体。制冷岗位任务是负责生产车间冷冻盐水的供给与温度调控。回收岗位任务是对生产车间各溶剂进行回收利用。机修岗位任务是对生产设备进行保养和维修。

二、参观调研

各院校就近选择1～2家制药企业，组织学生现场参观，使学生能直观地认识药品生产企业的车间、岗位和工艺过程；也可通过录像、网络等资源，组织学生观看、调研药品生产企业。请同学们写出"某企业某药品的生产岗位设置简介"。

1. 网上资源收集

同学们在参观调研之前，要根据参观目的写出调研提纲。调研主要是收集企业概况、主要产品、生产工艺、企业文化、用人需求等方面内容。

企业概况包括：企业所有制、地址、主要产品、市场占有率、社会贡献事迹、企业发展简史、人员的结构等。

主要产品是指企业生产的主要品种、主要利润品种；要了解主要品种的功能、发展历史、技术指标、市场占有率、主要工艺。

在参观调研前，要尽可能的查找其主要产品的生产工艺技术、相关设计资料等，有可能的话可做一个初步的生产车间设计。

企业文化与用人需求主要了解企业的文化发展与管理理念。

2. 小组讨论与完善

小组成员对调研提纲与初步设计进行讨论并定稿，明确提出通过调研要达到的目的，确定要调研的问题。

3. 参观调研的实施

在参观过程中要针对有关问题，抓住机会及时向企业人员询问。小组成员要及时沟通，应画出主要工艺流程图、车间布置图、设备外形图等简图。在参观结束前，要及时与带队老师或企业人员沟通，就不清楚的问题进一步寻求答案，必要时可再次参观。

4. 撰写调研报告

调研报告的主要内容包括：企业简介、该企业所生产的药品介绍、企业的生产管理机构、某一药品的生产岗位设置、某药品的生产工艺、参观调研的心得体会等。

【知识拓展】　药物分离与纯化技术的发展

随着药品生产中反应技术的不断创新和发展，反应生成的混合物成分越来越复杂，而药品质量要求不断提高。另外，人们的环保和节能意识进一步增强，都对药物分离与纯化技术提出了愈来愈高的要求，从而促使传统分离技术的提高和完善，使其能从含量较少的混合物中分离、提取有价值的药用物质，并且不断开发多种新型分离技术，研究各种分离与纯化技术的相互交叉和渗透。未来的高等职业技术应用型人才要适应越来越大的物料处理量和生化药品的特殊分离纯化要求，要具有较广泛的知识面，要了解现代分离与纯化技术的发展动态。

一、传统分离技术的提高和完善

蒸馏、吸收、萃取、干燥等传统分离技术的理论研究比较透彻，但随着新材料的开发、加工制造手段的提高、各种分离技术的偶合，传统分离技术得到了不断的提高和完善，并赋予传统分离技术新的内涵。如精馏、吸收中采用新型材料制造填料，填料形状的改进，都使得精馏、吸收的效率有了较大的提高，如各种新型高效过滤机械和萃取机械的研制成功，提高了产品的收率和生产效率。因此，传统分离与纯化技术随着科技的进步将有更大的发展空间。

二、新型分离与纯化技术的研究和开发

1. 新型分离介质的研究开发

自人类认识膜的分离性能以来，差不多每10年就有一项新的膜分离过程得到研究和开发应用，如微滤、透析、电渗析、反渗透、超滤、气体分离膜、渗透蒸发（渗透气化）等。目前，膜分离技术已步入到拓展深化阶段，其中膜材料和膜制造工艺是技术关键，只有开发研制出性能良好、价格低廉的膜，才能不断提高已经工业化的膜分离技术的应用水平，拓展应用范围，才能有效实现实验室向工业化的转化，才能开拓一些新型的膜分离技术。

最早选用的离子交换剂是天然物质（如泡沸石），随着化学工业的发展，合成高分子离子交换树脂的工艺水平不断提高，新型离子交换树脂材料不断被开发应用，如大网格树脂、分离纯化蛋白质的离子交换剂等，离子交换分离技术在制药工业中已广泛应用于水处理、抗生素的分离、中药的提取分离、蛋白质的分离纯化等生产中。

近年来，色谱分离技术正逐渐从实验室走向工业规模，其关键是提高色谱介质的机械强度，研制适于分离规模的色谱介质，开发各种新型高选择性固定相；新型色谱分离技术成功放大应用，为制药工业提供了分离效率高、使用方便、用途广泛的分离技术。

2. 各种分离与纯化技术的融合

各种分离与纯化技术之间是可以相互结合、相互交叉、相互渗透的，并显示出良好的分离性能和发展前景。如将蒸馏技术与其他分离技术结合，形成膜蒸馏、萃取蒸馏等新型分离技术；将反应和精馏偶合，形成反应精馏技术；将亲和技术与其他分离技术结合，形成亲和色谱、亲和过滤、亲和膜分离等新型分离技术；这些融合了的分离技术具有较高的选择性和分离效率。

3. 其他新型分离与纯化技术

依据溶剂萃取技术的分离原理，从萃取剂选择和如何形成两相角度考虑，开发出多种萃取分离技术，如双水相萃取、超临界流体萃取、反胶团萃取等新型分离技术。它们在制药工业中应用较广泛，双水相萃取用于生物物质如酶、蛋白质、细胞器和菌体碎片的分离；超临界流体萃取在天然物质有效成分的提取方面应用较多；反胶团萃取分离技术已在溶菌酶、细胞色素 C 等药物的生产中应用。

电泳分离技术经过近半个多世纪的发展，特别是电泳技术原理的不断扩展，电泳仪器和检测手段不断完善，使之成为实验室中强有力的分析、鉴定和分离技术，并从实验室应用逐渐扩大到制备规模，如胶体粒子、蛋白质、氨基酸、病毒等的分离。从电泳技术发展趋势来看，在未来几年内有可能达到制备水平，成为主要的药物分离与纯化技术；另外，将电泳原理与其他分离技术原理相结合，将开发研制出许多新型电泳分离技术。

总之，随着科学的发展和技术的进步，新型分离与纯化技术将不断发展。新药品的出现与新型分离方法的开发有关，新型分离方法在开发应用中又会出现新问题、提出新要求，它将推动着新原理的研究，促使新材料的开发，从而使药物分离与纯化技术不断发展。

 【阅读材料】

药物分离与纯化前的准备工作

常规药品生产中，分离与纯化的目的在于为商业生产提供大量合格的目的药物成分，不仅需要软件条件的准备（必要的操作文件、人员培训等），还需要大量的硬件条件（如合格足量的原辅材料、工艺处理溶液、器皿、容器、设备及其管道和仓室等），另外，环境也需要经过消毒灭菌等处理。

软件条件的准备包括：生产文件的准备和生产人员的培训。生产文件的准备主要包括各种操作指令、标准操作程序及配方、记录等技术文件，指令性文件须经有关责任人员签署批准。各生产工序的操作人员必须经过培训，培训内容至少应包括药物分离纯化工艺涉及的基本原理、工艺流程、加工设备操作程序等，操作人员经考核合格后方允许参加药品生产工作。

硬件条件的准备主要有以下几个方面。

1. 生产设施、仪器设备与器皿等的准备

厂房与公用设施包括生产用水、蒸汽、压缩空气及其输送管线、生产环境的洁净程度、层流罩与超净台等。设备与器具不仅包括所使用的各种反应器、离心机、过滤器、容器、各种分离设备等主要设备，还包括各类管线、接头等辅助装置，检测用仪器、试剂、取样工具与样品瓶等。凡厂房、公用设施与设备，在生产开始前均应经过安装、运行与性能确认等验证程序，这些设施、设备与器具等在药物分离纯化工作开始前，都应处于良好的工作或备用状态。

2. 工艺处理液的准备

水及相应溶剂是药物分离纯化所需工艺处理溶液的基础，药品生产中对生产用水有着严格的要求，对于注射药物的原料用水要求更为严格。酸碱度在工艺处理溶液中的重要作用主要体现在它是药物分离提取工艺所需的条件和保证药效的条件。另外，在配制工艺处理液中，使用缓冲液及加入各种添加剂的目的主要是为了达到保护药物成型、保持药物成分的稳定性、增加药物溶出或释放等。

3. 工艺处理液的制备过程

常规生产时，应按照已确定的工艺处理溶液的配制工艺进行规范制备。配制工艺主要包括配方、配制程序或步骤、原料与配制成品的质量检测方法与标准、贮藏条件等。制备的主要过程包括制备设备、器具的准备，原料的称量与溶解，除菌过滤与消毒灭菌，质量检测，贮存。

由上述论述可知，药物分离与纯化前的准备工作非常重要，它关系到整个分离与纯化过程的成败。

项目 2 　青霉素发酵液的预处理

【知识与能力目标】

掌握除蛋白、凝聚、絮凝、固液分离、微滤、超滤、反渗透等各种预处理技术的基本原理和方法；熟悉预处理的目的和意义；了解膜组件的结构、膜系统的组成及其特点。

能根据料液的特征，合理选择固液分离的方法；能正确选择膜的使用、清洗、消毒及保存方法；能分析膜分离中常见问题并能找出解决方法；能进行除蛋白操作；能进行固液分离操作；能进行膜分离基本操作。

任务 2.1　明确预处理任务并认识青霉素发酵液

一、明确预处理任务

在原料药生产的初始阶段，将基本的原材料通过化学合成（化学制药）、微生物发酵或酶催化反应（生物制药）以及提取（中药制药）等方法，从而获得含有目的药物成分的混合物。这些混合物组成往往很复杂，但从宏观相态看，均由固体微粒和液体构成，而目的产物可能存在于固体微粒内，也可能存在于液体中。预处理的目的就是将目的产物转移到易于分离的相态中（一般是液相），同时除去大部分杂质，改变流体特性，以利于后提取工序的顺利进行。

混合物的液相中除含目的药物成分外，还含有很多杂质成分，有些杂质成分会对进一步的提取分离工艺或对产品质量构成危害。例如生物制药的发酵液和中药制药的浸取液中含有的阳离子和蛋白质，当采用离子交换法提取目的药物成分时，由于阳离子和蛋白质的存在，大大降低了离子交换树脂的吸附量；当用溶剂萃取法提取时，存在的蛋白质则会产生乳化现象，使水相和有机溶剂相不易分层，给液-液分离带来困难，同时影响产品的纯度和收率。因此，在预处理阶段就要根据目的药物成分的性质和分离纯化的要求，结合所含杂质的种类和特点，选用适当的方法将其除去。由于采用的原料和生化合成工艺的不同，混合物中含有的固体微粒和可溶性杂质不同，固体微粒主要包括细胞、细胞碎片及难溶性的颗粒杂质。常见的可溶性杂质见表 2-1。

表 2-1　常见的可溶性杂质

可溶性杂质类别	可 溶 性 杂 质 来 源
蛋白质/多肽类	包括宿主细胞中各种结构与功能蛋白、酶类等,多数可以通过沉淀、吸附、色谱、超滤及超速离心等方法去除
脂类/脂蛋白质	原材料或宿主细胞如质膜的磷脂分子、脂蛋白等具有亲水性,当提取液中存在有机溶剂时,源于发酵培养时添加的油性消泡剂也可溶解于提取液中,可用萃取法去除
多酚类	多为植物组织或细胞来源的色素类物质,发酵产物粗制提取液中亦存在,一般用沉淀或色谱法去除

续表

可溶性杂质类别	可 溶 性 杂 质 来 源
核酸类	宿主细胞裂解过程中释放到提取液中,可使提取液黏稠度增大,可用离子交换色谱、硫酸鱼精蛋白沉淀或加入核酸酶消化等方法除去
内毒素	本质上是脂多糖类物质,多来自革兰阴性菌的细胞壁,可用超滤、吸附、离子交换色谱和亲和色谱的方法去除
牛血清	细胞培养液中加入的牛血清成分
小分子类物质	糖类以及工艺处理溶液中所含有的小分子组分,可采用透析、色谱和超滤等手段去除
盐类	含 Ca^{2+}、Mg^{2+}、Fe^{2+} 等的盐,加酸或碱除去

在大多数生物制药和部分中药制药的生产中,目的药物成分可能存在于细胞外的液相中,称为胞外产物。但有些目的药物成分可能存在于细胞内,称胞内产物。胞内产物很难直接提取,需先从混合液中分离出细胞,然后再进行细胞破碎,使目的产物从细胞内释放出来。

综上所述,应用预处理技术主要完成以下工作。

① 沉淀可溶性杂质（主要是阳离子和蛋白质类生物大分子）。

② 采用凝聚或絮凝技术,将胶体状态的杂质转化为易于分离的较大颗粒。

③ 改善料液的流动特性,便于固液分离。

④ 固液分离。

⑤ 将胞内产物从细胞内释放出来。

预处理的方法很多,在选择时首先要了解目的药物成分的来源及分布,掌握目的药物成分的理化性质和稳定条件,熟悉混合物的组成及其杂质的性质,才能选择适合的预处理方法。另外,还要考虑预处理后的料液质量是否符合进一步提取分离工艺的要求;不同的提取分离工艺对料液的要求不同,如液-液萃取要求料液中的蛋白质含量尽可能低;再如,对于四环类抗生素,目前均采用直接沉淀法分离,因此对预处理后的料液质量要求更高,必须用多种方法进行预处理。

二、认识青霉素发酵液

1. 发酵液表观指数

发酵液中除含有微量青霉素外,还有大量菌丝体、未用完的培养基、各种蛋白质、色素、重金属离子以及真菌代谢产物等。这些杂质的存在会对青霉素的分离纯化带来严重影响。

青霉素发酵液的颜色为深黄色至深褐色,料液黏稠呈泥浆状,手感比较发黏。菌丝含量为 27.7%,菌丝干重为 5.539g/100mL。发酵液对温度比较敏感,在室温放置 4h后,青霉素热降解较为严重,一般会造成 3%～6% 的收率损失。为提高发酵液的稳定性,减少杂菌带来的收率损失,每批发酵液中可加入甲醛,且甲醛浓度不高于 3‰。

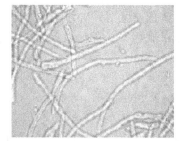

图 2-1　菌丝形态

2. 菌丝形态

放罐时应控制在青霉素分泌期,其菌丝的生长趋势减弱,但不应出现菌丝自溶而使发酵液变稀的现象。菌丝形态如图 2-1 所示,菌丝比较粗大,达 $10\mu m$,但在过滤时易产生架桥现象。加入絮凝剂后,其滤饼结实紧密,更易于过滤。

三、青霉素滤液制备的生产要求

在大生产中，对于青霉素发酵液的固液分离，一般对滤液质量和生产进度都提出要求。

1. 滤液质量要求

滤液中青霉素效价在 5000～20000U/mL；透光率在 75% 以上；固形物含量在 0.2% 以下；温度为 10℃ 以下；青霉素 G 含量在 90% 以上。

2. 生产进度要求

过滤操作时间按一个操作班次 8h，除去准备与停车、洗车时间，应在 4～6h 之间。因为青霉素在水溶液中的降解速度极快，所以要求滤液存放时间不能大于 2h。

任务 2.2　搜集预处理相关知识和技术资料

由前述内容可知，药物分离纯化前的混合物中，可溶性杂质主要是阳离子和各种生物大分子。对进一步提取分离过程危害最大的是蛋白质类化合物，而各种离子的存在，将直接影响药品的质量，不溶性微粒的预处理将直接影响固液分离的效果。因此在药物分离纯化前必须采用各种预处理技术，以满足进一步提取分离的要求，从而保证药品的质量。

一、除蛋白质的方法

利用各种沉淀方法，可以去除液相中的大部分杂质。常用方法有等电点沉淀法、变性沉淀法、盐析法、有机溶剂沉淀法、反应沉淀法等。这些沉淀方法既可作为去除杂质的方法，又可作为提取目的产物的技术手段。

1. 等电点沉淀法

利用蛋白质在等电点时溶解度最低的特性，向含有目的药物成分的混合液中加入酸或碱，调整其 pH 值，使蛋白质沉淀析出的方法，称为等电点沉淀法。在等电点时，蛋白质分子以两性离子形式存在，其分子净电荷为零（即正负电荷相等），此时蛋白质分子颗粒在溶液中因没有相同电荷的相互排斥，分子相互之间的作用力减弱，其颗粒极易碰撞、凝聚而产生沉淀，所以蛋白质在等电点时，其溶解度最小，最易形成沉淀物。等电点时的许多物理性质如黏度、膨胀性、渗透压等都变小，从而有利于悬浮液的过滤。应用等电点沉淀法时应注意以下几点。

① 不同的蛋白质，具有不同的等电点。在生产过程中应根据分离要求，除去目的产物之外的杂蛋白；若目的产物也是蛋白质，且等电点较高时，可先除去低于等电点的杂蛋白，如细胞色素 C 的等电点为 10.7，在细胞色素 C 的提取纯化过程中，调 pH=6.0 除去酸性蛋白，调 pH=7.5～8.0，除去碱性蛋白。

② 同一种蛋白质在不同条件下，等电点不同。在盐溶液中，蛋白质若结合较多的阳离子，则等电点的 pH 值升高；因为结合阳离子后，正电荷相对增多，只有 pH 值升高才能达到等电点状态，如胰岛素在水溶液中的等电点为 5.3，在含一定浓锌盐的水-丙酮溶液中的等电点为 6；如果改变锌盐的浓度，等电点也会改变。蛋白质若结合较多的阴离子（如 Cl^-、SO_4^{2-} 等），则等电点移向较低的 pH 值，因为负电荷相对增多了，只有降低 pH 值才能达到等电点状态。

③ 目的药物成分对 pH 值的要求。生产中应尽可能避免直接用强酸或强碱调节 pH 值，以免局部过酸或过碱，而引起目的药物成分蛋白或酶的变性。另外，调节 pH 值所用的酸或

碱应与原溶液中的盐或即将加入的盐相适应，如溶液中含硫酸铵时，可用硫酸或氨水调 pH 值，如原溶液中含有氯化钠时，可用盐酸或氢氧化钠调 pH 值。总之，应以尽量不增加新物质为原则。

④ 由于各种蛋白质在等电点时，仍存在一定的溶解度，使沉淀不完全，而多数蛋白质的等电点又都十分接近，因此当单独使用等点电沉淀法效果不理想时，可以考虑采用几种方法结合来实现沉淀分离。

2. 变性沉淀法

当蛋白质受到外界因素作用时，蛋白质分子结构从有规则的排列变成不规则排列，其物理性质也发生改变，并失去原有的生理活性，即蛋白质发生变性，变性蛋白质在水中的溶解度较小且以沉淀的形式从溶液中析出。利用蛋白质的变性作用，除去混合液中杂蛋白的方法，称为变性沉淀法。最常用的方法如下。

（1）加热 利用蛋白质等生物大分子对热的稳定性不同，加热破坏某些组分，而保存另一些组分，如脱氧核糖核酸酶对热的稳定性较核糖核酸酶差，加热处理可使混杂在核糖核酸酶中的脱氧核糖核酸酶变性而沉淀；又如以黑曲霉发酵制备脂肪酶时，常混杂有大量淀粉酶，当把混合酶在 40℃水中保温 2.5h（pH=3.4）时，则 90%以上的淀粉酶受热变性而沉淀。加热处理的方法只适用于对热较稳定的目的药物成分，如灰黄霉素（可加热至 80～90℃）、抗敌素（又称多黏菌素 E）（可加热至 90℃左右）等。加热不仅可使蛋白质变性凝固，还可改变流体的流动特性，利于固液分离，但要严格控制加热温度和时间。加热变性沉淀法的优点在于操作简便、原材料消耗较低，但是，若直接通入蒸汽加热，产生的冷凝水可使混合液体积增大，而且不能用于热敏性药物（如青霉素）的预处理。

（2）加入化学试剂 金属盐、表面活性剂、某些有机酸、酚、卤代烷等可使混合液中的蛋白质或部分蛋白质发生变性而沉淀，使之与目的产物分离，如制取核酸时用氯仿将蛋白质沉淀分离。

（3）调节 pH 值 当溶液的酸碱性发生剧烈变化时，可引起蛋白质的变性而沉淀，如用浓度为 2.5%的三氯乙酸处理含胰蛋白酶、抑肽酶或细胞色素 C 的溶液，均可除去大量杂蛋白，而对所提取的酶活性没有影响。也可先用酸调 pH 值后，再用碱调，或在较宽的 pH 值范围内酸碱变性结合使用，效果更为显著。

3. 盐析法

在低盐浓度下，蛋白质的溶解度随着盐浓度的升高而增加，称为盐溶现象。但是在高盐浓度下，盐浓度增加反而使蛋白质的溶解度降低，当达到某一浓度时，蛋白质可从溶液中析出，这种现象称为盐析。产生盐析的一个原因是由于盐离子的亲水性比蛋白质大，盐离子在水中发生了水化作用而使蛋白质基团处于裸露状态，在蛋白质分子疏水基团的相互作用下，引起蛋白质分子凝聚沉淀。另一个原因是由于盐离子与蛋白质表面具有相反电性的离子基团结合，形成离子对，即盐离子部分中和了蛋白质的电性，使蛋白质分子之间的电排斥作用减弱而相互靠拢、聚集形成沉淀。影响盐析沉淀的因素很多，主要考虑以下几个方面。

（1）盐析剂的性质和加入量 盐析剂的加入量直接影响蛋白质等生物大分子的溶解度。对于特定的蛋白质，在一定的操作条件下，产生沉淀时的无机盐浓度范围都是一定的，即具有一定的蛋白质盐析分布曲线，如图 2-2 所示。横坐标 P 表示无机盐浓度，纵坐标 S 表示蛋白质溶解度。当盐浓度达到一定值时，蛋白质才开始沉淀（见图 2-2 中的 C_0 点），一旦沉淀开始，蛋白质溶解度很快下降，沉淀大量产生，因此盐析沉淀时必须使盐析剂浓度达到要求。

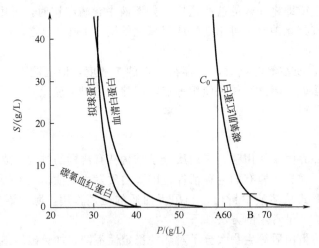

图 2-2 不同蛋白质的盐析分布曲线

在蛋白质盐析沉淀中，一般阴离子的盐析效果较阳离子好。对于阴离子，带电荷较多者，盐析能力较强，如硫酸钠的盐析能力大于氯化钠；对于阳离子，带电荷较多者，盐析能力较低，如硫酸镁的盐析能力小于硫酸铵。生产中最常用的盐析剂为硫酸铵，其价格低廉，在水中溶解度大，而且溶解度随温度变化小，在低温下仍具有较大的溶解度，硫酸铵对大多数蛋白质的活力损害较小，但它对金属有腐蚀作用，当溶液 pH 值较高时，还容易释放氨。

（2）pH 值　溶液的 pH 值距蛋白质的等电点越近，蛋白质所需的盐浓度越小，该性质适合于大部分蛋白质。但是，蛋白质的等电点与溶液中盐析剂的种类和浓度有关，在盐析沉淀时，盐的浓度一般较大，会对等电点产生较大影响。同时，还要注意 pH 值对不同蛋白质沉淀的影响。在实际生产中，应找出 pH 值与溶解度的关系，选择适合的 pH 值。

（3）蛋白质类化合物的性质　各种蛋白质的结构和性质不同，盐析沉淀的盐浓度、pH 值、温度等操作条件不同。例如用硫酸铵沉淀血浆中的蛋白质时，当硫酸铵饱和度达到 20％时，纤维蛋白质首先析出；饱和度增至 33％～35％时，优球蛋白质析出；饱和度达 50％以上时，清蛋白析出。

（4）蛋白质类化合物溶液的浓度　在相同盐析条件下，蛋白质浓度越大越易沉淀，使用盐的饱和度极限越低。但蛋白质浓度较大时，易与其他蛋白质发生共沉淀作用，影响分离效果，所以当溶液浓度较大时，可进行适当稀释（一般稀释到 3％左右），以提高分离效果和产品纯度。

（5）温度　在无盐或稀盐溶液中，大多数蛋白质的溶解度随温度升高而增大，但在高盐溶液中则相反，因此温度升高对盐析沉淀有利。但对于某些热敏性物质如蛋白酶，最好在低温下（常在 0～4℃范围内迅速操作）进行盐析，而血红蛋白、红蛋白和血清蛋白等在室温时较在 0℃更易被盐析沉淀，所以大多数蛋白质均在室温下进行盐析。

盐析沉淀中，加入盐析剂常采用两种方式，一种是直接加入固体粉末。工业生产常采用这种方式，加入时速度不能过快，应分批加入，并充分搅拌，使其完全溶解和防止局部浓度过高。另一种是加入盐的饱和溶液。在实验室和小规模生产或盐浓度不需过高时，可采用这种方式，可防止溶液局部过浓，但加入量较多时，料液会被稀释。在间歇操作中，后者的需盐量较前者高，沉淀颗粒小；若采用连续操作，需盐量增大，沉淀颗粒也较大。

4. 有机溶剂沉淀法

利用与水互溶的有机溶剂（如甲醇、乙醇、丙酮等）能使蛋白质在水中的溶解度显著降

三、固液分离

前面述及的预处理方法，可使混合物中的大部分杂质沉淀，同时也改变了流体特性，有利于固液分离。固液分离方法与化工单元操作中的非均相物系分离方法相同，由于固液分离是否完全、固液分离速率等都影响药物分离与纯化的效果和成品质量，因此固液分离也是预处理的重要环节。

1. 固液分离原理

在药品生产中，通常利用机械方法进行固液分离。按其所涉及的流动方式和作用力的不同，可分为过滤、沉降和离心分离。

过滤是以某种多孔性物质作为介质，在外力的作用下，悬浮液中的流体通过介质孔道，而固体颗粒被截留下来，从而实现固液分离的过程。过滤介质两侧的压力差是实现固液分离的推动力，它可以通过重力、加压、抽真空或离心惯性力来获得，又可分为常压过滤、真空抽滤和离心过滤。过滤常用于分离固体量较大的悬浮液。

沉降是依靠外力的作用，利用分散物质（固相）与分散介质（液相）的密度差异，使之发生相对运动，而实现固液分离的过程。用于实现沉降过程的作用力可以是重力，也可以是惯性离心力，即分为重力沉降和离心沉降。沉降主要用于固体粒子含量较少、颗粒细小的悬浮液的分离。

在药品生产中，真空抽滤和离心分离（包括离心过滤、离心沉降）应用较多。

2. 影响固液分离的因素

由化学反应、生物反应和天然物质等获得的含有目的药物成分的混合物，其成分复杂，种类繁多，使固液分离较困难。综合分析，影响固液分离的主要因素如下。

（1）混合物中悬浮微粒的性质和大小　一般情况下，悬浮微粒越大，粒子越坚硬，大小越均匀，固液分离越容易。如发酵液中的细菌菌体较小，分离较困难；而胶体粒子通常悬浮于流体中，必须运用凝聚与絮凝技术，增大悬浮粒子的体积，以利于固液分离，从而获得澄清的滤液。

（2）混合液的黏度　流体的流动特性对固液分离影响很大，流体的黏度越大，固液分离越困难。通常混合液的黏度与其组成和浓度密切相关，组成越复杂，浓度越高，其黏度越大。在微生物发酵制药生产中，菌体种类和浓度不同，其黏度差别很大；另外，培养基中若用淀粉作碳源，黄豆饼作氮源，其发酵液的黏度也较大；若发酵终点控制不当，菌体发生自溶，也会使发酵液变黏。

（3）操作条件　固液分离操作中，温度、pH 值等的控制也会影响固液分离速率。温度升高，流体黏度降低；调整 pH 值，也可改变流体黏度，从而使固液分离效率得到提高。

（4）助滤剂的使用　当固体颗粒易受压变形时，采用一般过滤分离很困难，常采用加助滤剂的方式，以顺利完成过滤分离操作。助滤剂是一种不可压缩的多孔微粒，它能使滤饼疏松，滤速增大。使用助滤剂可使悬浮液中大量的细微胶体粒子吸附到助滤剂的表面上，从而使滤饼的可压缩性下降，过滤阻力降低。

助滤剂的使用方法有两种：一种是在过滤介质表面预涂助滤剂；另一种是直接加入到混合液中；也可两种方法同时兼用。对于第二种方法，使用时需要一个带搅拌器的混合槽，充分搅拌混合均匀，防止分层沉淀。常用的助滤剂有硅藻土、纤维素、石棉粉、珍珠岩、白土、炭粒、淀粉等，其中最常用的是硅藻土。选择和使用助滤剂时应考虑以下几个方面。

① 根据目的药物的性质选择助滤剂品种　当目的药物存在于液相时，应注意目的药物

是否会被助滤剂吸附，是否可通过改变 pH 值来减少吸附；当目的药物存在于固相时，一般使用淀粉、纤维素等不影响产品质量的助滤剂。

② 根据过滤介质和过滤情况选择助滤剂品种　当使用粗目滤网时易泄漏，采用石棉粉、纤维素、淀粉等助滤剂可有效地防止泄漏。当使用细目滤布时，宜采用细硅藻土，若采用粗粒硅藻土，则料液中的细微颗粒仍将透过助滤层而到达滤布表面，从而使过滤阻力增大。当使用烧结或黏结材料制成的过滤介质时，宜选用纤维素助滤剂，这样可使滤饼易于剥离，并可防止堵塞毛细孔。

③ 粒度选择　助滤剂的粒度及粒度分布对过滤速率和滤液澄清度影响很大。当粒度一定时，过滤速率与澄清度成反比，过滤速率大，澄清度差；过滤速率小，则澄清度好。助滤剂的粒度必须与悬浮液中固体粒子的尺寸相适应，如颗粒较小的悬浮液应采用较细的助滤剂。商品硅藻土助滤剂有多种规格，粒度分布不同，因此使用前应针对不同料液的特性和过滤要求，通过实验，确定其最佳型号。

④ 用量的确定　助滤剂的用量必须适宜。用量过少，起不到有效的助滤作用；用量过大，不仅浪费，而且会因助滤剂成为主要的滤饼阻力而使过滤速率下降。当采用预涂助滤剂的方法时，间歇操作助滤剂的最小厚度为 2mm；连续操作则要根据所需的过滤速率来确定。当助滤剂直接加入发酵液时，一般采用的助滤剂用量等于悬浮液中的固形物含量，其过滤速率最快，如以硅藻土作为助滤剂时，通常细粒用量为 $500g/m^3$，中等粒度用量为 $700g/m^3$，粗粒用量为 $700\sim1000g/m^3$。

（5）固液分离设备和技术　采用不同的固液分离技术，如过滤、沉降和离心分离，其分离效果不同；同一种分离技术，选用的设备结构、型号不同，其分离效果也不同。在选择固液分离设备时，应根据被分离混合物的性质、分离要求、操作条件等因素综合考虑。

3. 固液分离设备

在药品生产中，应用较多的是离心分离设备。常用的有真空转鼓过滤机、碟片式离心机等。

（1）真空转鼓过滤机　在大规模医药生产中，真空转鼓过滤机是常用的过滤设备之一。它具有自动化程度高、操作连续、处理量大的特点，非常适合于固含量较高（＞10％）的悬浮液的分离，如在抗生素生产中，对霉菌、放线菌和酵母菌发酵液的过滤效果较好。由于受推动力（真空度）的限制，真空转鼓过滤机一般不适合于菌体较小和黏度较大的细菌发酵液的过滤，而且采用真空转鼓过滤机过滤所得固相的干度不如加压过滤。目前，在标准型转鼓真空过滤机的基础上，又开发出一些新设备，如无格式转鼓真空过滤机、滤布循环行进式（RCF）转鼓真空过滤机等。新机型的特点是结构简单、单位面积过滤能力大、洗涤能力强、效率高。

（2）碟片式离心机　它也是一种常用的离心分离设备，其分离因数为 1000～20000，适合于含细菌、酵母菌、放线菌等多种微生物细胞的悬浮液及细胞碎片悬浮液的分离。其生产能力较大，最大允许处理量达 $300m^3/h$，一般用于大规模的分离过程。

固液分离设备类型较多，性能差异较大，选择时应考虑多方面的因素。首先要根据混合物的性质和分离要求，考虑选用过滤还是沉降，是否选用惯性离心力作为推动力。若固液分离要求较完全，则选用过滤操作；若固液密度差较大，可考虑选用沉降，否则宜选用过滤；若固体颗粒较小，流体黏度较大，则需选用离心分离；对于易挥发或易燃烧的流体，一般不宜选用真空过滤；而对于有毒的混合液，则一般选用密闭操作的固液分离设备。另外，还要根据工艺过程特点和生产规模进一步选择确定设备类型。一般当固含量较高、生产规模较大时，宜选用连续式、劳动强度小的设备；如果生产工艺本身就是间歇式的，则选用间歇设备可以节省设备费用和操作费用。

4. 常见问题

目前，制药生产中固液分离设备的选择和使用多依据经验，而对于欲分离物料的固液两相的物性了解不深，如对药液中固相粒子的大小、分布、形状、密度、可压缩性、液相的黏度、电位、密度以及 pH 值等都未做详细测定，因此在进行生产工艺的确定、分离设备的选型、操作条件的确定等方面无法做到科学与合理。常见的有以下几方面的问题。

（1）对工艺改进和新工艺了解少　在固液分离方法和设备的选择上，往往习惯于沿用老生产工艺，采用已有的不尽合理的技术与设备，如有些低浓度药液应采用深层过滤而不应采用传统的滤饼过滤。再者，对新的预过滤分离技术不太了解，例如膜分离技术在应用中达不到较好的分离效果。

（2）操作条件不合理　对已选择好的固液分离设备，由于对物料性能（如比阻、可压缩系数、黏度-温度关系、固液两相密度及密度差、浓度等）不甚了解，因此不能正确选用固液分离的操作压力、温度，而且对分离因数和滤饼厚度的控制也不合理。

（3）关键部件的选择不科学　如对于过滤技术（不论加压过滤、真空过滤或离心过滤），由于对固相颗粒的形状、粒径大小及分布未做测定，因而无法正确选择满足截留效果与处理量要求的过滤介质（滤网或滤芯），而对于新出现的截留效果好、过滤阻力小的新型过滤介质还不甚了解，更不可能积极采用，这个问题在西药与中药生产中相当普遍。

（4）对新技术和新设备的应用持观望等待态度　药物或生物制品对分离纯化要求较高，采用常规的过滤与沉降分离方法难以满足分离要求，应大胆使用新技术和新设备。如预增浓-过滤或离心分离-精密分离（过滤）等集成分离技术、膜分离技术（微滤、超滤、反渗透、纳滤）等的应用范围还很小，特别是在传统的中药生产中，仍存在分离技术落后、产品质量差等问题。

上述问题必然制约着药物的生产与发展，重视与克服上述问题，对于开发高纯度、高品位的药物与实现制药现代化都是十分重要的。

四、膜分离

膜分离技术是指在推动力（浓度差、压力差、电位差等）作用下，利用膜的选择透过特性，使混合物中各组分被分离提纯的操作技术。膜分离过程以膜为分离介质，在药物分离纯化技术中所使用的膜是无生命的、天然的或人工合成的、具有特定性质的半透膜，它能选择性地透过一种或几种物质，而阻碍其他物质透过。

膜分离过程多种多样，其机理也非常复杂，但其共同的特点是以具有选择透过性的膜分隔两相界面，被膜分隔的两相之间依靠不同组分透过膜的速率差来实现组分分离。膜分离操作属于速率控制的传质过程，具有无相变、耗能低，无外加物质、不产生二次污染，条件温和，适用于热敏性药物，设备简单、操作方便、适用面广，分离效果好等特点。根据分离精度和推动力的不同，膜分离的类型不同，常见膜分离类型和基本特性见表 2-2。

表 2-2　常见膜分离类型和基本特性

膜分离类型	推动力	透过物质	截留物质	应用
微滤	压力差	溶剂、溶解物质等	微粒、细菌等	料液的澄清、除菌等
超滤	压力差	溶剂、离子、抗生素、有机小分子等物质	破碎细胞、微粒、蛋白质、胶体等大分子物质	大分子物质的浓缩或去除、各类物质的分离等

膜分离类型	推动力	透过物质	截留物质	应用
纳滤	压力差	溶剂、可溶性无机盐类等	单糖、氨基酸等可溶性有机小分子物质等	小分子物质的浓缩、分离，料液脱盐、纯水制备等
反渗透	压力差	溶剂等	各类溶解性物质	超纯水制备等水处理
透析	浓度差	盐类粒子、低分子物质（尿素）等	大分子物质	医疗透析等
电渗析	电位差	无机、有机离子等	非离子化合物、大分子物质等	纯水制备等水处理

膜分离过程可以概括为两大类。一类是过滤式膜分离操作，它将混合物置于膜的一侧，在压力差等推动力作用下，由于悬浮粒子或组分的分子大小、性质不同，它们透过膜的速率不同，致使透过部分与留下部分的组成不同而实现分离，如微滤、超滤、反渗透等都属于过滤式膜分离操作。另一类是渗析式膜分离操作，它将混合液置于膜的一侧，膜的另一侧放置接受液，在浓度差等推动力作用下，某些分子透过膜而进入接受液中被分离，如渗透、透析等都属于渗析式膜分离。本章主要讨论过滤式膜分离过程。

随着膜制造技术的不断提高，膜分离机理研究的不断深入，膜分离技术与其他分离技术的结合，使膜分离技术发展迅速，越来越多的膜分离技术如透析技术、纳滤技术、膜蒸馏技术等被开发应用，膜分离已逐渐成为药物分离与纯化的重要方法之一。

（一）膜分离机理

由于分离体系具有多样性，使得膜分离过程的机理非常复杂。如被分离物质多种多样，其粒度、相对分子质量、溶解度、相互作用力、扩散系数等理化性质和传递性能差别很大；而且膜分离过程中使用的膜种类繁多，膜的材料、结构、性能等千差万别。因此，不同的膜分离过程往往有不同的分离机理，甚至同一分离过程，也可用不同的分离机理模型来解释。

对于过滤式膜分离操作，各种膜分离过程的应用范围见表 2-3，但实际上，各种膜分离过程的应用范围和孔径范围都有一定的重叠和交叉，表中数据仅为参考值。

表 2-3　各种膜分离过程的应用范围

膜分离过程	截留分子尺寸	截留相对分子质量	截留物质
微滤	大于 $0.1\mu m$	$300000\sim500000$	细小悬浮固体微粒、细菌等
超滤	$0.01\sim0.1\mu m$	$500\sim500000$	蛋白质、色素、多糖等大分子有机物、热原、细胞碎片等
纳滤	$0.1\sim1nm$	$150\sim1000$	抗生素、低聚糖及二价以上离子
反渗透		小于 300	单糖、无机盐等小分子

1. 微滤与超滤

微滤是以多孔细小薄膜为过滤介质，将微粒从溶液中除去的操作。超滤是通过膜表面的微孔结构对不同分子量的物质进行选择性分离，即小分子物质透过膜，而大分子物质或微细粒子被截留，从而实现物质分离的过程。

通过对微滤和超滤过程的实验研究，可以确认它们都是简单的筛分过程，在推动力（压力差）的作用下，大于膜孔径的溶质或悬浮粒子被截留，而小于膜孔径的分子随溶剂一起透过膜，膜上微孔的尺寸与形状决定了膜的筛分性能，其分离机理主要是依据分子大小的差异。

对于微滤和超滤过程，一般以孔流模型分析其滤过机理。当小于膜孔径的分子随溶剂一起透过膜时，可看作是流体在膜孔内的流动过程，由于膜孔非常细小，流体在膜孔内以层流流动，由此建立了孔流模型。根据孔流模型，应用流体流动基本规律，从理论上可揭示膜分离规律，找出膜孔径大小、孔道长度、膜的孔隙率、膜两侧压力差、流体性质与膜分离能力之间的关系，从而指导膜分离操作。

2. 反渗透

反渗透是利用反渗透膜的选择透过特性，使溶剂透过膜而从溶液中分离出来的过程。反渗透也是以压力差为推动力的膜分离过程，如图 2-3 所示为反渗透原理示意。当膜两侧施加的压力差大于膜两侧溶液的渗透压差时，溶剂将透过膜，使溶液分离为纯的或稀的渗透液和浓缩液两部分。对于反渗透过程，膜的透过机理目前有三种理论模型。

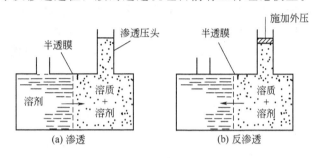

图 2-3 反渗透原理示意

氢键理论由 Reid 等在 1959 年最早提出，并用醋酸纤维膜加以解释。该理论认为醋酸纤维膜的羧基上的氧原子可以与水分子形成氢键，在压力作用下，水分子发生移动（通过一连串的氢键形成、断裂、再形成、再断裂）而透过膜。氢键理论指明了反渗透膜的材料必须是亲水性的，并能与水形成氢键，但忽略了溶质、溶剂、膜材料之间的其他各种相互作用力。

优先吸附-毛细孔流理论是 Souirajan 于 1963 年在 Gibbs 吸附方程的基础上提出的。如图 2-4 所示，该理论认为当水溶液与膜接触时，如果膜的化学性质使水优先吸附，那么在膜与溶液界面附近的溶质浓度会急剧下降，在膜的表面就会形成一层优先吸附纯水层，其厚度与溶液性质及膜表面的化学性质有关。在外界压力作用下，该纯水层中的水沿毛细孔流动而透过膜，实现反渗透过程。优先吸附-毛细孔流理论确定了反渗透膜材料的选择和制备的指导原则，奠定了实用反渗透膜技术发展的基础。

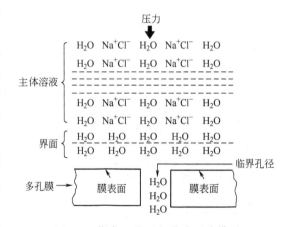

图 2-4 优先吸附-毛细孔流理论模型

溶解-扩散理论是 Lonsdale 和 Riley 等提出的。该理论认为，膜是非多孔性的，假设溶质和溶剂都能溶解于膜中，在浓度差和压力差的作用下，以扩散方式透过膜，再从膜的另一侧解吸。由于溶剂的扩散系数较溶质的扩散系数大得多，因而溶剂以较大的扩散速率透过膜，而实现反渗透过程。溶质-扩散理论能较好地解释无机盐的反渗透过程，但对有机物常不能适用，也不能解释某些对水具有高吸附性的膜材料透水性很低等现象。

目前，膜分离理论的研究尚不成熟，还需进一步对各种膜分离的机理进行深入研究，以便找出膜分离规律，建立膜分离的机理模型，从理论上揭示膜分离的本质，并对膜分离过程进行定量的分析预测。

（二）膜及膜组件

1. 膜的定义和分类

膜是指分隔两相界面，并以特定的形式限制和传递各种物质的分离介质。膜分离过程是否满足生产要求，膜的分离性能是关键，而膜材料的化学性质和膜的结构对膜分离性能起决定性作用，因此膜分离性能决定了膜分离操作的可行性和经济性。

膜的种类很多，作为分离膜应具备以下基本条件：较好的选择透过性；良好的分离性能；既能充分截留一些组分，又能最大限度地使另一些组分快速透过；理化性能稳定，即在使用过程中要保证良好的机械强度和化学稳定性，防止膜损坏，减少膜污染，延长膜的使用寿命；经济实用，膜的价格关系到药物分离成本，决定着膜的商品性。

为适应各种不同的分离对象，选用的膜分离方法不同，分离所用膜的种类也多种多样，可以按不同方法进行分类。

根据来源不同可分为天然膜和合成膜。合成膜可按材质不同，分为无机材料膜和有机高分子膜。目前工业生产中常用的无机膜有陶瓷膜和不锈钢膜，常用的有机膜多为合成高分子材料。常用高分子膜材料见表 2-4。

表 2-4　常用高分子膜材料

材料类型	代表性高分子材料
纤维素类	二醋酸纤维素（CA），三醋酸纤维素（CTA），醋酸丙酸纤维素（CAP），再生纤维素（REC），硝酸纤维素（CN）
聚砜类	聚砜（PS），聚醚砜（PES），磺化聚砜（PSF），聚砜酰胺（PSA）
聚烯烃类	聚乙烯醇（PVA），聚乙烯（PE），聚丙烯（PP），聚丙烯腈（PAN），聚丙烯酸（PAA），聚四甲基戊烯 [P(4MP)]
聚酰胺类	芳香聚酰胺类（PI），尼龙-66（NY-66），芳香聚酰胺酰肼（PPP），聚苯砜对苯二甲酰（PSA）
芳香杂环类	聚苯并咪唑（PBI），聚苯并咪唑酮（PBIP），聚哌嗪酰胺（PIP），聚酰亚胺（PMDA）
含氟高分子类	聚全氟磺酸，聚偏氟乙烯（PVDF），聚四氟乙烯（PTFE）
其他	聚碳酸酯，聚电解质络合物

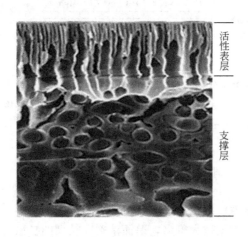

图 2-5　非对称膜的显微结构

根据膜的相态不同，可分为固体膜和液体膜；固体膜可按结构不同分为致密膜和多孔膜，多孔膜又可分为微孔膜和大孔膜。如微滤所用的膜是微孔膜，平均孔径为 0.05 ～ 10μm。液体膜又可分为乳液膜和支撑液膜。

根据膜断面的形态结构，可分为对称膜和不对称膜。若整个断面的形态结构是均匀一致的，则为对称膜或均质膜。非对称膜具有极薄的表面活性层，孔径细微，其下面是支持层，孔径较大，膜的表层与底层可以是同一种材料，也可以由两种不同的膜材料复合而成，称为复合膜。如超滤所用的膜多为非对称膜，其表面活性层很薄，厚度为 0.1～1.5μm，孔径为 1～20nm，微孔排列有序，孔径也较均匀；支持层厚度为 200～250μm，结构疏松，孔径较大，流动阻力小，它支撑着表面活性层，使膜具有足够的强度。非对称膜的显微结构如图 2-5 所示。

另外，还可根据膜是否带有电荷、膜的制备工艺、膜分离的机理等不同方法进行分类。

2. 膜的性能

表征膜性能的参数主要有：膜孔道特征参数（孔径大小、孔径分布、孔隙率等）、膜的截留率与截留相对分子质量、水通量等，均由膜的制造厂提供，同时厂家还提供膜的使用温度范围、pH 值范围、抗压能力和对溶剂的稳定性等参数。

（1）孔道特征　膜的孔径一般用两个物理量来表述，即最大孔径和平均孔径。它们在一定程度上反映了膜孔的大小，但各有其局限性。孔径分布是指膜中一定大小的孔占整个孔的体积分数；孔径分布数值越大，说明孔径分布较窄，膜的分离选择性越好。孔隙率是指整个膜孔所占的体积分数；孔隙率越大，流动阻力越小，但膜的机械强度会降低。

（2）截留率和截留相对分子质量　膜对溶质的截留能力用截留率 σ 来表示，截留率是指对于一定相对分子质量的物质，膜能截留的程度，其定义式为：

$$\sigma = \frac{c_B - c_P}{c_B} = 1 - \frac{c_P}{c_B}$$

式中　σ——截留率；

$\quad\quad c_B$——原料液中欲截留物质的浓度；

$\quad\quad c_P$——透过液中欲截留物质的浓度。

当 $\sigma=1$ 时，表示溶质全部被膜截留；当 $\sigma=0$ 时，表示溶质能自由透过膜。由于除分子大小以外，分子的结构形态、刚柔性、吸附作用等也影响膜的截留性能，因此膜制造厂用已知相对分子质量的球形分子物质作为基准物（如葡萄糖 $M=180$，蔗糖 $M=342$，棉子糖 $M=594$，杆菌肽 $M=1400$，菊粉 $M=5000$，聚乙二醇 $M=16000$，卵清蛋白 $M=45000$ 等）进行实验，测定膜的截留率。

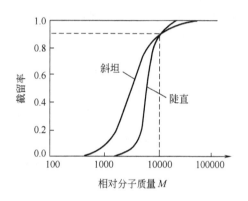

图 2-6　截留曲线

截留率与相对分子质量之间的关系，称为截留曲线，如图 2-6 所示。质量较好的膜，截流曲线陡直，并可使不同相对分子质量的溶质分离较完全；反之，截留曲线斜坦的膜将会导致溶质分离不完全。

膜的孔径无法直接测量，通常用它所能截留溶质（截留率大于 90% 的物质）的相对分子质量大小来表示，称为截留相对分子质量。显然，截留率越高，截留相对分子质量的范围越窄，膜的性能越好。根据截留相对分子质量可估计膜的近似平均孔径，两者关系见表 2-5。

表 2-5　截留相对分子质量与膜近似平均孔径的关系

截留相对分子质量	近似平均孔径/nm	截留相对分子质量	近似平均孔径/nm
500	2.1	50000	6.6
1000	2.4	100000	11.0
10000	3.8	1000000	28.0
30000	4.7		

（3）渗透通量　膜的处理能力（即溶剂透过膜的速率）是膜分离中的重要指标，一般用膜的渗透通量 J 来表示（又称透水率、水通量）。渗透通量 J 是指在一定压力下，单位时间内透过单位膜面积的溶剂体积。对于一种特定的膜来说，水通量的大小取决于膜的物理特性

（如孔隙率、厚度、材质等），还与操作条件（如温度、膜两侧的压力差、被分离溶液的浓度及操作方式等）密切相关。渗透通量 J 的定义式可写为：

$$J = \frac{V}{St}$$

式中　　J——渗透通量，$m^3/(m^2 \cdot h)$；

　　　　V——透过液的体积，m^3；

　　　　S——膜的有效面积，m^2；

　　　　t——操作时间，h。

　　膜制造厂一般采用纯水在 $0.35MPa$、$25℃$ 条件下进行实验而测得。膜在使用过程中，由于膜本身的性质、操作因素和膜污染等原因，使膜通量大大降低，甚至无法进行膜分离操作，因此在工业生产中，膜的渗透通量是膜分离中重要的控制参数。

　　3. 膜组件

　　任何一种膜分离过程，不仅需要具有优良分离性能的膜，还需要结构合理、性能稳定的膜分离装置。膜组件是膜分离装置的核心，它是由膜、支撑材料、间隔器及外壳等通过合理的组装而构成的。工业上应用的膜组件类型主要有四种，即板式膜、管式膜、卷式膜和中空纤维列管式膜。无论何种类型的膜，其使用和设计的共同要求是：尽可能大的有效膜面积；提供良好的膜支撑装置；提供透过液的流出通道；易于清洗。各种类型的膜分离示意如图 2-7～图 2-10 所示。

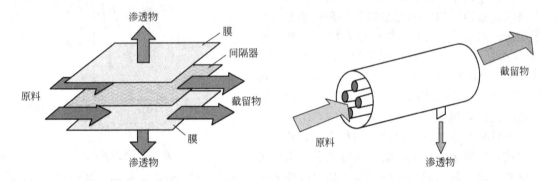

　　图 2-7　板式膜分离示意　　　　　　　图 2-8　管式膜组件分离示意

　　如图 2-7 所示为板式膜分离示意。板式膜组件是最早使用的一种膜组件，其结构与板框过滤机类似。膜分离操作时，料液水平流过膜表面，溶剂等小分子物质透过膜。板式膜具有组装简单、膜面积大、操作维修方便、易于调节控制等特点，常用于发酵液的分离操作。

　　如图 2-8 所示为管式膜组件分离示意。管式膜组件是由圆管式膜及膜的支撑体等构成，有些是单管（管径一般为 25mm），有些是多管管束（管径一般为 15mm），考虑流体流动情况，多采用管束式。膜分离操作时，一般采用从内向外流动。管式膜组件具有结构简单、适应性强、压力损失小、透过量大、清洗安装方便、耐高压等特点，并且对于黏稠料液的分离处理能力也较好，因此在药品分离中广泛应用。

　　如图 2-9 所示为螺旋卷式膜组件示意。它是将膜、间隔器等按一定顺序排列在一起，经卷绕形成膜组件。料液沿轴向流过膜表面，而渗透液则沿螺旋通道汇入中心管流出。螺旋卷式膜组件具有膜面积大、设备投资低、流动性能好等特点，但清洗困难、检修不方便、流体阻力较大。常用于反渗透操作。

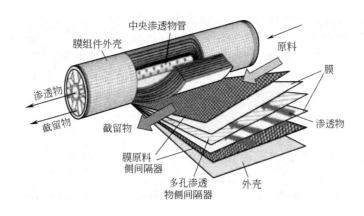

图 2-9　螺旋卷式膜组件示意

如图 2-10 所示为中空纤维膜分离示意。中空纤维膜组件与列管式换热器类似，每一个中空纤维膜的内径在 0.2～1.0mm 范围内，膜厚度在 0.2～0.7mm 之间。膜分离时，料液可以采用从内向外流动，也可以采用从外向内流动。中空纤维膜组件具有装填密度高、膜面积大、结构简单、操作方便等特点，但操作压力低、检修不方便。

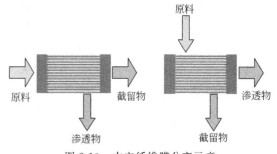

图 2-10　中空纤维膜分离示意

无论使用何种类型的膜组件，都需对料液进行预处理，以延长膜的使用寿命，防止膜污染等。由于膜分离操作压力较高，料液需多次循环，可能造成料液温度升高，对于热敏性药物的膜分离过程，需设冷却装置以控制操作温度。

（三）膜分离操作方式与工艺

1. 膜分离过程及应用

在工业生产中，膜分离系统如图 2-11 所示。被分离的料液经加压泵送入膜分离组件中，依据膜的选择透过性将料液中的组分分离。溶剂和小分子物质透过膜形成透析液流，小分子物质被分离；大分子物质和微粒被截留，料液浓度提高，形成浓缩液；浓缩液浓度若不符合分离要求，则将其引回料罐中循环进行膜分离，直至达到分离要求。

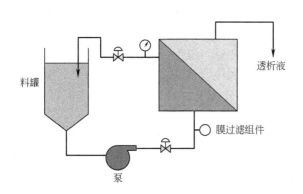

图 2-11　膜分离系统

膜分离过程在药品生产中应用非常广泛。微滤可以去除溶液中大于 $0.1\mu m$ 的微细颗粒和细菌，广泛应用于水处理和液体药物的净化过程，以保证药物的质量。超滤分离过程是最常用的膜分离过程，它根据被分离物质分子大小的不同，借助于超滤膜对溶质在分子水平上进行物理筛分来实现分离。反渗透是从溶液中分离出溶剂的操作，这一基本特征决定了它的应用范围，主要用于纯水生产和低分子量物质（如氨基酸等）水溶液的浓缩。

在药物分离与纯化中，超滤技术应用最多。超滤操作时，溶液以一定压力流过多孔超滤膜的一侧，从膜的另一侧（在常压和常温下）收集透过液，溶液中的溶剂和小分子物质（一个或几个组分）透过膜，含大分子溶质的溶液留在膜的高压侧。由于超滤膜上的孔径在 $0.01 \sim 0.1nm$ 之间，大于该范围的分子、微粒、胶团、细菌等均被截留在高压侧；反之，则透过膜而存在于渗透液中。超滤分离常用于大分子物质的脱盐和浓缩，小分子物质的纯化和生物药品的去热原处理等。

超滤可分离出微小粒子和大分子物质，在医药工业中用于注射剂、眼药水等无菌纯净水的生产过程和不同高分子物质的分离。如发酵液中（青霉素、头孢菌素等）药物的分离、抗生素中热敏性物质的分离、生物活性物质（酶、核酸等）与细胞碎片的分离、植物或动物中药物成分（生物碱、激素等）的提取分离等均采用超滤方法进行，具有损失小、收率高、分离效果好等特点。

2. 浓差极化

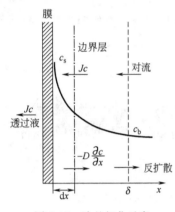

图 2-12 浓差极化示意

在膜分离过程中，由于水和小分子溶质透过膜，大分子溶质被截留而在膜表面处聚积，使得膜表面上被截留的大分子溶质浓度增大，高于主体中大分子溶质的浓度，这种现象称为浓差极化。浓差极化可使膜的传递性能及膜的处理能力迅速降低，还可缩短膜的使用寿命，它是膜分离过程中不可忽视的问题，为此，探讨其产生的机理及影响因素，采取相应措施，以减轻浓差极化现象的影响。

如图 2-12 所示为浓差极化示意。在膜分离中，溶剂和小分子物质透过膜，而大分子物质被截留，从而使大分子物质聚积在高压侧的膜表面，造成了膜表面与溶液主体之间的浓度差（$c_s - c_b$），使溶液的渗透压增大，当操作压差一定时，过程的有效推动力将下降，使渗透通量降低。为了保持或提高渗透通量，需提高操作压力，从而导致溶质的截留率降低，也就是说，浓差极化的存在限制了渗透通量的增加。

另外，当膜面浓度增大到某一值时，溶质呈最紧密排列，或析出形成凝胶层，使流体透过膜的阻力增大，渗透通量降低，此时再增加操作压力，不仅不能提高渗透通量，反而会加速凝胶沉淀层的增厚，使渗透通量进一步下降。浓差极化-凝胶层模型能较好地解释主体浓度、流体力学条件等对渗透通量的影响以及渗透通量随压力增大而出现极限值的现象。

概括起来，浓差极化现象的发生会对膜分离操作造成许多不利影响，主要有：渗透压升高，渗透通量降低；截留率降低；膜面上结垢，使膜孔阻塞，逐渐丧失透过能力。在生产实际中，要尽可能消除或减少浓差极化现象的发生。由以上分析可知，一般情况下浓差极化造成的渗透通量降低是可逆的，通过改变膜分离操作方式，提高料液流速来减轻浓差极化现象。

膜分离操作一般采用错流方式进行，它与传统过滤的区别如图 2-13 所示。错流操作时，料液与膜面平行流动，料液的流动可有效防止和减少被截留物质在膜面上的沉积。流速增大，靠近膜面的浓度边界层厚度减小，将减轻浓差极化的影响，有利于维持较高的渗透通量。但流速增加，膜分离能量消耗增大。

3. 膜的污染、清洗、消毒与保存

(1) 膜污染　膜污染是指由于膜表面形成了附着层或膜孔堵塞等外部因素导致膜性能下

需的推动力——压力差，所以闭式回路的能耗低。

（2）间歇操作透析模式　在药品生产中，除采用超滤操作来浓缩大分子外，还经常采用超滤操作来获取体系中的小分子物质。原料液中的小分子物质随溶剂一起透过膜，但截留液中仍含有许多小分子物质，为使截留液中小分子物质的含量尽可能低，常采用如图 2-15 所示的透析模式，以提高产品收率。

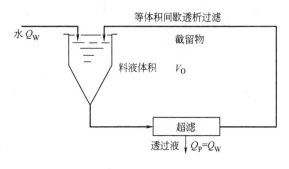

图 2-15　透析模式

料液经一次简单的超滤过程，截留液中还留有一定量的小分子物质，若要提高收率，使小分子物质分离完全，就要不断地向体系中加入水或溶剂，这样小分子物质继续随同溶剂进入到透过液中，使其在残留液中的含量逐渐减小，收率提高，直至达到分离要求。但是，这样会增加处理量，使超滤时间和能耗增大，而透过液浓度降低，给后序分离操作带来一定困难。

在实际生产中，常常将两种超滤操作模式结合起来，即开始时采用浓缩模式，当达到一定浓度时，转换为透析模式。

间歇操作中，料液浓度是逐步提高的，开始时料液浓度较低，浓差极化影响小，渗透通量大；随着浓度逐渐升高，浓差极化影响逐渐增大，通量随时间而降低。因此，截留液达到一定浓度所需时间较长，但就平均时间而言，其渗透通量较高。间歇操作所需膜面积较小，装置简单，成本较低，主要缺点是需要有较大的贮槽。在药物和生物制品的生产中，由于生产的规模和性质，多采用间歇操作。

（3）连续操作　如图 2-16 所示为多级连续操作浓缩模式的膜分离过程示意。料液经第一级超滤，截留液浓度升高，但未达到生产要求，引入第二级中继续进行超滤，截留液的浓度依次升高……直至第 n 级的截留液浓度达到生产要求为止。多级连续操作的优点是产品在系统中的停留时间短，这对热敏性药物或对剪切力敏感的产品是有利的。多级连续操作主要应用于大规模工业生产中。

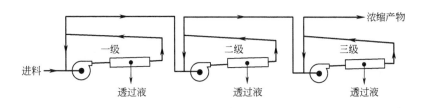

图 2-16　多级连续操作浓缩模式的膜分离过程示意

5. 影响膜分离的因素

影响膜分离的因素很多，一般从料液性质、操作条件、操作方式、膜性能、膜的污染和清洗等多个方面考虑，有些影响因素在相应的章节中已经论述，这里仅从以下几个方面进行分析讨论。

（1）压力的影响　压力差 Δp 是膜分离过程的推动力，对渗透通量 J 产生决定性的影响，如图 2-17 所示为超滤过程膜两侧压力差对渗透通量的影响。当对纯水进行超滤时，渗透通量 J 与压力差 Δp 成正比。在对溶液进行超滤的过程中，压力差 Δp 较小时，渗透通量

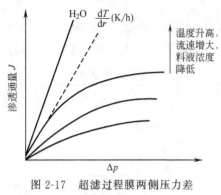

图 2-17 超滤过程膜两侧压力差对渗透通量的影响

J 与压力差 Δp 成正比；当压力差 Δp 逐渐增大时，开始产生浓差极化现象，渗透通量 J 的增大逐渐减慢，当膜面产生凝胶层时，渗透通量 J 趋于定值，此后渗透通量 J 不再随压力差 Δp 而变化，此时的通量称为临界渗透通量。当料液浓度降低、操作温度升高、液流速度增大时，均可提高临界渗透通量。在实际超滤操作中，应在接近临界渗透通量的压力差条件下操作。根据溶液性质与浓度的不同，操作压力一般在 0.4～0.6MPa 范围内，过高的压力不仅无益而且有害。

（2）温度的影响 温度升高，料液黏度降低都可使膜分离阻力减小，渗透通量增大。由图 2-17 可知，温度升高，临界渗透通量增大。一般来说，只要膜与料液及溶质的稳定性允许，应尽量选取较高的操作温度，使膜分离在较高的渗透通量下进行。例如，青霉素分离的操作温度不能超过 10℃，酶分离的操作温度不能超过 25℃，而蛋白质类药物的分离操作温度不能超过 55℃。

（3）料液浓度和流速的影响 料液的浓度增加，黏度增大，浓度边界层增厚，易导致浓差极化现象的发生，容易形成凝胶层，使渗透通量降低。

对于错流操作的膜分离过程，控制料液的流速使其处于湍流状态，可以保证较高的传质速率，同时可减轻膜的积垢。若增加料液流速，可有效减小浓差极化层的厚度，从而使渗透通量增大。

（4）操作时间的影响 在膜分离过程中，随着时间的推移，由于浓差极化、凝胶层的形成和膜污染等原因，渗透通量将逐渐下降，下降速度随物料种类不同而有很大差别，因此在膜分离过程中，要注意渗透通量的衰减，合理确定操作周期，才能有效地降低生产成本，如发酵液的超滤过程，一般 1 周左右清洗 1 次。

（5）其他因素的影响 溶液的 pH 值可对溶质的溶解特性、荷电性产生影响，同时对膜的亲疏水性和荷电性也有较大的影响，从而使膜与溶液中溶质间的相互作用发生变化，对渗透通量造成一定的影响。在生物制药的料液中常含有多种蛋白质、无机盐类等物质，它们的存在对膜污染产生重大影响。Fan 等实验证明，在等电点时，膜对蛋白质的吸附量最高，使膜污染加重，而无机盐复合物会在膜表面或膜孔上直接沉积而污染膜。由于各种膜的化学性质不同，各种蛋白质的特性差异较大，无机盐对膜的化学性质、待分离物质特性的影响复杂，使得它们对膜的渗透通量的影响很难预测，需通过大量实验确定。

任务 2.3 企业真空转鼓过滤器操作规程及解读

一、真空转鼓过滤器操作规程

1. 开车准备

（1）絮凝剂的配制 确认配制罐内无压力，打开罐口，加水至没过中间搅拌桨处，打开搅拌器，缓慢撒入固体颗粒状絮凝剂，防止结块；继续加水至上封头处，持续搅拌使絮凝剂彻底溶解。

（2）开车前的检查工作 开车前检查水、汽、冷是否工作正常，检查各个设备是否处在准备开车状态，防止开车时出现设备故障，避免跑料漏料等。

2. 放罐操作

过滤岗位接到发酵岗位放罐通知后，确认接料罐排污阀已关闭，微开空气，打开循环冷却水，开大排气，待消毒岗位放料完毕后，开大空气搅拌均匀（接料罐主要用于混合不同的发酵液）。确认预处理罐排污阀关闭，打开循环冷却水，打开预处理罐进料阀门，开搅拌器，微开空气；开启接料罐打料泵，待压力正常后开启泵出口阀门，向预处理罐打料，同时打开絮凝剂加料阀门，设定好絮凝剂加量，向罐内加絮凝剂，充分混合。

3. 开车操作

开车前确认鼓槽排污阀已关闭，打开进料阀门，待接料；在预处理罐达到一定液位时，开启打料泵，向鼓槽内打料，并及时开启真空泵；确认接滤液罐排污阀关闭，待鼓槽液位达到适当位置，开启转鼓，设定好转速；打开冲布水及洗饼水，设定好冲水量，确保滤液效价稳定；打开真空阀门，开始过滤，待滤液罐达到一定液位，开启打料泵向提炼岗位打料，同时开启滤液换热器降温。开车过程中要定时巡检，及时与质量控制联系，确保工艺控制准确稳定。

4. 停车操作

接到临时停车通知或发酵液已处理完需要停车，首先停止向鼓槽进料，待液位降到最低，关闭真空泵，待滤布冲洗干净后，关闭冲布水；打开鼓槽排污阀，此时转鼓不停；确认滤液罐已打空，关闭换热器，关闭打料泵及出口阀门，用空气和水冲洗滤液管路。

5. 清洗消毒

（1）转鼓清洗消毒　待鼓槽剩余料液排尽后，关闭排污阀，向鼓槽内加水，并加热，加碱，保持转鼓转速，运行一段时间；之后加干净水冲洗干净，至 pH 正常。

（2）罐的清洗消毒　关闭冷却水、空气；关小排气，打开排污阀；用水将罐壁冲洗干净，关小排污阀，打开蒸汽阀门，控制压力不要过高，达到温度后保持至少半小时，之后关闭蒸汽，开空气吹扫，温度降下来后，打开冷却水降温。各个管道用水、空气清洗，然后通蒸汽消毒，再通空气、水降温。

（3）完成后，各个设备恢复到开车准备状态。

二、真空转鼓过滤器操作规程解读

1. 开车准备

操作前的准备工作主要检查设备处于正常的待机状态，以及备料、清场状态复核等作业。一般要求各仪器仪表显示正常；各运转部位润滑完好；所有贮罐排污阀门处于关闭，以防漏料造成生产事故。各公用系统正常，主要指压缩空气或氮气压力、各冷却或加热介质温度与流量正常。准备工作完成并经复核签字后方能开车。

2. 絮凝剂的配制

高分子絮凝剂配制时，要先加水到一定水位，才能加入絮凝剂。若先加絮凝剂后加水，则絮凝剂沉积在罐底部遇水膨胀后，堵塞出料孔，造成生产事故。

絮凝剂聚合程度越高，则遇水后膨胀体积越大，搅拌所需时间越长。一般情况下，是当班为下一个班次配制絮凝剂。配制时注意絮凝剂不能洒落到平台或地面上，以免遇水后形成胶状物，易发生滑跌事故。

3. 放罐操作

发酵液因批次不同，其生化参数也不相同，尤其是效价高低不同。除了正常放罐外，还有带放发酵液。此时接料罐的作用主要有贮存、消毒、混合、调控生产进度等。

三、真空转鼓标准操作程序

图 2-18 所示为真空转鼓示意图，其标准操作程序（SOP）如下。

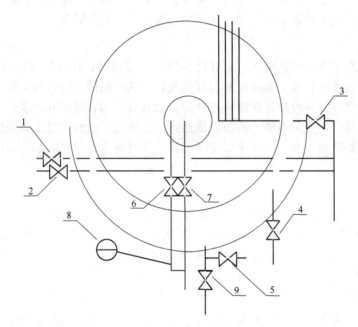

图 2-18　真空转鼓示意图

1，2—洗布水阀；3—洗涤水阀；4—进料阀；5—排污阀；6，7—真空阀；8—真空表；9—回流阀

1. 作业前安全检查

① 检查 1、2、3、4、5、6、7、8、9 阀门均应关闭。

② 检查一次水压力应≥0.15MPa，若压力不足应查找真空不足的原因。

③ 检查滤布是否完好或偏位，若有则修复或摆正。

④ 加注润滑油（油杯顺时针方向转 1/4～1/2 圈）。

⑤ 检查真空、压力表有效期，及时校验；若有损坏即更换。

⑥ 检查电机、减速机地角螺栓及各管路连接应紧固完好。

⑦ 检查进料管上的蒸汽阀门及下料管上的蒸汽阀门是否有泄漏（在距蒸汽阀门约 20cm 处应不热，否则为泄漏），若有应更换或修理。

2. 作业中安全操作

① 打开 4 向鼓槽内进酸化液，当鼓槽内液面接近转鼓底面且真空度≤－0.08MPa 时，打开 6 和 7，随之启动转鼓开关并调节调速器至适度，然后打开扩幅辊电机，当鼓面形成滤饼时，打开 3 和 4、5，调节刮刀的松紧度，使转鼓的吸滤、吸干、洗涤、卸渣等处于正常工作状态。

② 注意检查转鼓及电机、减速机有无异常声音或温度过高（手背感觉放不住），若有应及时找机修或电工修复。

③ 随时检查真空度应≤－0.05MPa，若不到应与真空岗位联系，调整到位。

④ 严禁对运转设备搞卫生。

⑤ 应保证地面不滑，防止滑倒摔伤。

⑥ 设备运转过程中，每隔 30min 要巡检一次。

⑦ 滤完料后，停转鼓和扩幅辊电机，关闭 6、7，通知真空岗位停车。

任务 2.4　企业膜操作规程及解读

一、膜操作规程

（一）膜操作工艺

1. 膜操作工艺流程

图 2-19 所示为膜操作工艺流程示意图。

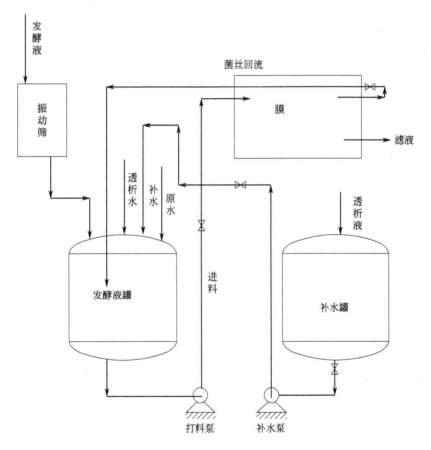

图 2-19　膜操作工艺流程示意图

来自发酵部分的发酵液通过振动筛进到发酵液罐，在发酵液罐内按发酵液体积 0.1%～0.2% 加入甲醛，加入碱或酸调节 pH，然后通过打料泵进入膜系统进行过滤。发酵液体积压缩到 1/2 左右时，通过混合器加入透析液水或补入原水稀释发酵液，保持补水量和滤液出料量平衡，直至滤液效价达到工艺要求，停止进料，排渣后清洗陶瓷膜设备。

2. 膜操作主要工艺参数及工艺控制点

发酵液放至发酵液罐时必须经过振动筛，否则发酵液中的小颗粒杂质可能会堵塞陶瓷膜过料通道，影响过滤速度。

陶瓷膜进料时应控制进口压力≤0.4MPa。

（二）膜操作规程

1. 操作前准备工作

① 物料准备：甲醛加量为发酵液体积的 0.1%～0.2%。

② 关闭发酵液罐的排污阀，微开振动筛进料阀。

③ 检查原水、冷却水、蒸汽、压空正常。

④ 检查高压气源压力，保证自动控制系统高压气源压力正常（≥0.4MPa），否则联系空压站提高高压气源压力。

⑤ 开启发酵液罐罐底阀、打料泵进出口阀门。

⑥ 开启发酵液罐上菌丝回流阀门，关闭菌丝回流管道上其他所有阀门。

⑦ 打开所用滤液罐上进料阀门，关闭滤液管道上其他所有阀门。

2. 生产操作

（1）接罐　根据放罐计划和本岗位生产进度情况，安排放罐。

（2）发酵液处理

① 当振动筛上有发酵液流出时，开启振动筛，并开大进料阀门，只要振动筛不溢料，阀门开到最大。

② 观察发酵液罐液位，接料体积达到交接体积后，发酵液管道无发酵液流出时，停止振动筛。

③ 放罐完毕后，及时通知消毒岗位人员，用 $2～3m^3$ 水顶洗放料管内的余料。顶水放完时，关闭发酵液进料阀。

④ 加甲醛。打开空气搅拌，关闭甲醛罐排空阀，开启甲醛压空阀门，升罐压至 0.05MPa 左右，开启甲醛罐底阀、发酵液罐甲醛进料阀，向发酵液中加入发酵液体积 0.1%～0.2% 的甲醛，记录甲醛加量。继续搅拌 10min 左右。

（3）陶瓷膜生产操作

① 关闭膜组件上滤液出料阀，检查上料管道上所有阀门打开。

② 在微机的"控制面板"界面选择要用的打料泵，按下过滤开始按钮。

③ 当滤液出料管道有滤液流进时，在取样口用试管取样观察滤液应为澄清透明。

④ 滤液出料流量稳定后，记录滤液出料流量，缓慢打开陶瓷膜上滤液出料阀门，调节滤液流量略大于单组时的流量。

⑤ 运行过程中注意调整调节阀开度以保证供料压力在 0.08MPa 以上、进膜压力在 0.4MPa 以下，及时巡查各罐液位。

⑥ 及时检测发酵液 pH，补入调过 pH 的透析液，维持发酵液 pH 在指标范围内。

⑦ 每隔 1h 记录数据一次。

⑧ 发酵液压缩至接料体积的一半时补入透析水或原水，并保持发酵液罐液位平稳。

⑨ 及时打开 −5℃ 水进、出阀门，保持料液温度在 24℃ 以下。

⑩ 计算滤液体积，计划出的滤液体积等于已出的滤液体积加上发酵液罐内料液压缩后还能再出的滤液体积时，停止补水。

（4）陶瓷膜停车操作

① 关闭列管换热器－5℃水进口、出口阀门。

② 菌丝压缩至 1m 左右时在控制面板上按下过滤停止按钮。

③ 在控制面板上点击过滤排渣按钮，系统进入自动排渣程序，排空陶瓷膜内菌丝。

④ 关闭发酵液罐底手动阀门，关闭排污阀，打开清洗罐罐底手动阀。

⑤ 开打料泵，注意观察清洗罐液位，不得低于 0.5m，否则及时补入原水。

⑥ 顶水量控制在 3t 左右，打开发酵液回流管上的下水道阀门，关闭进发酵液罐阀门，从取样口取样看顶洗液澄清透明、无杂质时停循环泵，停打料泵，停清洗罐补水阀门。

⑦ 在控制面板上按下复位按钮，关闭所有阀门。

⑧ 调节到菌丝罐的打料泵出料阀，关闭去陶瓷膜阀门。

⑨ 开打料泵，调节频率到 30～40Hz。

⑩ 发酵液罐快抽空时用原水冲洗罐壁，在罐内加入少量的水，冲洗干净罐内余料。

（5）陶瓷膜清洗操作

① 在稀碱罐中加水 10t，从浓碱罐中打入液碱 1t，打开蒸汽阀门进行加热。

② 在控制面板中运行药洗程序，进行碱洗操作。

③ 当碱罐中的温度达到 70℃时，停止加热阀门，循环 0.5h 至 1h 左右进行漂洗操作。

④ 下一批进料前 0.5h 用原水把膜冲洗干净（操作同顶料方式）。

⑤ 如果通量较低，需要加强清洗，在碱洗过程中加入 75kg 次氯酸钠，在碱洗结束后，pH 冲至中性后，在酸罐配制 3% 的稀酸用酸清洗，操作步骤同碱洗操作。

（三）重点操作的复核制度

① 发酵液接料前，发酵液罐排污阀应关闭，班长复核。

② 发酵液、滤液交接完毕，班长应复核交接体积。

③ 各种物料的加量，班长复核。

④ 发酵液 pH 值，班长复核。

⑤ 过滤过程中参数的测定、计算和控制，开始时陶瓷膜进料温度、组件进口压力、打料泵出口压力及陶瓷膜进口压力、温度，班长复核。

⑥ 操作过程中各种劳保品的穿戴，班长复核。

⑦ 记录填写是否齐全、及时、准确，班长复核。

二、膜操作规程解读

1. 工艺解读

因发酵液中所要提取的青霉素含量比较少，且药物有效成分青霉素的稳定性不高，对热、酶及 pH 比较敏感，因此要求生产进度尽量加快，以减少热降解损失；加入甲醛以起到杀灭杂菌与酶的作用，以减少裂解酶造成的青霉素损失；调节 pH 在青霉素最稳定的 pH 范围内。发酵液体积压缩到 1/2 左右时补水，是因为料浆中固形物含量增高，浓差极化现象非常明显，需要加入水来稀释料浆，并减轻浓差极化现象，稳定膜通量。

2. 主要工艺参数及工艺控制点

振动筛的作用是除掉对膜有损害的固体颗粒，因膜内料液流速很快且膜表面压力很高，若料浆内有尖锐颗粒，可使膜表面活性层损失，从而失去分离功能。膜运行过程中若膜内外压差反复变化，极易破坏膜，降低膜的使用寿命。

3. 操作前准备工作

操作前的准备工作主要是检查设备是否处于正常的待机状态，要求各仪器仪表显示正常；各运转部位润滑完好；所有贮罐排污阀门处于关闭状态，以防漏料造成生产事故。各公用系统正常，主要指压缩空气或氮气压力，各冷却或加热介质温度与流量正常，各膜组件完好。只有做好准备工作，并经复核签字后方能开车。

4. 生产操作

接罐时要明确放罐体积、效价，并实地取样进行青霉素 G 含量的液相测定，预测膜过滤时间及收率。

发酵液温度要求在 10℃ 以下，加入甲醛以最大程度减轻青霉素降解，以稳定收率。

膜运行过程中，在取样口用试管取样观察滤液应为澄清透明。滤液的外观为澄清，说明膜组件没有破损。若出现混浊，则立即停车，排除故障。取样后要测定效价与透光率。当发酵液压缩至接料体积的一半时补入透析水或原水，并保持发酵液罐液位平稳。发酵液体积越小，固体含量越大，浓差极化现象越明显。此时，加水稳定发酵液内固体含量，稳定浓差极化现象。

陶瓷膜停车操作时，关闭列管换热器 -5℃ 水进口、出口阀，以防清洗水冻结把管道堵塞。当从取样口取样看顶洗液澄清透明、无杂质时停循环泵。说明管道内已经没有料液存在，全部为清洗水。若顶洗液未澄清时停循环泵，下次开车时极易出现堵膜、膜通量降低等现象，并缩短膜的使用寿命。

膜清洗的目的是恢复膜通量，以确保下次正常使用；并延长膜的使用寿命。

【知识拓展】

一、生物制药中的细胞破碎

为了能有效地提取生化物质，首先必须使目的生化物质溶解在液相中，以便进一步提取精制。某些微生物在代谢过程中，将目的药物分泌到细胞之外的液相中，如胞外酶、青霉素等物质，只需经预处理和固液分离，即可获得含目的药物的澄清滤液。但是，还有很多微生物代谢产物（尤其是基因工程产物）存在于细胞内，如胰岛素、干扰素、白细胞介素-2 等，在分离提取这些胞内产物前，须先将细胞破碎，使胞内目的产物释放到液相中，然后再进行分离提取。

细胞破碎的目的是破坏细胞外围，使胞内物质释放出来。微生物细胞的外围主要是指细胞壁和细胞膜。细胞膜较薄，主要是由蛋白质和类脂质组成，具有高度的选择性，并控制细胞内外的交换渗透作用，对渗透压冲击较敏感，比较容易破碎。细胞壁是包在细胞表面的、坚韧而略带弹性的物质，起到支撑细胞的作用。虽然各类微生物细胞壁的结构与组成不同，但主要成分都是多糖类物质，还含有少量的蛋白质或脂类；细胞破碎的主要阻力来自于细胞壁的多糖类物质聚合的网状结构，即主要阻力是网状结构的共价键。动物细胞没有细胞壁，很容易破碎。

1. 细胞破碎方法及原理

细胞破碎的方法很多，按照是否使用外加作用力，可分为机械法和非机械法两大类。各种细胞破碎方法、作用机理及适用范围见表 2-6。

表 2-6　各种细胞破碎方法、作用机理及适用范围

分类		作 用 机 理	适 用 范 围
机械法	高压匀浆法	液体剪切作用	可达到较高的破碎率,可大规模操作,不适合丝状菌和革兰阳性菌
	珠磨法	固体剪切作用	可达到较高的破碎率,可较大规模操作,大分子目的药物易失活,浆液分离困难
	超声破碎法	液体剪切作用	对酵母菌效果差,破碎过程升温剧烈,不适合大规模操作
	X-press 法	固体剪切作用	破碎率高,活性保留率高,对冷冻敏感的目的药物不适用
非机械法	酶解法	酶分解作用	具有高度专一性,条件温和,浆液易分离,溶酶价格高,通用性差
	化学渗透法	改变细胞膜的渗透性	具有一定选择性,浆液易分离,但释放率较低,通用性差
	渗透压法	渗透压剧烈改变	破碎率较低,常与其他方法结合使用
	冻结融化法	反复冻结-融化	破碎率较低,不适合对冷冻敏感的药物的分离
	干燥法	改变细胞膜渗透性	条件变化剧烈,易引起大分子物质失活

2. 常用的细胞破碎方法及设备

（1）**高压匀浆器**　其核心部分为高压匀浆阀,其结构示意如图 2-20 所示。在高压作用下,细胞悬浮液以高速流过匀浆阀的小孔,撞击在碰撞环上,使细胞破裂。细胞在通过高压匀浆阀的过程中,经历了高速造成的液体剪切力作用、碰撞作用以及由高压到常压的变化作用,从而造成细胞的破碎。在操作方式上,可以采用单次通过匀浆器或多次通过匀浆器的方式。高压匀浆适用于酵母和大多数细菌细胞的破碎,料液细胞浓度可达到 20％左右。

影响高压匀浆器细胞破碎效果的主要因素有压力、温度和通过匀浆器的次数等。高压匀浆器的操作压力一般为 50～70MPa。一般情况下,高压匀浆过程会产生热,使操作温度上升约 2～3℃/10MPa,为避免温度升高造成目的产物（如蛋白酶）的失活,在生产中一般采用冷却或多级操作来控制温度。对于某些团状或丝状真菌以及较小的革兰阳性菌,因其易造成小孔堵塞,故不宜采用此法。

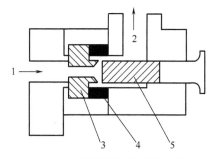

图 2-20　高压匀浆阀结构示意
1—细胞悬浮液;2—加工
后的细胞匀浆液;3—阀座;
4—碰撞环;5—阀杆

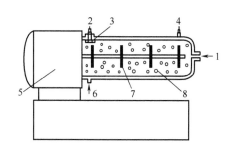

图 2-21　水平搅拌式珠磨机结构示意
1—细胞悬浮液;2—细胞匀浆液;3—珠液分离器;
4—冷却液出口;5—搅拌电机;6—冷却液进口;
7—搅拌桨;8—玻璃珠

（2）**高速珠磨机**　主要由一水平放置的研磨室、搅拌器和研磨剂（玻璃小珠等）组成,其结构示意如图 2-21 所示。细胞悬浮液进入珠磨机后,与研磨剂（直径小于 1mm 的玻璃小球、石英砂、氧化铝等）一起快速搅拌,研磨剂与细胞之间相互碰撞研磨,产生的机械剪切力使细胞破碎,释放出内含物,破碎中产生的热量由夹套中的冷却液带走。料液出口处,经过珠液分离器的作用,珠子被滞留在破碎室内,而浆液流出,从而实现连续操作。

高速珠磨机的破碎效率与搅拌机转速、进料速度、珠子用量、细胞浓度、温度等多种因

素有关。判断珠磨过程是否优劣，首先考虑破碎后胞内产物的释放及上、下游工序分离的难易程度，不能简单地以破碎率来衡量。

（3）化学渗透法 采用某些化学试剂处理微生物细胞，可以改变细胞壁或膜的通透性（渗透性），从而使胞内某些组分从细胞内渗透出来的方法，称为化学渗透法。常用的化学试剂有酸、碱、表面活性剂、有机溶剂、变性剂、金属螯合剂等，而某些抗生素能阻止新细胞壁的合成，使其细胞壁产生缺陷，也可达到提取胞内物质的目的。下面介绍几种常用的化学试剂。

① 表面活性物质 常能引起细胞溶解或使某些组分从细胞内渗透出来。表面活性剂均为两性化合物，具有较强的增溶作用，有助于细胞的破碎。如用 0.4％的 Triton X-100 或 0.1％的十二烷基硫酸钠处理异淀粉酶培养液，30℃振荡 30h，即可较完全地将异淀粉酶抽提出来。其他表面活性剂还有牛黄胆酸钠、十二烷基磺酸钠等，也可使细胞破碎。

② 有机溶剂 某些酯溶性有机溶剂能分解细胞壁中的类脂或细胞膜中的磷脂层，从而破坏细胞结构，将胞内产物提取出来。常用的有机溶剂有甲苯、苯、氯仿、二甲苯及高级醇等。

③ EDTA 螯合剂 常用于处理革兰阴性菌，主要利用螯合剂能与细胞外层膜结构中的 Ca^{2+}、Mg^{2+} 发生螯合作用，而使大量脂多糖从细胞壁上脱落，增加了渗透性，达到将细胞内产物释放出来的目的。

（4）酶解法 利用生物酶能分解破坏细胞壁和细胞膜上特殊键的作用，达到消化溶解细胞壁的方法，称为酶解法。由于酶具有高度的专一性，如蛋白酶只能水解蛋白质，葡聚糖酶只对葡聚糖起作用，因此利用酶解法处理细胞时，必须根据细胞的结构和化学组成选择适当的酶，并确定相应的使用次序，才能达到良好的酶解目的。另外，菌体自溶是一种特殊的酶解方式，控制培养条件（如温度、pH 值或添加激活剂），可以诱发其自身产生溶酶活性，以达到菌体自溶，释放目的产物的目的。

二、纳滤技术

纳滤是一种相对较新的压力驱动膜分离过程，它通过纳滤膜的选择透过作用，借助外界能量（如压力差）为推动力，使混合物中的溶剂和相对分子质量低于 300 的小分子物质（如无机盐）通过，从而达到分离目的。纳滤所截留的粒子直径处于纳米级范围，因此称为纳滤。

纳滤的分离特性介于反渗透与超滤之间，从溶液中可分离出相对分子质量 150～1000 的物质。纳滤作为一种膜分离技术，具有其独特的特点。

① 可分离纳米级粒径。

② 集浓缩与透析为一体 因纳滤膜是介于反渗透膜和超滤膜之间的一种膜，它能截留小分子有机物，并可同时透析出盐。

③ 操作压力低 因为无机盐能通过纳米膜而透析，使得纳滤的渗透压力远比反渗透低，一般低于 1MPa，故也有"低压反渗透"之称。在保证一定膜通量的前提下，纳滤的操作压力低，其对系统动力设备的耐压要求也低，降低了整个分离系统的设备投资费用和能耗。

④ 纳滤膜污染因素复杂 纳滤膜介于有孔膜和无孔膜之间，浓差极化、膜面吸附和粒子沉积作用均是使用中被污染的主要因素。此外，纳滤膜通常是荷电膜，溶质与膜面之间的静电效应也会对纳滤过程的污染产生影响。

1. 纳滤分离机理

纳滤膜的分离作用一般认为是由于膜的粒径排斥和静电排斥。目前提出的纳滤膜分离机理主要是静电和位阻理论，该理论认为纳滤中溶质的分离除了由于膜孔和溶质大小不同产生的位阻造成粒径排斥外，还由于膜和溶质电荷产生的静电排斥作用。对于非荷电分子，粒径排斥是分离的主要原因；对于具有荷电性的离子，粒径排斥和静电排斥均是分离的原因，而且膜的荷电性在水和溶质分子穿过膜的过程中起到了相当重要的作用。

2. 影响纳滤分离的因素

（1）操作条件的影响　操作压力对纳滤分离操作影响较大。渗透通量随压力升高而增大，盐通量则与压力无直接关系；当压力增大时，透过膜的溶剂量增加而盐通量不变，故脱盐率增大，但随着纳滤过程的进行，膜两侧盐浓度差增大，而又降低脱盐率。这两方面的共同作用使脱盐率的增加逐渐变缓，最后趋于定值，这一点可由实验得到证实。

在纳滤过程中，随着操作的进行，膜两侧的浓度差逐渐增大，有效压力差则不断降低，同时因浓度升高，造成膜污染加剧，使得膜通量随着运行时间的延长而下降。

料液流速增大，对于错流操作的膜分离过程，可减轻浓差极化的影响，但实验证明，纳滤膜的透水率和截留率随料液流速的影响不大。

纳滤过程中，浓差极化会增大膜内侧的渗透压，减小有效操作压力差，使渗透通量降低。另外，浓差极化层中某些溶质的浓度较主体料液中的高，增大了这些溶质透过纳滤膜的推动力，从而截留率降低，而浓差极化层对溶质渗透性的影响相对较复杂。

（2）料液性质的影响　溶质分子的粒径、极性和电荷对纳滤操作影响较大。分子粒径是影响纳滤膜截留性能的一个重要参数；而溶质分子的极性降低了纳滤膜的截留；当溶质所带电荷与膜面所带电荷相同时，膜对该溶质有较高的截留率。

料液的 pH 值对溶质和膜的荷电性影响较大，当 pH 值达到膜与溶质的等电点时，膜的截留率增大。

（3）纳滤膜的性质　纳滤膜的分离性能与膜的物理性能（如孔径大小、孔隙率、孔径分布、荷电性等）有着直接的关系，膜面形状和结构也会影响纳滤膜的渗透通量、截留率和污染程度，其表面荷电性会影响膜的渗透通量和选择性。因此在膜过程的设计和操作中，有必要对膜性能有所了解。

（4）操作方式　在实际的纳滤操作过程中发现，初始通量较大的纳滤过程，透过液总量并不一定多，这是由于渗透通量随操作时间延长衰减较快。当初始通量较大时，单位时间内被截留的溶质多，膜面处溶质浓度快速增大，此时被截留的溶质易在膜面沉积而造成污染，从而使通量衰减很快，最终通量维持在一个较小值。在操作中，常通过控制初始操作压力来控制初始通量，一般在运行初期，采用较小的压力，然后逐渐提高压力，这样可延缓膜污染的速度，维持较高的膜通量。

3. 纳滤技术的应用

发酵法生产的抗生素原液中含有 4% 的生物残渣、一定盐分和 0.1%～0.2% 的抗生素。抗生素的相对分子质量大多在 300～1200 范围内，其传统生产过程为先将发酵液澄清、过滤，用选择性溶剂萃取，然后再通过减压蒸馏、结晶等操作获得产品。

纳滤膜技术可以改进抗生素、维生素的浓缩和纯化工艺。用纳滤膜除去可自由透过膜的水和无机盐，达到浓缩抗生素、维生素发酵滤液的目的，然后再用萃取剂萃取，这样可以大幅度提高设备的生产能力,并大大减少萃取剂的用量。用溶剂萃取抗生素后,还可用耐溶剂纳滤膜浓缩萃取液,透过的萃取剂可循环使用,这样可节省蒸发溶剂的设备投资费用以及所需的热能,同时也可改善操作环境。

纳滤膜已成功地应用于维生素 B_{12} 和红霉素、金霉素、万古霉素、青霉素等多种抗生素的浓缩和纯化过程。在医药生产领域,超纯水是必需的原料。超纯水的水质要求很高,水中不允许含有杂质颗粒、细菌残尸,且 TOC 含量要少于 5ng/g,采用离子交换技术仅能达到 30ng/g,而具有低接触角的负电性的纳滤膜能够很好地降低 TOC 含量,达到超纯水的质量要求。

三、膜蒸馏技术

膜蒸馏技术是将膜分离过程与蒸馏过程相结合的分离方法,如图 2-22 所示。膜蒸馏所选用的膜是疏水微孔膜,孔径一般为 $0.1 \sim 0.45 \mu m$。膜蒸馏操作时,膜的一侧是热料液(一般是热水溶液),膜的另一侧是低温流体(冷水)。因膜是疏水性的,当膜两侧压力差较小时,膜两侧的液体均不能进入膜孔,即膜孔为充气孔。由于高温侧膜表面的蒸汽压 p_{w1} 大于低温侧膜表面的蒸汽压 p_{w2},在膜两侧蒸汽压差的推动下,高温侧溶剂气化的蒸气透过膜而进入低温侧被冷凝,使溶剂从热料液中分离出来,达到高温侧料液浓度提高的目的,而低温侧则得到纯溶剂。

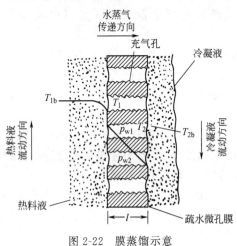

图 2-22 膜蒸馏示意

一般情况下,膜蒸馏应用于从非挥发性物质水溶液中分离出水的过程。过程的推动力是水蒸气的分压差,在一定条件下也可以说是温度差。膜蒸馏过程虽也有相变,但在非沸腾状态的较低温度下进行,因此可利用工业余热等低热值的能源,且操作简便、分离效果好,具有很广阔的应用前景。

1. 膜蒸馏的传递机理

膜蒸馏是传热与传质同时进行的过程。根据传热基本原理,可以很容易地分析其过程。这里重点讨论传质过程,其传质步骤如下。

① 水从热料液主体向膜表面扩散的过程。

② 在高温侧膜表面上水的气化过程。

③ 气化的水蒸气以扩散方式通过膜孔到达冷水侧膜表面。

④ 水蒸气在冷水侧膜表面冷凝的过程。

一般情况下,在整个膜蒸馏过程中第③步为控制步骤,即与膜的制备和性能关系密切,既要保证水不能进入膜孔,又要保证水蒸气在膜孔内有较高的扩散速率。

2. 影响膜蒸馏的因素

(1) 膜的性能 对蒸馏膜的基本要求是在操作时膜孔不被膜两侧溶液所浸润,即膜蒸馏采用微孔疏水膜,膜材料的疏水性直接影响膜的分离效率,若疏水性好,则分离效果好。膜的孔隙率、孔径和膜的厚度对蒸汽的扩散速率都有一定的影响,从而影响膜蒸馏的生产效率。

（2）料液的性质　料液的浓度直接影响水的蒸汽压，即涉及传质推动力的大小。一般来说，浓度越高，水的蒸汽压越低，传质推动力越小，膜蒸馏速率越慢。料液的黏度、热导率等性质，对各步的传热传质也有影响。

（3）操作条件　由传热传质基本知识可知，冷热两流体的温度差越大，传热传质推动力越大，膜蒸馏速率越高；料液的流动速度越大，越有利于传热传质过程的进行。膜蒸馏两侧的操作压差应尽可能小，以保证膜孔为充气孔；若压力差增大，高压侧溶液有可能被压入膜孔而流向低压侧，导致膜蒸馏过程的失败。

3. 膜蒸馏技术的应用

膜蒸馏技术的应用主要有两个方面：高纯水的制取和料液的浓缩脱水。在海水淡化制高纯水方面，膜蒸馏具有常压操作、设备简单、操作方便、脱盐率高等特点，具有很好的应用前景。膜蒸馏技术操作温度低（一般热料液的温度在 $40\sim50℃$），特别适用于热敏性药液的浓缩，可大大提高收率，保证药品质量。

【能力拓展】

一、预处理技术应用实例与方案设计

【预处理技术应用实例】

以链霉素发酵液的预处理为例，其预处理工艺如下。

链霉素在发酵终了时，部分链霉素留在菌丝内部，将发酵液酸化至 pH＝3 左右，可使其释放到液体中，以提高链霉素的收率；同时以直接蒸汽加热，可使蛋白质凝固；由于进一步提取链霉素采用的是离子交换法，而发酵原液中除蛋白质外，尚含有钙、镁等金属离子，对离子交换吸附有影响，因此必须在预处理时除去这些金属离子。例如，酸化用的草酸还能将 Ca^{2+} 去除，再用磷酸除去 Mg^{2+}，经分离后再加入碱调 pH＝8.8～9.0，借磷酸根的作用使钙、镁等离子生成不溶性的磷酸盐而析出，并随同碱性蛋白质一起被去除。

经过上述酸化、加热、分离、冷却、中和等预处理，能将发酵液中的大量菌丝体、蛋白质和碱土金属等杂质去除，可保证下一步离子交换过程的顺利进行。

【预处理操作实训方案设计与能力培养】

① 教师结合本院校实际情况，指定实训题目，提出具体实训要求。

② 学生查阅资料，了解所处理混合液的组成、理化性质和提取工艺对预处理的要求，找出已有的预处理工艺，以培养学生搜集信息的能力。

③ 结合所学知识，提出多种预处理方法，并从理论上加以分析比较，以培养学生分析问题、解决问题的能力。

④ 制定实训方案或计划，列出所用仪器、药品清单，做好实训准备工作，以培养学生制订计划和组织实施的能力。

⑤ 按照拟订的方案进行实训操作，并随时进行观察，做好记录工作，注意思考各种现象产生的原因，以培养学生用科学的眼光观察现象、用科学的头脑思考问题的良好习惯。

⑥ 对各种方案的实施结果进行对比分析，学会优选操作参数，确定最佳预处理方案，整理出翔实的实训报告，以培养学生的综合能力。

例：赖氨酸发酵液的预处理

预处理要求：赖氨酸的提纯需采用离子交换法，而影响离子交换树脂吸附能力的主要是蛋白质和阳离子。分析赖氨酸发酵液，其中含有菌体、蛋白质和钙离子，故应对发酵液进行预处理，除去这些杂质。

根据预处理要求，结合所学理论知识，初步考虑以下几点。

(1) 沉淀蛋白质等杂质　将发酵液调节至一定 pH 值（等电点附近），加入适宜的凝聚与絮凝剂，使菌体、蛋白质聚集而沉淀。

(2) 除去钙离子　选择添加酸性物质（如草酸）。

(3) 离心分离　菌体细小，采用高速离心机（4500～6500r/min）分离除去。

(4) 过滤分离　菌体细小，选择添加助滤剂。

对上述各项预处理方法进行分析，确定预处理的具体实施方案。例如，每一项操作均有几种选择，如 (1) 中，凝聚与絮凝剂有很多种，哪一种最适合赖氨酸发酵液，需通过实验确定，这样即可设计多种方案，试列出几种方案。

分析对比以上实训过程和结果，找出对生产实际有指导意义的预处理方法和操作控制数据，并加以论述，确定最佳预处理方案，写出实训报告（论文）。例如，添加助滤剂前后的过滤效果比较，最佳操作的温度和 pH 值等。

【研究与探讨】

① 去除蛋白质的原理、方法和基本操作；除蛋白质的方法在日常生活中有何具体应用？

② 凝聚与絮凝技术的选择与操作要点；

③ 分析 pH 值等控制条件与产量、质量的关系；

④ 分析影响固液分离的因素；

⑤ 如何确定青霉素发酵液中蛋白质的等电点？怎样去除其他抗生素发酵液中的蛋白质？

二、膜分离操作方案设计

【膜分离操作实训方案设计与能力培养】

① 教师结合本院校的实际情况，拟定实训题目及具体要求。

② 学生查阅资料，收集有关料液的特性、分离纯化方法和膜分离工艺等方面的资料，以培养学生获取信息的能力。

③ 在教师指导下，确定分离膜的种类、型号，初步确定工艺过程（如间歇、浓缩、透析等）和操作参数（如操作压力、温度等），以培养学生设计制定膜分离操作方案的能力。

④ 制订实训计划，设计记录表格，组装膜分离实训装置，做好各项准备工作，以培养学生的组织、安排能力。

⑤ 进行膜分离操作实训，按时记录、分析相关数据（如压力、透过液流量等），随时观察操作情况，并根据有关数据调整操作条件，直至达到分离要求；培养学生的动手操作能力和观察能力，并培养学生认真负责的工作态度。

⑥ 整理数据，分析膜分离操作实训中存在的问题，结合所学理论知识提出解决方法，以培养学生分析问题、解决问题的能力。

⑦ 编写实训报告，注重对工艺的分析，提出改进意见，以培养学生对知识的综合运用能力和撰写报告的能力。

【研究与探讨】

① 膜分离操作方法；

② 膜清洗操作方法；

③ 膜消毒操作方法；

④ 膜保存方法。

 【阅读材料】

药品生产验证

《药品生产质量管理规范》中验证的定义为：证明任何程序、生产过程、设备、物料、活动或系统确实能达到预期结果的有文件证明的一系列活动。制药行业中经常需要进行的验证活动主要有设备与厂房和公用设施验证、工艺验证、清洁验证、分析方法验证及计算机验证等几类。对于药物分离与纯化过程，主要进行工艺验证和设备验证。

一、工艺验证

工艺验证是指以最终书面文件形式证明某一生产工艺加工制造的制品符合既定标准的一系列活动。制药行业中，各种药物制造工艺的独特性主要体现在分离纯化工艺上，因而不同品种药物的分离与纯化工艺验证较之成品的分装、包装工艺的验证更具有复杂性和特殊性。工艺验证主要是以工艺的可靠性和重现性为目标，在实际生产设备和工艺生产条件下，用相应的技术手段证实所设定的工艺路线和控制参数能够确保产品符合既定标准并具有均一性。工艺验证的主要形式包括工艺定型前验证、同步验证及回顾性验证。

工艺验证的主要内容有清除验证、参数范围验证及工艺一致性验证。清除验证是指证明某一加工工艺能够将杂质或污染物去除或灭活至足以确保药品安全程度的活动。参数范围验证涉及确定在实际生产中某一工艺关键操作或运行参数允许的变化范围，在该范围内参数的变化不影响产品的质量。工艺一致性验证是指通过证明在同样工艺加工条件下多次制造的多批产品的质量指标批间差异小，从而确保工艺具有良好重复性的活动。

工艺验证方案中规定有各工段划分、杂质去除效率、原辅材料质量要求、进料与工艺/操作各项参数范围、产品质量标准、工艺一致性验证方法、检测手段与结果评判标准等。

二、设备验证

设备验证是 GMP 验证的重要组成部分，是证明机器或设备符合设计要求，满足生产需要（即满足合格产品要求）的必要手段。设备验证的目的如下。

① 通过对设备仪器的设计、选型、安装、试运行全过程监控确认，来完成设备仪器的添置或改造。为最终产品——药品的生产质量提供设备保证。

② 通过验证完善 SOP，为以后设备仪器的长期投运提供操作标准。

③ 建立完整的验收资料，指导以后的投资工作并帮助企业顺利通过整体 GMP 验收。

设备验证的主要内容有预确认（或称设计确认）、安装确认、运行确认和性能确认。

预确认是设备仪器投资前期的质量活动，包括工艺确认、设备选型确认、选择供应商确认。安装确认是与设备安装工作同步的各类检查工作，包括技术资料检查、安装情况检查、公用介质检查。运行确认是为证明设备达到设计要求进行的运行试验，一般应进行单机和系统的不同情况实试验，以确定设备的运行符合预定要求；包括检查设备功能、检查 SOP 是否完备、检查运行维修人员的培训情况。性能确认是在安装与运行确认的基础上进行的模拟生产试验，最终确认全套设备的运行能生产出符合质量要求合格产品；包括设备的最终总体性能、影响产品质量的关键部位性能。

三、设备验证实例——除菌级过滤器的验证

1. 除菌级过滤器的验证要求

（1）细菌去除性能　FDA 将除菌级过滤器定义为"当过滤器用 10^7 个/cm^2 缺陷短波单胞菌 ATCC19146 进行过滤挑战试验时，下游滤过液被证明是无菌"。除菌级过滤器必须首先符合 FDA 这一要求，而且模拟实际生产中最恶劣的条件，即挑战细菌堵塞过滤器（压差大于 0.35MPa），这样的过滤器就是通常所说的 0.20μm 或 0.22μm 除菌过滤器。

（2）完整性试验　除菌过滤器必须可以进行非破坏性完整性试验，FDA 建议过滤前后都要进行，而所用完整性试验数据标准必须与过滤器破坏性试验如细菌挑战试验性关联，并留有足够的安全系数，前进流（扩散流）、起泡点、压力衰减试验是 FDA 允许的完整性试验方法。

（3）过滤操作条件　确定保持除菌性能时，最恶劣的操作条件，即最高最低温度、压力、黏度、pH 值、离子强度等。

（4）所用材料　过滤器所用材料如滤膜、保护罩、支撑无纺布、密封圈等符合安全性试验标准。

（5）颗粒清洁度　过滤器用注射用水冲洗后符合药典颗粒清洁度要求，无纤维脱落。

（6）溶剂萃取物　用有关溶剂萃取后，萃取物需符合药典关于氧化物含量的要求。

（7）过滤器消毒批次记录　须保证易于进行工艺追踪和质量控制。

2. 除菌过滤器的验证程序

第一步，确定过滤产品的目标品质。即确认过滤前常见细菌类型、微生物含量、颗粒含量，过滤后目标是无菌、无颗粒（或无支原体、无病毒等）。

第二步，确定过滤产品的生产工艺及物理化学参数。如 pH 值、黏度、温度、表面张力、离子强度及变化范围等。记录每一批次液体量、处理时间、过滤器入口压力、过滤器出口压力等。

第三步，所选过滤器的评价。除菌过滤器评价项目主要包括：材料的安全性，液体中细菌挑战试验数据，完整性试验方法及标准值，消毒条件（方法、温度及时间），使用条件（最高允许压力、化学兼容性），最终试验证书。

第四步，除菌过滤器在实际溶液中进行细菌挑战试验（如果必要）。

第五步，实际溶液确定完整性试验数据（如果必要）。

第六步，确定除菌过滤器运行的标准操作细则（SOP）。

除菌过滤器验证过程复杂，技术要求高，需供货商和用户相互合作，各负其责才能顺利完成

复习思考题

2-1　预处理的目的及在药物分离与纯化过程中的意义是什么？

2-2　预处理方法的选择依据有哪些？

2-3　在沉淀法预处理技术中，利用了蛋白质的哪些性质？

2-4　凝聚作用和絮凝作用的区别？

2-5　固液分离的目的是什么？影响固液分离的因素有哪些？

2-6　助滤剂是如何起作用的？

2-7　结合固液分离存在的问题，试着分析一下如何寻找工作重点？

2-8　名词解释和基本概念：

膜；膜分离技术；微滤；超滤；反渗透；截留率；截留分子量；渗透通量

2-9　阐述微滤、超滤、反渗透等各类膜分离过程的异同点。

2-10　什么是浓差极化？简述浓差极化的危害及预防措施。

2-11　什么是膜污染？分析造成膜污染的原因，并拟定减轻膜污染的措施。

2-12　简述各种膜分离工艺的操作特点。

2-13　结合具体膜分离实训工艺，分析影响膜分离的因素。

项目 3　青霉素钾盐的酸化萃取

【知识与能力目标】

掌握萃取的基本概念和分离原理；熟悉萃取的工艺过程和基本计算；了解典型萃取设备的结构、工作原理。

能根据被分离物质的性质选择萃取剂；能分析影响液液萃取的因素；能分析液-液萃取过程中常见问题并能找出解决方法。

任务 3.1　明确萃取任务并认识青霉素滤液

一般抗生素在发酵液中的含量为 0.1%～7%（即 1000～70000U/mL），而杂质的浓度可为抗生素浓度的几十倍、几百倍、甚至几千倍。提取精制后，抗生素含量一般可达到 99% 以上。

一、明确萃取任务

因青霉素在水溶液中极不稳定，必须加快生产进度，在尽可能短的时间内完成生产任务。一般来讲，时间越短，副产物越少，则生产收率越高，产品质量越好。萃取是青霉素提取精制工艺的一个重要环节，主要利用溶剂萃取法，采用二级逆流萃取的操作方式，在酸性环境下，将青霉素从水相萃取到丁酯相中，从而达到转移、浓缩、提纯的目的，实现青霉素的初步提取精制。

在萃取过程中，萃取剂的用量一般为滤液的 1/3 左右，萃取液中青霉素的浓度可提高至滤液效价的三倍左右；萃取也起到提纯的作用，这是由于滤液中大量的水溶性杂质不溶于萃取剂而被分离出去。

二、认识青霉素滤液

滤液中青霉素效价在 5000～20000U/mL；透光率在 75% 以上；固含量在 0.2% 以下；温度为 10℃ 以下；青霉素含量在 90% 以上。滤液中的青霉素是以青霉素游离酸的形式存在，并含有一定量的色素与蛋白质，固体含量很少。

青霉素在水溶液中易水解，在酸性条件下水解速度加快。因此，应尽量缩短青霉素在水溶液中的停留时间。pH、温度对青霉素 G 钠盐水溶液半衰期的影响见表 3-1。

由表 3-1 可见，青霉素 G 钠盐水溶液在 10℃ 以下和 pH5～7 之间较稳定，在 pH6 左右最稳定。青霉素 G 钠盐在 10℃ 与 24℃（pH2.0）时的半衰期比较短，约为 36min，青霉素 G 钾盐（水溶液）的效价随时间的变化见表 3-2。

表 3-1　pH、温度对青霉素 G 钠盐水溶液半衰期的影响　　　　h

pH	保存温度/℃			
	0	10	24	37
2.0	4.25	1.3	0.31	
3.0	24.0	7.6	1.7	
4.0	197.0	52.0	12.0	
5.0	2000.0	341.0	92.0	
5.5			—	62.0
5.8			315.0	99.0
6.0			336.0	103.0
6.5			281.0	94.0
7.0			218.0	84.0
7.5			178.0	60.0
8.0			125.0	27.6
9.0			31.2	
10.0			9.3	
11.0			1.7	

表 3-2　青霉素 G 钾盐（水溶液）的效价随时间的变化

存放时间/min	效价/(U/mL)	存放时间/min	效价/(U/mL)
0	1422	50	668
10	1266	60	510
20	1029	80	317
30	852	100	216
40	623		

注：试验条件为溶液 pH2.05，温度 16℃。

在 pH2.0 左右，青霉素于室温下发生不完全水解，形成青霉酸：

青霉素　　　　　　　青霉酸

三、青霉素萃取液制备的生产要求

对于青霉素萃取液（RBA）制备过程来讲，一般的生产要求如下。

1. RBA 质量要求

水分：≤1.6%；色级：≤6 级；效价：30000~80000U/mL；青霉素含量在 95% 以上。

2. 萃取剂醋酸丁酯质量要求

酸度：≤0.5%；酯含量：≥93%；水分：≤0.8%；色级：≤20♯。

在生产过程中，醋酸丁酯可以反复多次循环使用。但随着时间的增加，降解产物丁醇越来越多，在萃取时易造成 RBA 水分高、滤液相与醋酸丁酯相分离困难等情况的发生。

3. 工艺控制要求

一阶段重相：pH＝2.15±0.15

二阶段重相：pH＝1.85±0.15

稀硫酸浓度：9%±1%

在萃取过程中，要求萃余相（废酸水）不夹带萃取相（醋酸丁酯），萃取相澄清透明，不乳化。

4. 生产进度要求

操作时间按一个操作班次 8h，除去准备与停车、洗车时间，应在 4～6h 之间。

任务3.2　搜集萃取相关知识和技术资料

一般地说，萃取是指存在于某一相的一个或多个组分，在与第二相接触后转入后者的过程，这两相是互不混溶或部分混溶的。显然，萃取过程是两相间的传质过程。

根据两相相态的不同，分为固-液萃取（又称浸取）和液-液萃取（又称溶剂萃取）。根据萃取剂的性质或萃取机制的不同，可分为溶剂萃取、超临界流体萃取、双水相萃取、反胶团萃取等。

萃取是制药工业生产中常用的提取分离方法之一，其中液-液萃取应用最广泛，如用乙酸乙酯从发酵液中提取青霉素；用苯或二甲苯从麻黄草浸提液中萃取麻黄素等。固-液萃取常用于中药生产中，如从麻黄草中浸提麻黄素。在生物制药中也常用浸取法从菌丝体内提取抗生素，如用乙醇从菌丝体内提取制霉菌素、庐山霉素、曲古霉素；用丙酮从菌丝体内提取灰黄霉素等。超临界流体萃取在植物成分的提取分离方面应用较多，如中草药中生物碱类药物和含挥发油药物的分离提取等。双水相萃取主要用于生物大分子和细胞粒子的分离，如蛋白质、酶、核酸、人生长激素、干扰素等的提取纯化和细胞碎片的分离等。反胶团萃取也是一种分离生物大分子的有效方法，如细胞色素 C 和溶菌酶的分离等。

随着人们对萃取过程研究的深入，新型萃取剂不断被发现应用，各种新型高效萃取设备和计算机技术也已大量应用于萃取生产中，对萃取过程机理、热力学、动力学的研究正在不断深入，目前已有大量论述萃取技术的文章和书籍发表和出版。

液-液萃取是分离液体混合物的重要单元操作之一。在欲分离的液体混合物中加入一种与其不溶或部分互溶的液体溶剂，形成两相系统，利用混合液中各组分在两相中溶解度的不同（或分配差异），而实现混合液分离的操作，称为液-液萃取。又因为用于萃取的试剂常为有机溶剂，故常称为溶剂萃取。

一、液-液萃取体系

通常原料液（F）中，被萃取的物质称为溶质（A），其余部分称为原溶剂或稀释剂（B），而加入的液体溶剂称为萃取剂或溶剂（S）。所选定的萃取剂应对溶质具有较大的溶解能力，而与原溶剂应互不相溶或部分互溶，因此萃取剂与原料液混合萃取后，将分成两相，一相以萃取剂为主，提取了大部分溶质，称为萃取相（E），另一相以原溶剂为主，称为萃余相（R）。萃取相和萃余相都是含有萃取剂的混合物，需要用蒸馏或反萃取等方法进行分离，除去萃取相中的萃取剂后，得到溶质含量较多的液相，称为萃取液（E'），除去萃余相中的萃取剂后，所剩液体称为萃余液（R'），分离得到的萃取剂供循环使用。由此可见，进行萃取的体系是多相、多组分体系。

1. 液-液萃取过程

如图 3-1 所示为单级液-液萃取过程示意。首先将原料液 F 和萃取剂 S 加入混合器内，使其相互充分混合，因溶质在两相间的组成远离平衡状态，在推动力作用下，两相间必发生溶质的传递过程，即溶质 A 从原料液 F 中向萃取剂 S 中扩散，使溶质与原料液中的其他组分分离；然后将原料液 F 与萃取剂 S 的混合液 M 引入分层器中，静置分层后，根据两相的物理性质（如密度）的不同，用机械方法将它们分离，得到萃取相 E 和萃余相 R，最后在回收设备内分别回收两相中的萃取剂 S，得到萃取液 E′和萃余液 R′，最终实现混合液的分离。

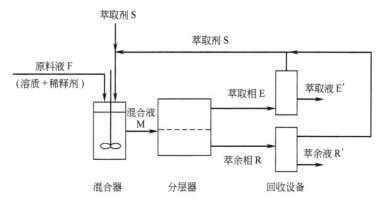

图 3-1 单级液-液萃取过程示意

综上所述，液-液萃取操作包括以下步骤：原料液 F 与萃取剂 S 的混合接触；萃取相 E 与萃余相 R 的分离；从两相中分别回收萃取剂 S 后，得到萃取液 E′和萃余液 R′。

2. 液-液萃取过程的特点

① 液-液萃取过程的依据是混合液中各组分在所选萃取剂与原溶剂中溶解度的差异，故萃取剂必须对原料液中所萃取的溶质有较大的溶解能力，而对其他组分的溶解能力必须很小，才能通过萃取操作达到分离混合液的目的。由此可见，在萃取操作中，适宜萃取剂的选择是一个关键。

② 液-液萃取过程是溶质从一种液相转移到另一种液相的传质过程，因此萃取剂与原溶剂必须在操作条件下互不相溶或部分互溶，且两相间应有一定的密度差，才能使两相在经过充分混合后，依靠外力（重力或离心力）的作用，使两相分别聚集而分为两个液层。

③ 液-液萃取中，萃取剂的用量比较大，所以萃取剂应价廉易得，稳定性好，可回收循环使用，从而降低萃取过程的成本。

④ 萃取过程的极限是达到液-液相平衡，萃取过程传质推动力的计算也要通过相平衡组成来表达，因此同精馏、吸收一样，相平衡关系是萃取过程重要的理论基础和计算依据。

二、液-液萃取过程的理论基础

液-液萃取至少涉及三种物质，即原料液中的溶质 A、原溶剂 B 和加入的萃取剂 S。根据加入的萃取剂与原溶剂的互溶度不同，形成的三组分体系有三种类型，即萃取剂 S 与原溶剂 B 完全不溶，形成一对完全不互溶的混合液；萃取剂 S 与原溶剂 B 部分互溶，形成一对部分互溶的混合液；萃取剂不仅与原溶剂部分互溶，且与溶质部分互溶，形成两对部分互溶的混合液。第一种萃取体系较为少见，第三种萃取体系应尽量避免，这里讨论的是第二种萃取体系。

当萃取剂与原溶剂部分互溶时，萃取过程涉及的两相均为三元混合液。三元物系的相平衡关系，可用三角形相图来表达。

1. 三角形相图

对于三组分溶液，必须已知两种组分的组成，才能唯一地确定该混合液的组成，因此常用三角形坐标中的点表示三组分溶液的组成。根据两相平衡时各相的组成，在三角形坐标上可绘出其相平衡关系曲线，此图称为三角形相图。

（1）三角形坐标中组成的表示方法　在三角形坐标图中，常用质量分数表示组成。三角形坐标图可以是等腰直角三角形、等边三角形或不等腰直角三角形，其中由于等腰直角三角形坐标两边的比例相同，可以在一般的坐标纸上绘制，使用较方便，应用较广；当用三角形坐标绘制相图时，发现各线较密集而不便于阅读时，可采用不等边直角三角形坐标，以便将某一边的刻度放大，使所绘制的线展开，便于作图及查取数据。本章主要介绍等腰直角三角形坐标图。

如图 3-2 所示为等腰直角三角形坐标图。三角形坐标图的三个顶点分别代表某一纯物质，如 A 点表示溶质 A 的含量为 100%，其他两组分的含量为零；同理，S 点代表纯萃取剂，B 点代表纯原溶剂。

在三角形坐标图中，三角形的三条边分别表示相应的二元混合液的组成，图 3-2 中 AB 边上的 H 点，代表含有 A 与 B 的二元混合液组成点，其中 A 含量 $W_A = BH = 0.4$，$W_B = 1 - W_A = 0.6$，不含组分 S。同理，BS 边上的 G 点，代表含有 B 与 S 的二元混合液组成点；AS 边上的任一点，代表含有 A 与 S 的二元混合液组成点；两组分的含量可以直接从三角形坐标图的相应边上读出。

在三角形坐标图中，三角形内任一点代表某三元混合液的组成点。图 3-2 中的 M 点，代表含有 A、B 和 S 的三元混合液组成点，其中 A、B、S 三组分的浓度可利用下述方法从三角形坐标图中读取。

过 M 点，作三条边的平行线 MH、MG 与 ML，在位于与 AB 边平行的 MG 线上，混合液中萃取剂 S 的浓度均相等，所以，MG 与 BS 边交点 G 处的 S 含量即为混合液 M 中 S 的含量，从图中读出 $W_S = 0.3$。同理，与 BS 边平行的 MH 线上，混合液中溶质 A 的浓度均相等，MH 与 AB 边交点 H 处的 A 含量即为混合液 M 中溶质 A 的含量，从图中读出 $W_A = 0.4$。根据归一性，$W_B = 1 - W_A - W_S = 0.3$，或从 ML 与 BS 边的交点 L 处读出 B 的含量。

（2）三角形相图　三元物系的液-液相平衡关系可以在三角形坐标图上表达。对于本章讨论的三元物系，原溶剂 B 与萃取剂 S 部分互溶，溶质 A 与原溶剂 B、萃取剂 S 完全互溶。在萃取操作中，当向含 A、B 两种组分的原料液中加入适量的萃取剂 S 时，经混合分离后，形成互成平衡的两个液层 R 及 E，此时的 R、E 两液层称为共轭液层或共轭相，R、E 两点的连线称为平衡连接线（或称共轭线）。若改变萃取剂的用量，则得到新的共轭液层。在三角形坐标图中，将代表诸平衡液层的组成坐标点连接起来的曲线 DRPEG 称为溶解度曲线，此三角形坐标图称为三角形相图，如图 3-3 所示。

溶解度曲线将三角形相图分为两个区，曲线以下的区域（阴影区）为两相区，即任意组成为三元的混合物，若组成点落在曲线以下的两相区内，均可分为互不相溶的两个液相层。曲线以上区域为单相区，若三元混合物的组成点落在此区域内，则为均一的液相。图 3-3 中 M 代表某一组成的三元混合液，因 M 在两相区内，说明该三元混合液可形成两相，平衡时

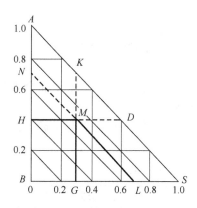

图 3-2　等腰直角三角形坐标图

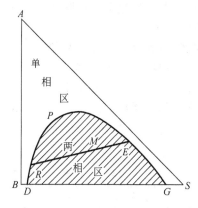

图 3-3　溶解度曲线与连接线

两液相的组成点分别为图中的 R 点与 E 点。

P 点处 RE 连接线无限短，即 R、E 两相的组成完全相同，溶液变为均一相，该点称为临界混溶点。P 点将溶解度曲线分成两部分，靠近萃取剂 S 一侧为所有 E 相的连线，即萃取相部分；靠近原溶剂 B 一侧为所有 R 相的连线，即萃余相部分。临界混溶点 P 一般并不在溶解度曲线的最高点，其组成点的准确位置应由实验测出。

在恒温下测定体系的溶解度时，通常实验测出的共轭相的对数有限，而各连接线大多都不相互平行，其斜率随混合液的组成而变化；为了得到其他组成的液-液平衡数据，通常利用若干对已知的互成平衡的 R 和 E 数据，绘制出一条辅助线，借辅助线可以确定任意组成的液-液平衡数据。

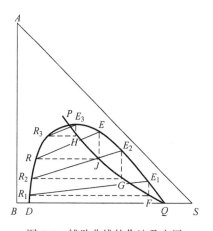

图 3-4　辅助曲线的作法及应用

辅助曲线的作法及应用如图 3-4 所示，已知三对相互平衡的液层组成，即连接线 E_1R_1、E_2R_2、E_3R_3，从 E_1 点作 AB 边的平行线，从 R_1 点作 BS 边的平行线，两线相交于点 F；用同样方法，由另两组连接线 E_2R_2、E_3R_3 作图，分别得到交点 G、H，连接各交点得曲线 FGH，即为该溶解度曲线的辅助曲线，又称共轭曲线。显然，辅助曲线的两端点分别为临界混溶点 P 和 Q（或 D）。

利用辅助曲线，可求任一相的共轭相组成，如图3-4所示。如求液相 R 的共轭相，自 R 作 BS 边的平行线交辅助曲线于 J，自 J 作 AB 边的平行线交溶解度曲线于 E 点，即液相 R 的共轭相为 E。

例 3-1　乙酸-苯-水三元混合溶液在 25℃的液-液平衡数据见例 3-1 附表，表中所列数据均为苯相和水相互成平衡的两液层

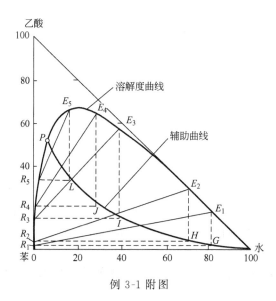

例 3-1 附图

组成。请依此数据在直角三角形坐标上标绘：

① 溶解度曲线；

② 与例 3-1 附表中实验序号第 2、3、4、6、8 组数据相对应的连接线；

③ 临界混溶点及辅助曲线。

解 ① 根据例 3-1 附表给出的数据，首先在直角三角形坐标上绘出该混合液的各组成点，连接各点即可得出如例 3-1 附图所示的溶解度曲线。

② 根据例 3-1 附表中第 2、3、4、6、8 各组数据，在例 3-1 附图上先标绘出 R_1、E_1、R_2、E_2……各点，连接各对应点所得的直线 R_1E_1、R_2E_2……即为所求的连接线。

例 3-1 附表　乙酸-苯-水系统的液-液平衡数据（25℃）

实验序号	苯相(质量分数)/%			水相(质量分数)/%			实验序号	苯相(质量分数)/%			水相(质量分数)/%		
	乙酸	苯	水	乙酸	苯	水		乙酸	苯	水	乙酸	苯	水
1	0.15	99.85	0	4.56	0.04	95.4	7	22.8	76.35	0.85	64.8	7.7	27.5
2	1.4	98.56	0.04	17.7	0.20	82.1	8	31.0	67.1	1.9	65.8	18.1	16.1
3	3.27	96.62	0.11	29.0	0.40	70.6	9	35.3	62.2	2.5	64.5	21.1	14.4
4	13.3	86.3	0.4	56.9	3.3	39.8	10	37.8	59.2	3.0	63.4	23.4	13.2
5	15.0	84.5	0.5	59.2	4.0	36.8	11	44.7	50.7	4.6	59.3	30.0	10.7
6	19.9	79.4	0.7	63.9	6.5	29.6	12	52.3	40.5	7.2	52.3	40.5	7.2

③ 例 3-1 附表中最后一组数据 E 与 R 的组成相同，即表明互成平衡的两液相组成重合于一点，该点即为临界混溶点（见例 3-1 附图中的 P 点）。

从 E_1 点作垂直线，从 R_1 点作水平线，两线相交于 G 点；同理从 E_2、E_3、E_4、E_5 作垂直线，再从 R_2、R_3、R_4、R_5 作水平线，得交点 H、I、J、L，连接 $PLJIHG$ 诸点，即得所求辅助曲线。

2. 分配定律

在一定温度、压力条件下，当三元混合液的两液相（E 相与 R 相）达平衡时，组分 A 在互不相溶的两液相层中的浓度之比为一常数。这就是能斯特（Nernst）在 1891 年提出的分配定律，用公式表示这一平衡关系，即

$$K = \frac{c_E}{c_R}$$

式中　K——分配系数或称分配常数；

　　　c_E——萃取相中溶质浓度；

　　　c_R——萃余相中溶质浓度。

分配定律的适用条件为：必须是稀溶液；溶质对溶剂的互溶度没有影响；溶质在两相中必须是同一种分子形式，即不发生缔合或解离。

在实际生产中，所处理物料中有些溶质浓度比较高，有些存在于复杂的体系内，溶质也可能因解离、缔合、水解、络合等多种原因而在两相中以不同的状态存在，有些弱酸或弱碱性溶质在水相中存在电离现象。因此在大多数情况下，两相平衡浓度之间的关系并不完全服从分配定律，分配系数 K 也不一定是常数，而是随萃取体系中各组分浓度、混合液的 pH 值、温度、分子存在状态等因素的变化而改变。在实际萃取生产中，常通过实验测定 K 值来了解被萃取溶质在两相中的实际分配情况。

不同物系具有不同的 K 值，同一物系的 K 值与温度变化有关，当溶质浓度较低时，K 接近常数。

例 3-2　在例 3-1 的系统中，若已知在 25℃时，此三元溶液经充分混合并静置后，分为两个液层。其中一个液层的组成为 15％乙酸、0.5％水，其余为苯（质量分数）。利用例 3-1 已绘出的辅助曲线，进行图解计算，求：

① 图解求出与其相平衡的另一液相组成，绘出连接线；

② 在本例题条件下乙酸在两液相中分配系数 K 的数值。

解　① 在例 3-1 附图中，溶解度曲线与辅助曲线是已知的，按题意首先标出组成为 15％乙酸、0.5％苯的组成点，此点在临界混溶点 P 的左侧曲线上，即 R 点。由 R 点作水平线与辅助曲线相交于 Q 点，再由 Q 点作垂直线与溶解度曲线相交于 E 点，连 RE 即为所求连接线（见例 3-2 附图）。从图中 E 点可以读出与含有

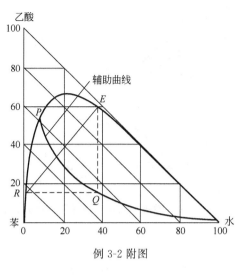

例 3-2 附图

15％乙酸、0.5％苯的 R 相成平衡的 E 相（水相）组成为：59％乙酸、37％水、4％苯。

② 乙酸在苯相中的含量为 15％，在水相中的含量为 59％。于是分配系数 K 的数值为：

$$K=\frac{c_E}{c_R}=\frac{0.59}{0.15}=3.93$$

3. 杠规规则

当两种混合物 C 和 D 混合后，形成一种新的混合物 M；或者当一种混合物 M 分离成两种混合物 C 和 D 时，其组成与质量的关系可以由杠杆规则确定。

如图 3-5 所示，将 C、D、M 的组成点标绘在三角形坐标内，三点必定在一条直线上，即 M 点在 C、D 的连线上，称 M 点为 C 点和 D 点的和点，$M=C+D$；反之，C 点是 M 点与 D 点的差点或 D 点是 M 点与 C 点的差点。混合液 C 和 D 的位置可以根据其组成在图中确定，和点 M 的位置取决于 C 与 D 的量，即混合液 C、D 的量与线段 $\overline{CM}$、$\overline{MD}$ 的长度成反比：

$$\frac{D}{C}=\frac{\overline{CM}}{\overline{MD}}$$

式中　$C，D$——混合液 C 和 D 的质量；

$\overline{CM}$，$\overline{MD}$——图中线段的长度。

三、萃取过程在三角形相图上的表示

以图 3-1 所示的萃取过程为例，将萃取过程表示在三角形相图上，如图 3-6 所示。在进行萃取操作时，若原料液 F 为含有 A、B 两种组分的二元混合液，则 F 点必在 AB 边上，可由组成确定 F 点位置；若向原料液 F 中加入一定量的纯萃取剂 S 后，由三角形的性质可推出，其形成的三元混合液组成点 M 必在 FS 的连线上，混合液 M 的量可由物料衡算得到，即 $M=F+S$，混合液组成点 M 的位置可根据 F 与 S 的量由杠杆规则确定：

$$\frac{S}{F}=\frac{\overline{MF}}{\overline{MS}}\quad 或\quad \frac{F}{M}=\frac{\overline{MS}}{\overline{FS}}$$

显然，当原料液 F 的量一定时，M 点的位置取决于加入萃取剂 S 的量，由图 3-6 可看出，随萃取剂 S 量的增加，混合物的组成点 M 沿 FS 线移动。由萃取原理可知，萃取剂加入量必须使 M 点落在两相区内，才能进行萃取操作；当 F 与 S 充分混合达平衡后，将混合

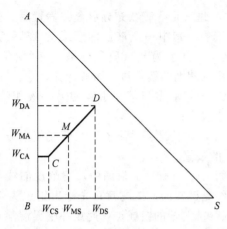

图 3-5　杠杆规则

依据杠杆规则，写出 C/M 或 D/M 的表达式；根据
物料衡算，推导用组成表示的杠杆规则表达式

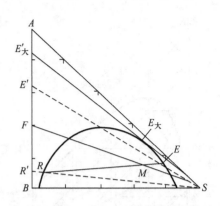

图 3-6　萃取过程在三角形相图上的表示

液 M 静置分层得到萃取相 E 和萃余相 R，$M=E+R$，R 点和 E 点分别在溶解度曲线两侧，且应为过 M 点的连接线，其数量关系仍可根据杠杆规则确定：

$$\frac{E}{R}=\frac{\overline{MR}}{\overline{ME}} \quad \text{或} \quad \frac{E}{M}=\frac{\overline{MR}}{\overline{ER}}$$

萃取相与萃余相中所含的萃取剂必须除去，以获得含溶质浓度较高的产品，同时将萃取剂循环使用。从萃取相中除去萃取剂时，其状态点沿 SE 连线的延长线向上移动，直至完全脱除萃取剂，得到仅含 A 和 B 的萃取液 E′，即 SE 延长线与 AB 边的交点 E′；同理，SR 延长线与 AB 边的交点为 R′；从图中可以明显地看出，萃取液 E′中溶质 A 的含量较原料液 F 中的高，萃余液 R′中溶质 A 的含量较原料液 F 中的低。由此可知，原料液 F 经过萃取操作后，其所含有的 A、B 组分获得了部分分离。E′与 R′之间的数量关系仍可根据杠杆规则确定：

$$\frac{E'}{F}=\frac{\overline{FR'}}{\overline{E'R'}}$$

$$E'+R'=F$$

从图 3-6 中可看出，若从 S 点作溶解度曲线的切线，切点为 $E_{大}$，延长该切线与 AB 边相交于点 $E'_{大}$，该 $E'_{大}$ 点即为在一定操作条件下可获得的含组分 A 最高的萃取液组成点，即萃取液中组分 A 所能达到的极限浓度。

四、液-液萃取工艺过程和基本计算

1. 基本概念

（1）萃取理论级　萃取过程的计算一般采用理论级模型，利用相平衡关系和物料衡算关系，通过图解法进行逐级计算而获得相关数据。在萃取进行过程中，物质在两液相间传递时的热效应较小，基本是等温过程，故一般不考虑热量衡算。

所谓萃取理论级是指原料液 F 与萃取剂 S 在混合器内充分接触后，在分离器中分层得到互成平衡的萃取相 E 和萃余相 R。实际上，若让液-液两相充分混合接触，使传质达到平衡、又要将混合两相彻底分离，理论上均需无限长的时间；也就是说萃取理论级并不存在，是一种理想状态，但它可以作为衡量实际萃取级或萃取设备操作的分离效果标准，同时应用理论级的概念还可对萃取过程进行分析。在设计计算中，可先求出所需的理论级数，再根据实际经验找出恰当的级效率，求取所需的实际萃取级数。

（2）萃取因素与萃取率　萃取率（又称理论收率）是指萃取相中溶质的总量占原料液中溶质总量的百分数。其定义式为：

$$\eta=\frac{c_E V_E}{c_F V_F}\times100\%=\frac{c_E V_E}{c_E V_E+c_R V_R}\times100\%$$

令

$$E=\frac{c_E V_E}{c_R V_R}=K\frac{V_E}{V_R}=KR$$

则

$$\eta=\frac{E}{E+1}\times100\%$$

式中　E——萃取因素，又称萃取比；

　　　R——相比；

　c_E，c_R——萃取相和萃余相中溶质浓度；

　V_E，V_R——萃取相和萃余相的体积；

　　　c_F——原料液中溶质浓度；

　　　V_F——原料液体积。

由上式可看出，当分配系数 K 一定时，相比 R 增大，即萃取剂体积增大，萃取因素 E 提高，理论收率 η 增大；当相比 $R=1$ 时，即等体积萃取时，上式可写为：

$$\eta=\frac{K}{K+1}\times100\%$$

显然，当分配系数 K 增大时，萃取因素 E 提高，理论收率 η 也增大。在实际生产中，一般选用分配系数 K 较大的溶剂作为萃取剂，以提高萃取操作的理论收率。

例 3-3　已知 20℃、pH＝10.0 的条件下，洁霉素在丁醇相和水相中的分配系数为 18。当萃取剂丁醇的用量与原料液（水相）的量相等时，计算洁霉素的理论收率；当萃取剂丁醇的用量减少一半时，计算洁霉素的理论收率，并比较计算结果。

解　根据题意，已知 $K=18$，$V_{S1}/V_F=1$，$V_{S2}/V_F=1/2$；由于萃取剂与原料液互溶度较小，溶质含量较低，故可认为 $V_E\approx V_S$，$V_R\approx V_F$。

根据萃取因素定义得：

$$E_1=K\frac{V_E}{V_R}=K\frac{V_{S1}}{V_F}=18\times1=18$$

$$E_2=K\frac{V_E}{V_R}=K\frac{V_{S2}}{V_F}=18\times\frac{1}{2}=9$$

根据理论收率定义得：

$$\eta_1=\frac{E_1}{E_1+1}\times100\%=\frac{18}{18+1}\times100\%=94.7\%$$

$$\eta_2=\frac{E_2}{E_2+1}\times100\%=\frac{9}{9+1}\times100\%=90\%$$

由计算结果可以看出，当分配系数相同而萃取剂用量减少时，其萃取率（理论收率）下降。

2. 单级接触萃取过程

单级接触萃取是液-液萃取中最简单、最基本的操作方式，如图 3-1 所示。原料液 F 和萃取剂 S 加入混合器中，借助搅拌器的作用，在萃取器内进行充分混合，然后将混合液 M 引入分离器，分离为萃取相 E 与萃余相 R 两层，最后将两相分别引入溶剂回收设备，回收的萃取剂循环使用，从而获得萃取液 E′和萃余液 R′。

例 3-4 附图所示为单级接触萃取操作在三角相图上的图解计算过程。在单级萃取过程的计算中，一般以生产任务所规定的原料液 F 及其组成为已知条件，萃余相 R（或萃余液 R′）大多为生产中所要控制的指标，也为已知。通过在三角形相图中作图，利用杠杆规则进行计算，可求出萃取剂 S 的用量，萃取相 E 和萃余相 R 的组成及质量，萃取液 E′和萃余液 R′的组成及质量，萃取过程的理论收率。其图解计算步骤见例 3-4。

例 3-4　用一单级接触式萃取器，以三氯乙烷为萃取剂，从丙酮-水溶液中萃取出丙酮。若原料液的质量为 120kg，其中含有丙酮 54kg，萃取后所得萃余相中丙酮含量为 10%（质量分数），试求：

（1）所需萃取剂（三氯乙烷）的质量；

（2）所得萃取相的量及含丙酮的质量分数；

（3）若将萃取相的萃取剂全部回收后，所得萃取液的组成及质量。

丙酮-水-三氯乙烷系统的连接线数据见例 3-4 附表（表中各组成均为质量分数）。

例 3-4 附表

水　　相			三氯乙烷相		
三氯乙烷	水	丙　酮	三氯乙烷	水	丙　酮
0.44	99.56	0	99.89	0.11	0
0.52	93.52	5.96	90.93	0.32	8.75
0.60	89.40	10.00	84.40	0.60	15.00
0.68	85.35	13.97	78.32	0.90	20.78
0.79	80.16	19.05	71.01	1.33	27.66
1.04	71.33	27.63	58.21	2.40	39.39
1.60	62.67	35.73	47.53	4.26	48.21
3.75	50.20	46.05	33.70	8.90	57.40

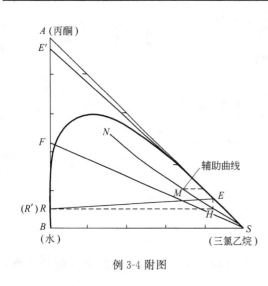

例 3-4 附图

解　根据平衡数据绘出溶解度曲线及辅助曲线 SN，如例 3-4 附图所示。

（1）三氯乙烷（S）用量的计算

① 已知组成点的确定　原料中丙酮的浓度为 54/120＝0.45。在例 3-4 附图上依原料液中丙酮的浓度，在 AB 边上确定 F 点，根据萃取剂组成（本例为纯萃取剂），确定三角形坐标右顶点为 S 点，连 SF 线，混合液总组成点 M 必在 SF 连线上。再根据萃余相中丙酮含量 10%，在溶解度曲线上标出 R 点（本题 R 点与 R′点可视为重合）。

② M 点的确定　由 R 点作水平线与辅助曲线 SN 交于 H 点，由 H 点作垂直线与溶解度曲线交于 E 点。连 R、E 两点的直线与 SF 线交于 M 点，此 M 点即为原料液 F 与萃取剂 S 的混合液组成点，也为萃取相 E 与萃余相 R 的混合液组成点。

③ 萃取剂用量的确定　原料液 F 的量为已知，$\overline{MF}$ 与 $\overline{MS}$ 线段长度可以从图中量出，根据杠杆规则：

$$S=F\frac{\overline{MF}}{\overline{MS}}=120\times\frac{15.2}{6.85}=266\text{kg}$$

（2）萃取相 E 的组成及质量的确定　由附图可读出萃取相中（E 点）丙酮的质量分数为 0.15（同理，也可读出 R 点的组成）。

根据物料衡算：

$$M=F+S=120+266=386\text{kg}$$

$\overline{MR}$ 与 $\overline{ER}$ 线段长度可从图中量出。由杠杆规则：

$$E=M\frac{\overline{MR}}{\overline{ER}}=386\times\frac{13.6}{16.9}=311\text{kg}$$

（3）萃取液 E′的组成及质量的确定　从萃取相 E 和萃余相 R 中回收萃取剂 S，所得的萃取液 E′和萃余液 R′的组成点均在三角形相图的 AB 边上（假定 E′与 R′中的萃取剂已脱净）。连 SE 线并延长与三角形 AB 边相交于 E′点，从附图上可读出萃取液 E′中丙酮的质量分数为 0.95。$\overline{FR'}$ 与 $\overline{E'R'}$ 线段长度可从图中量出。由杠杆规则：

$$E'=F\frac{\overline{FR'}}{\overline{E'R'}}=120\times\frac{7}{17}=49.4\text{kg}$$

在单级接触萃取操作中，当原料液量 F 一定时，萃取剂的加入量 S 过小或过大，都可能使 M 点落在两相区之外，而不能达到分离目的，所以在进行萃取操作时存在最小萃取剂用量 $S_{小}$ 和最大萃取剂用量 $S_{大}$。最小萃取剂用量 $S_{小}$ 为混合液组成点 M 落在 FS 与左侧溶解度曲线的交点所对应的萃取剂用量；最大萃取剂用量 $S_{大}$ 为混合液组成点 M 落在 FS 与右侧溶解度曲线的交点所对应的萃取剂用量。

3. 多级错流萃取过程

单级萃取所得到的萃余相 R 中，往往还含有一定量的溶质 A，为了减少萃余相中溶质 A 的含量，由单级萃取计算可知，需加大萃取剂 S 的用量。为了用较少的萃取剂提取出较多的溶质，可将萃取剂分多次加入进行萃取，即采用如图 3-7 所示的多级错流萃取流程。原料液 F 从第一级加入，各级中均加入新鲜萃取剂 S，由第一级中分出的萃余相 R_1 引入第二级，由第二级分出的萃余相 R_2 再引入第三级，由第三级中分出的萃余相 R_3 引入第四级……直至第 n 级，由第 n 级分出萃余相 R_n，当 R_n 的组成满足生产指标要求时，将 R_n 引入溶剂回收装置，经分离获得萃余液 R′，各级分出的萃取相 E_1、E_2、E_3……E_n 汇集后，送到相应的溶剂回收设备中，经分离得到萃取液 E′，萃取剂 S 则循环使用。

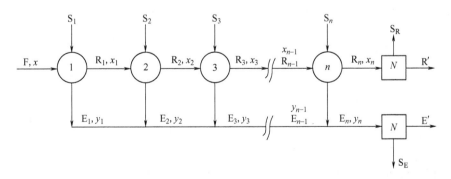

图 3-7　多级错流萃取流程示意

如图 3-8 所示为一个三级错流萃取的图解计算过程，它是单级萃取图解计算的多次重复。萃取剂 S_0 中含有少量 A 与 B 组分，用 S_0 进行第一级萃取时，混合液为 M_1，M_1 点必在

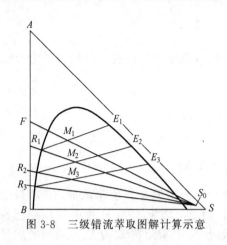

图 3-8 三级错流萃取图解计算示意

FS_0 直线上，由杠杆规则，$F/M_1 = S_0 M_1 / FS_0$，定出 M_1 点。当 M_1 处于两相区时，萃取过程达到平衡而分层，得到萃取相 E_1 和萃余相 R_1，点 E_1 和点 R_1 在溶解度曲线上，且 $E_1 R_1$ 连接线必通过 M_1 点，$E_1 R_1$ 连接线可利用辅助曲线通过图解试差法找出。在进行第二级萃取时，用新鲜萃取剂 S_0 萃取第一级流出的萃余相 R_1，混合液为 M_2，同理 M_2 点必在 $S_0 R_1$ 直线上，因 M_2 点也处于两相区内，也可分为互成平衡的两液层 E_2 与 R_2。如此重复进行，直至萃余相中溶质浓度等于或小于规定指标。图解计算时所绘平衡连接线的数量即为所求的理论级数。

由图 3-8 可以看出，萃余相的浓度 $R_1 > R_2 > R_3 > \cdots > R_n$，萃取剂 S_0 的浓度一定；因此，多级错流萃取的特点在于每一级都加入新鲜萃取剂，使过程推动力增加，有利于萃取传质过程的进行，使最终萃余液中溶质浓度降低，萃取较完全；但当萃取剂消耗量大时，得到的萃取液平均浓度较低，使其回收和输送费用增加。

由理论推导，经 n 级错流萃取后，理论收率可由下式计算：

$$\eta = \frac{(E_1+1)(E_2+1)\cdots(E_n+1)-1}{(E_1+1)(E_2+1)\cdots(E_n+1)} \times 100\%$$

当各级萃取因素 E 值都相同时，上式可写为：

$$\eta = \frac{(E+1)^n - 1}{(E+1)^n} \times 100\%$$

由上式可看出，在萃取因素 E 相同的条件下，萃取级数 n 越高，理论收率 η 越高；当萃取级数 n 相同时，萃取因素 E 越高，萃取理论收率 η 越高。

4. 多级逆流萃取过程

多级逆流萃取流程示意如图 3-9 所示，原料液 F 由第一级加入，其萃余相 R_1 进入下一级，各级萃余相逐次流过下一级，最终萃余相 R_n 由末一级（图中第 n 级）流出，且萃余相中溶质浓度等于或小于规定指标要求。新鲜萃取剂 S 从第 n 级进入，与上一级 $[(n-1)$ 级$]$ 的萃余相 R_{n-1} 接触，当两相达平衡后，分离出的萃取相 E_n 进入上一级 $[(n-1)$ 级$]$ 作为萃取剂使用，与 $[(n-2)$ 级$]$ 的萃余相 R_{n-2} 接触，当两相达平衡后，分离出萃取相 E_{n-2} 作为上一级 $[(n-2)$ 级$]$ 的萃取剂使用，各级萃取相逆流逐次流过上一级（与原料液流向相反），最终萃取相 E_1 由第一级流出。为了回收萃取剂，萃取相 E_1 与萃余相 R_n 分别送入回收装置中，脱出萃取剂而得到萃取液 E' 与萃余液 R'，由于料液移动的方向和萃取剂移动的方向相反，故称为逆流萃取。

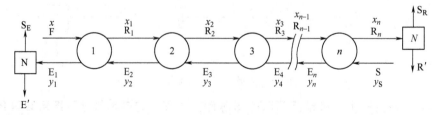

图 3-9 多级逆流萃取流程示意

在此流程中，进入最末一级的萃余相 R_{n-1} 中溶质浓度已很低，但因与新鲜萃取剂 S 相接触，仍具有一定的传质推动力，可继续进行萃取，从而使最终萃余相 R_n 中的溶质含量较低。同时，由于第一级中是含溶质最多的原料液 F 与第二级萃取相 E_2 进行接触萃取，故 E_1 中所含溶质的浓度可以达到相当高的程度。

由理论推导，当各级萃取因素 E 值都相同时，经 n 级逆流萃取后，理论收率可由下式计算：

$$\eta = \frac{E^{n+1} - E}{E^{n+1} - 1} \times 100\%$$

由上式可看出，当萃取因素 E 相同时，萃取级数 n 越多，理论收率 η 越高；当萃取级数 n 相同时，萃取因素 E 越大，理论收率 η 越高。在实际生产中，由于两相分配一般不能达到相平衡、分相往往不完全、乳化问题等原因，实际收率较理论收率低得多。

例 3-5　已知在 pH=3.5 时，放线菌素 D 在乙酸乙酯相与水相中的分配系数为 57；原料液的处理量为 $450\mathrm{dm^3/h}$，所用萃取剂的量为 $39\mathrm{dm^3/h}$，试分别计算：

① 采用单级萃取时，放线菌素 D 的理论收率；

② 采用三级逆流萃取时，放线菌素 D 的理论收率；

③ 采用三级错流萃取时，各级加入萃取剂的量分别为 $20\mathrm{dm^3/h}$、$10\mathrm{dm^3/h}$、$9\mathrm{dm^3/h}$ 时，放线菌素 D 的理论收率。

解　根据题意，已知 $K=57$，$V_F=450\mathrm{dm^3/h}$，$V_S=39\mathrm{dm^3/h}$。

① 单级萃取理论收率的计算　萃取因素为：

$$E = K\frac{V_S}{V_F} = 57 \times \frac{39}{450} = 4.94$$

则

$$\eta = \frac{E}{E+1} \times 100\% = \frac{4.94}{4.94+1} \times 100\% = 83.2\%$$

② 三级逆流萃取理论收率的计算　采用三级逆流萃取时，$n=3$，萃取因素 E 与单级萃取相同，则

$$\eta = \frac{E^{n+1} - E}{E^{n+1} - 1} \times 100\% = \frac{4.94^{3+1} - 4.94}{4.94^{3+1} - 1} \times 100\% = 99.3\%$$

③ 三级错流萃取理论收率的计算　采用三级错流萃取时，$V_{S1}=20\mathrm{dm^3/h}$，$V_{S2}=10\mathrm{dm^3/h}$，$V_{S3}=9\mathrm{dm^3/h}$，萃取因素 E 分别为：

$$E_1 = K\frac{V_{S1}}{V_F} = 57 \times \frac{20}{450} = 2.53$$

$$E_2 = K\frac{V_{S2}}{V_F} = 57 \times \frac{10}{450} = 1.27$$

$$E_3 = K\frac{V_{S3}}{V_F} = 57 \times \frac{9}{450} = 1.14$$

则

$$\eta = \frac{(E_1+1)(E_2+1)(E_3+1) - 1}{(E_1+1)(E_2+1)(E_3+1)} \times 100\%$$

$$= \frac{(2.53+1)(1.27+1)(1.14+1) - 1}{(2.53+1)(1.27+1)(1.14+1)} \times 100\% = 94.2\%$$

由上述计算结果可看出，当萃取剂用量相同时，萃取级数越多，理论收率越高；而多级逆流萃取的理论收率高于多级错流萃取的理论收率。

多级逆流萃取操作是连续进行的，故 F、S、E、R 等的量均以单位时间的流量计算。在多级逆流计算中，一般已知原料液 F 的量及组成，萃取剂 S 的用量及组成，最终萃余液 R′

的组成（即生产控制指标）。通过作图或计算，可求出完成生产任务所需的理论级数。具体图解计算步骤如下。

（1）三角形相图的绘制 根据已知相平衡数据，在等腰直角三角形坐标图中，绘制溶解度曲线及辅助曲线。

（2）各组成点 由已知原料液的组成确定，在 AB 边上确定 F 点（见图 3-10）；根据生产指标要求（末级萃余液的组成），在 AB 边上确定 R'_n 点，连 SR'_n 线与左侧溶解度曲线的交点为末级萃余相的组成点 R_n；根据所用萃取剂的组成，在图中确定 S 点（以纯溶剂作萃取剂），连 SF 线，原料液与萃取剂的混合液组成点 M 必在 SF 连线上，并依 F 与 S 的用量，利用杠杆规则求出点 M（见图 3-10）。由 R_n 点通过 M 点绘一直线并延长，与右侧溶解度曲线的交点即为最终萃取相 E_1 的组成点。

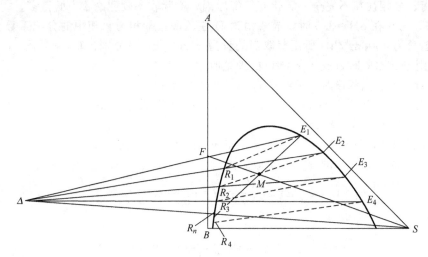

图 3-10 多级逆流萃取理论级图解过程

（3）依物料衡算用图解法确定理论级数 根据图 3-9 进行物料衡算如下。

总物料衡算：

$$F+S=R_n+E_1=M \tag{a}$$

第一级物料衡算：

$$F+E_2=R_1+E_1$$

即

$$F-E_1=R_1-E_2 \tag{b}$$

第二级物料衡算：

$$R_1+E_3=R_2+E_2$$

即

$$R_1-E_2=R_2-E_3 \tag{c}$$

$$\cdots$$

第 n 级物料衡算：

$$R_{n-1}+S=R_n+E_n$$

即

$$R_{n-1}-E_n=R_n-S \tag{d}$$

由式（a）～式（d）可得到以下关系式：

$$F-E_1=R_1-E_2=R_2-E_3=\cdots=R_{n-1}-E_n=R_n-S=\Delta(常数)$$

上式为逆流萃取操作线方程式。该式说明离开任一级的萃余相流量 R_m 与进入该级的萃取相流量 E_{m+1} 之差为一常数，以 Δ 表示。Δ 点所表示的量可认为是通过每一级的"净流量"，Δ 点称为操作点。但实际上 Δ 组成的混合物是不存在的，仅仅是为便于作图而引出的，所以 Δ 点代表一个具有虚拟组成的混合物，通常称为虚拟点。

如图 3-10 所示，在相图上连 E_1F 线与 SR_n 线并延长，两线的交点即为操作点 Δ。由操作线方程可知，F、E_1 与 Δ 点在同一直线上（三点共线），同理，S 与 R_n，R_1 与 E_2 ······ R_{n-1} 与 E_n 均与 Δ 点共线。即在三角形相图上，任一级的萃取相组成点 E_i 与上一级的萃余相组成点 R_{i-1} 的连线必通过 Δ 点。依据该特性，可从 E_1 点依平衡关系（即作出连接线 E_1R_1）找出 R_1 点；连 ΔR_1 并延长与溶解度曲线相交于 E_2，再从 E_2 作连接线，确定点 R_2；连 ΔR_2 并延长与溶解度曲线相交于 E_3，再从 E_3 作连接线，确定点 R_3 ······ 如此连续作图，直至由连接线得出的 R_m 组成等于或小于 R_n 的组成为止。在三角形相图上所作出的连接线数目即为萃取操作所需的理论级数。由图 3-10 可以看出，当作图至 R_4 时，其组成已小于 R_n 的组成，表明 4 个理论级即可完成该萃取操作任务。

Δ 点的位置与连接线的斜率、所用萃取剂的量有关，可能在三角形相图的左侧，也可能在三角形相图的右侧。前述计算中假定加入的萃取剂 S 是纯态的，则 S 点位于三角形相图的右顶点，若萃取剂 S 是含有 A、B 的均相混合液（如回收循环使用的萃取剂），则 S 点位于三角形相图均相区内与其组成相对应的位置上。

综上所述，多级逆流萃取流程的特点是料液走向和萃取剂走向相反，只在最后一级中加入新鲜萃取剂。与多级错流萃取相比，在完成同一生产指标要求的情况下，萃取剂用量可大大减少，而得到的萃取液浓度则较高，理论收率也较高，但各级萃取过程的推动力较小。在工业中，除非有特殊理由，否则应采用多级逆流萃取流程。

五、液-液萃取过程问题分析及处理

1. 影响液-液萃取的因素

影响液-液萃取的因素很多，主要从四个方面分析：被分离物系本身；萃取剂的选择及用量；操作条件；设备因素。萃取剂的选择和萃取设备将专门讨论，这里仅结合被分离物系本身的特点，讨论操作条件的影响。

（1）pH 值的影响　在萃取操作中，正确选择 pH 值很重要。pH 影响弱酸或弱碱性药物的解离平衡和分配平衡，使分配系数发生变化，而分配系数又直接影响产品收率；另外，溶液的 pH 值对药物稳定性的影响也很大。因此，液-液萃取操作 pH 值的确定非常关键，将直接影响萃取效果。

（2）温度的影响　操作温度对药物萃取有很大影响。一般情况下，温度升高，溶质在两相中的溶解度增大，同时两相的互溶度也增大，相图中两相区面积缩小，使萃取效果降低；若温度继续升高，分层区就会完全消失，成为一个完全互溶的均相三元物系，此时萃取操作便无法进行。许多药物在高温下不稳定，易失活而丧失药效，故萃取一般应在低温下进行。另外，温度升高还可能引起腐蚀性增大等一系列不良影响。生产中若采用低温萃取，将增加冷冻操作费用，还会使物料黏度增大，不利于萃取传质的进行。总之，操作温度是一个重要问题，必须慎重考虑。

2. 萃取剂的选择

（1）分配系数　被分离物质在萃取剂与原溶剂两相间的平衡关系是选择萃取剂首先要考虑的问题。前面讲过，液-液萃取平衡关系可以用三角形相图和分配定律来表示，其中由分配系数 K 的大小，可直接看出其对萃取过程的重要影响。分配系数 K 愈大，表示被萃取组分在萃取相中的含量愈高，萃取分离愈容易进行，因此一般选择分配系数 K 值较大的溶剂作为萃取剂。若不能获取某些萃取剂的分配系数值，则可根据"相似相溶"的原则，选择与溶质结构相近的溶剂作为萃取剂。

（2）选择性系数　在液-液萃取操作中，萃取剂 S 对被萃取组分 A 的溶解能力要大，而对其他组分（如 B）的溶解能力要小，同时要求对溶质 A 的分配系数 K 愈大愈好。为了定量表示某种萃取剂分离两种溶质的难易程度，引入选择性系数 β。选择性系数 β 为两相平衡时萃取相 E 和萃余相 R 中被萃取组分 A 与另一组分 B（原溶剂或另一要求与 A 分离的组分）组成比的比值。其定义式为：

$$\beta = \frac{c_{AE}/c_{BE}}{c_{AR}/c_{BR}} = \frac{c_{AE}/c_{AR}}{c_{BE}/c_{BR}} = \frac{K_A}{K_B}$$

式中　c_{AE}、c_{BE}——组分 A 和组分 B 在萃取相中的浓度；

$\qquad$ c_{AR}、c_{BR}——组分 A 和组分 B 在萃余相中的浓度。

由上式可知，选择性系数 β 为组分 A 和组分 B 的分配系数之比，K_A 愈大，K_B 愈小，选择性系数 β 愈大，故选择性系数 β 的大小，反映了萃取剂对原溶液中各组分溶解能力差别的大小。

由选择性系数的定义可知，其物理意义与精馏操作中的相对挥发度相同。若 $\beta = 1$，$c_{AE}/c_{BE} = c_{AR}/c_{BR}$，即当两相平衡时，组分 A 与组分 B 在两相中的组成比相同，这就是说 A、B 两组分不能用萃取方法分离；若 $\beta > 1$，表示组分 A 在萃取相中的相对含量较萃余相中高，萃取时组分 A 可以在萃取相中浓集，β 越大，组分 A 与组分 B 的分离越容易。

（3）萃取剂 S 与原溶剂 B 的互溶度　如图 3-11 所示为用两种不同溶剂 S 和 S′ 对同一种含有 A 和 B 的混合液进行萃取的情况，图 3-11（a）表示 B 和 S 互溶度小，而图 3-11（b）表示 B 和 S′ 互溶度较大。过 S 点和 S′ 点分别作溶解度曲线的切线，得到的 $E_{大}$ 和 $E'_{大}$ 不同；由图可看出，不同萃取剂对同一种混合液进行萃取时，互溶度越小，萃取液组成越高，越有利于萃取。

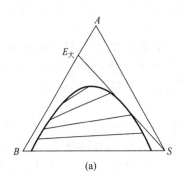 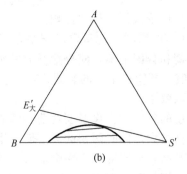

图 3-11　萃取剂 S 与原溶剂 B 的互溶度对萃取的影响

（4）萃取剂的理化性质　为使萃取后形成的萃取相与萃余相这两个液相易于分层，要求萃取剂的密度与原溶剂的密度有较大的差异，且两者之间的界面张力要适中。界面张力较大时，细小的液滴比较容易聚结，使两相易于分层，但分散所需的外加能量较大；界面张力较小时，液体容易分散，但易产生乳化现象，使两相分层困难；因此应综合考虑两液相的混合与分层，选择适当的界面张力。在实际萃取操作中，液滴的聚结分层更为重要，一般不宜选用界面张力过小的萃取剂。为了便于操作、输送及贮存，萃取剂需有良好的化学稳定性，不宜分解、聚合，并应有足够的热稳定性和抗氧化性，对设备腐蚀性要小，毒性要小，不易燃，黏度与凝固点较低，沸点不宜过高，挥发性小等特点。

（5）萃取剂的经济指标　价格便宜，来源方便，对环境污染小，便于回收等，都可降低萃取费用。为了获得产品，减少萃取剂消耗量，通常需把萃取相和萃余相中的萃取剂回收后重复使用，但在一般萃取操作中，回收费用往往较高，而回收费用又与萃取剂回收难易程度关系很大，有时某一种萃取剂按上述各点考虑具有许多良好的性能，仅由于回收困难而不能被选用。

当一种萃取剂不能满足萃取要求时，可以采用几种溶剂组合成混合萃取剂进行萃取，以获得良好的萃取性能。

3. 乳化和破乳化

萃取操作需经历充分混合和两相完全分离的过程，当混合物系中含有具有表面活性的杂质时，易引起乳化现象，使两相难以分层而出现两种夹带。若萃取相中夹带原料液相，会给精制造成困难；若原料液相中夹带萃取剂相，则意味着产物的损失。因此在萃取过程中防止乳化和破乳化是生产中必须要解决的问题。

（1）乳化　是一种液体以微小液滴的形式均匀分散在另一种不相混溶的液体中的现象。发生乳化现象的混合液称为乳状液。乳状液中被分散的一相，称为分散相或内相；另一相则称为连续相、分散介质或外相；两相是不相混溶的。要形成稳定的乳状液，一般应有第三种物质，即表面活性剂的存在，即乳化剂。

乳化的结果一般形成两种类型的乳状液，一种是水包油型（O/W），另一种是油包水型（W/O）。关于乳状液的形成和稳定性有多种学说：其一，界面上形成一层牢固的保护膜；其二，界面上电荷的相互排斥作用；其三，介质的黏度、界面张力的改变。这些因素均可阻碍液滴的集结分层，使乳状液稳定存在。

乳状液虽有一定的稳定性，但乳状液具有高分散度、表面积大、表面自由能高的特点，它是一个热力学不稳定体系，有聚结分层、降低体系能量的趋势。

（2）破乳化　根据乳状液稳定存在的条件，可找出削弱和破坏其稳定性的方法，达到破乳化的目的。常用的破乳化方法有以下几种。

① 物理法　包括加热法、稀释法和吸附破乳等方法。加热使溶液温度升高，分子热运动加剧，同时还能降低溶液的黏度，分子碰撞机会增多，使液滴沉降速率加快，从而提高液滴间相互聚结的速率，达到破除乳化的目的；但此方法不适用于热敏性药物的破乳过程。稀释使乳化剂浓度降低，从而削弱乳化剂的作用，达到破除乳化的目的；但此方法将使溶液体积增大，浓度降低，造成后序分离费用增大。吸附破乳是利用吸附剂对乳化剂的吸附作用，达到消除乳化剂而破除乳化的目的；也可利用吸附剂对含量较少的分散剂进行吸附，达到破乳分离的目的。

② 化学法　电解质可消除界面上的电荷作用，促使乳状液聚沉，达到破乳目的；但此方法引入了电解质，增加了后序分离过程的难度，还可能对药品质量造成一定影响。加入某种物质，使乳状液中的乳化剂与此物质发生反应，生成不具乳化作用的物质，以达到破乳目的。

③ 顶替法　这是当前生产中常用的破乳方法。针对乳状液类型和造成乳化的表面活性基类型，选择一种表面活性更大且不易形成牢固保护膜的乳化剂，取代原来的表面活性剂而产生新膜，达到破乳的目的。

④ 转型法　乳状液的转型首先是原乳状液的破坏，然后形成新乳状液，所以破乳实际上是转型的第一步；当向乳状液中加入相反的表面活性剂时，将使乳状液转型，如能控制条

件达到使旧相液滴破坏而新相液滴还未形成的临界点时即停止，就可达到破乳目的。

在工业生产中，上述几种方法的破乳作用可能同时发生，一般很难严格区分。乳状液一旦形成，无论采用何种破乳方法，都将使分离过程变得复杂，最好的方法是在萃取操作前，消除产生乳化的因素，从而防止乳化现象发生。在利用微生物发酵法进行药品生产中，主要是由蛋白质引起乳化，因此萃取前进行预处理时，尽可能除去蛋白质，以减轻乳化；或在萃取进行前，加入一些破乳剂，如十二烷基磺酸钠、溴代十五烷基吡啶、十二烷基三甲基溴化铵等，都具有较好的破乳作用。

4. 溶剂回收

由前述讨论可知，在萃取操作中，萃取剂回收是一项非常必要的环节。大量萃取剂的应用与萃取剂的分离，使萃取操作生产成本在整个生产成本中占有相当高的比例。因此，溶剂回收是萃取分离中涉及的主要辅助过程。

回收萃取剂所用的方法主要是蒸馏。根据物系的性质，可以采用简单蒸馏、恒沸蒸馏、萃取蒸馏、水蒸气蒸馏、精馏等方法分离出萃取剂。对于热敏性药物，可以通过降低萃取相温度使溶质结晶析出，达到与萃取剂分离的目的。

六、液-液萃取设备

液-液萃取操作是两液相间的传质过程。在液-液萃取操作中，为了获得较高的传质速率，必须设法增大两相的接触面积，然后再使传质后的两相彻底分开。任何一种具有良好性能的萃取设备，均应为两液相提供充分混合与充分分离的条件。在萃取设备中，通常使一相以液滴形式均匀分散于另一连续的液相中，液滴的大小对萃取操作有重要影响。若液滴过大，则传质表面积减小，使传质速率降低；若液滴过小，虽然传质面积增加，传质速率提高，但分散液滴的凝集速度降低，有时甚至会发生乳化现象，使混合液重新分层发生困难。在很多情况下，萃取后两液相能否顺利分层，成为是否选用萃取操作的一个重要制约因素。

工业生产中使用的液-液传质设备类型很多。按两相接触方式不同可分为分级接触式和微分接触式（连续接触式）两大类。在分级接触萃取操作中，各相组成呈阶梯式变化；在连续接触萃取操作中，相的组成沿流动方向连续变化。按设备操作级数不同可分为单级和多级。还可按设备结构形式、外加能量方式等分类。这里介绍几种在药品生产中常用的萃取设备。

1. 混合设备

混合是萃取过程的第一步和关键步骤，只有使两流体充分混合接触，才能增大两相传质面积，提高传质速率，达到良好的萃取效率。常用的混合设备有流动式混合器和搅拌式混合器两大类。

（1）流动式混合器　是利用流体的自身流动，使溶剂和被分离的混合液混合接触进行萃取的设备。流动式混合器如图3-12所示。

图3-12(a)所示为注入式流动混合器，也称管式混合器，其工作原理主要是使流体以一定的流速在管道中形成湍流状态，由于湍流时各质点的运动方向不规则，从而达到混合的目的。图3-12（b）所示为喷嘴式混合器，也称喷射式混合器，其工作原理主要是利用一种流体自喷嘴高速喷射时，由于流速增大、压力降低而将另一种流体吸入，使两相剧烈混合。

流动式混合器的特点是体积小，流体在设备内的接触和停留时间短，压力降较大，适合

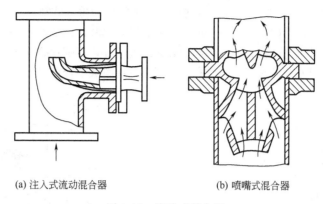

(a) 注入式流动混合器　　　　　　(b) 喷嘴式混合器

图 3-12　流动式混合器

于低表面张力、低黏度物系的萃取。

（2）搅拌式混合器　是利用机械搅拌的作用，使两相均匀混合的设备。如图 3-13 所示为制药工业中常用的搅拌式混合器，因混合和分离可同时在该设备内进行，故又称萃取罐。

为使液体在搅拌式混合器中有良好的混合和分散，避免做漏斗状漩涡运动，需在容器内壁安装挡板；混合效果的好坏与搅拌器形式、转速、容器的形状、挡板形式及排布等因素有关。常用的搅拌器形式有旋桨式、平桨式和涡流式。搅拌式混合器一般为间歇操作，装置简单，操作方便，广泛应用于工业生产中，但其料液停留时间较长，传质效率较低。

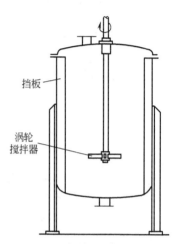

挡板

涡轮搅拌器

图 3-13　搅拌式混合器

2. 分离设备

两种不能互溶的液体在混合器内进行混合分散，同时发生两相间的传质过程，接近平衡后，需将两相分离。常用的分离设备有重力分离设备和离心分离设备两大类。

（1）重力式澄清器　如图 3-14 所示为重力式澄清器。一个截面足够大的空容器即可作为最简单的澄清器。混合液进入较大的容器内，流速显著降低，当停留时间足够长时，在两相密度差的作用下，分散物系、沉降并分层，分层后重液自下部排出，轻液可从上部排出。重力澄清器结构简单，操作方便，但设备体积较大；但当两相密度差较小、分散程度较高时，其分层速度很慢，甚至无法分层。

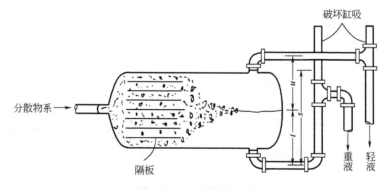

破坏缸吸

分散物系 →

隔板

重液　轻液

图 3-14　重力式澄清器

（2）离心式分离机 如图 3-15 所示为制药工业中常用的碟片式离心机。转鼓由多层伞状碟片组成，每两层伞片之间的间隙即为一个离心分离通道，伞片之间的距离必须大于最大固体颗粒直径的 2 倍。每个伞片上有两排孔，它们至中心的距离不等，当碟片叠起来时，两排孔组成了两个通道，分别对应于可互换底片上的一排孔，根据被分离料液中轻重组分的比例选择底片。

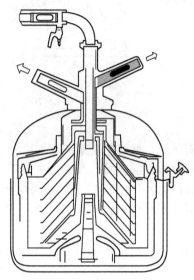

图 3-15 碟片式离心机示意

离心分离操作时，欲分离的料液自碟片架顶加入，由底部通道进入转鼓，借助离心力的作用，料液分别流入各相邻两碟片之间组成的空隙，固体微粒和重液沿碟片被甩向鼓壁，轻液则流向中心，轻、重液被分开，从各自的出口管路中流出。离心式分离机可分离两相密度差较小的乳浊液或含少量固体的乳浊液，其分离效率高，设备体积小，适用于大规模工业化生产过程的萃取分离。

3. 离心萃取机

离心萃取机是一类可同时进行多次混合与分离的萃取分离设备。在药品生产中应用较多的是 Podbielniak 离心萃取机（简称 POD 机），如图 3-16 所示。其主要构件为卧式螺旋形转子，转子转速可高达 2000～5000r/min。操作时，轻液从螺旋转子的外沿引入，重液从螺旋转子的中心引入；当转子高速旋转产生离心力作用时，重相从中心向外沿流动，轻相从外沿向中心流动，两相在逆流流动过程中，同时完成混合与分离过程。离心萃取机具有萃取效率高、溶剂消耗量小、设备结构紧凑、占地面积小的特点，特别适于处理两相密度差小、易乳化的料液。另外，由于两液体接触萃取时间短，可有效减少不稳定药物成分的分解破坏。

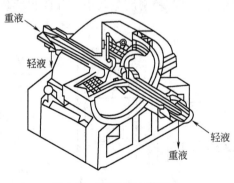

图 3-16 POD 离心萃取机

倾析器（decanter 离心萃取机）是一种可同时进行混合分离三相（轻液、重液和固体）的萃取分离设备，所以料液可不经过固-液分离，而直接进行萃取，特别适用于发酵液中药物成分的分离提取。如图 3-17 所示为倾析器工艺流程示意。青霉素发酵液经酸化后，直接送入倾析器转鼓的中心，萃取剂引入转鼓外沿，在离心力的作用下逆流接触，完成三相（液-液-固）的混合分离萃取过程。青霉素由发酵液中转入丁酯相（轻相）中，送去下一道水洗工序，水相（重相）再进行二级萃取，固体则沉积于转鼓内壁，借助螺旋转子缓慢推向转鼓锥端，并连续排出。倾析器的机械化程度高，控制检测手段较齐全，三相分离缩短了药物的提取工艺过程，可有效提高产品收率，在抗生素生产中广泛应用。

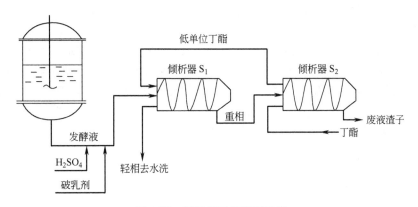

图 3-17　倾析器工艺流程示意

任务 3.3　企业液-液萃取操作规程及解读

一、企业青霉素萃取操作规程

（一）青霉素萃取工艺

青霉素酸化萃取工艺流程如图 3-18 所示。

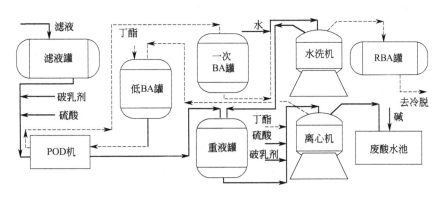

图 3-18　青霉素酸化萃取工艺流程
-----表示丁酯相；——表示水相

1. 水相物流

滤液由泵打入滤液贮罐内，为萃取做原材料准备。滤液贮罐有冷冻盐水保温，以减少青霉素降解带来的收率损失。贮罐上设有蒸汽灭菌装置与在线清洗装置，以完成批与批之间的清洗消毒。滤液贮罐设有液位自显装置以防跑料事故与拉空事故。

滤液加入破乳剂、硫酸后经流量计进入 POD 机并与从低 BA 罐来的醋酸丁酯（BA，萃取剂）进行第一级逆流萃取。在 POD 机内，丁酯与滤液在极短的时间内完成混合、传质、分离过程。POD 机的萃取因子非常高，能分离密度差低至 0.01 的物料。因萃取时间短，青霉素在酸性条件下的降解损失较少；POD 萃取效率高，所以青霉素在重相的浓度低，收率损失也小。

POD 机的重相进入重液罐，再加入醋酸丁酯、硫酸、破乳剂，调节 pH 后进入离心机进行第二级逆流萃取。萃取后的重相称为废酸水，进入废酸水池加碱中和后去回收，蒸馏回收废酸水中的醋酸丁酯。

2. 丁酯相物流

醋酸丁酯进入离心机与重液罐的重相进行第二级逆流萃取，萃取后的轻相进入低 BA 罐。由于是第二级萃取，轻相（醋酸丁酯）中的青霉素含量比较少，所以此时的萃取剂称为低单位 BA。低单位 BA 作为萃取剂进入 POD 机内进行第一级萃取。POD 机的轻相进入一次 BA 罐，一次 BA 加入水后进水洗机洗涤。水洗可以去掉无机盐等水溶性杂质，可进一步提高产品质量。水洗后的醋酸丁酯提取液称为 RBA。

（二）青霉素萃取操作规程

1. 原辅材料的准备

（1）破乳剂的配制

① 检查：配制罐上压缩空气阀、进水阀、醋酸丁酯阀、出料阀均应关闭，排气阀应打开，压力表指针在零位且距下一校验期 10 天以上，配制罐罐盖和所有紧固螺栓完好且已松开，配制罐及搅拌电机、搅拌开关接地接零完好，配制罐上所有静电连接齐全、完好，搅拌开关、电机接口、电源线绝缘良好。

② 配制：开配制罐进水阀 3~5 圈加饮用水至配制罐容积 2/3 处关闭进水阀，启动机械搅拌，加破乳剂 25kg。搅拌 10min 后，再打开配制罐加水阀加饮用水至 1500L，关闭配制罐进水阀门，再搅拌 10min，停机械搅拌。

③ 压料：再次检查配制罐所有紧固螺栓及罐盖完好，上罐盖，拧紧所有紧固螺栓。打开配制罐出料阀，关闭排气阀，打开配制罐压缩空气阀，开始压料。料压完后，依次关闭破乳剂贮罐进料阀、配制罐压缩空气阀和配制罐出料阀，打开配制罐排气阀，待压力表指针降至零位，站在配制罐侧面打开罐盖，配制另一罐破乳剂。保证开车进料前所有贮罐均有破乳剂且容积不少于 2/3。

（2）稀硫酸的配制

① 检查浓硫酸贮罐剩余体积，不够配制一罐稀硫酸时，联系领料。

② 配制时戴好防护手套及防护眼镜，打开饮用水阀向稀硫酸罐内注水 $4m^3$，关闭水阀，打开空气搅拌阀 1~2 圈（搅拌时操作人要离开稀硫酸罐口 2m 以上），缓慢打开浓硫酸罐底出料阀 2~3 圈，打开稀硫酸罐上浓硫酸进料阀，缓慢加入浓硫酸 $0.2m^3$ 后关闭浓硫酸进料阀及浓硫酸罐底出料阀。继续搅拌 10~15min 后关闭空气搅拌阀门，取样送化验室化验。合格后备用。

③ 交班方应为接班方配好稀硫酸备用。

（3）醋酸丁酯的准备　检查醋酸丁酯贮罐内醋酸丁酯贮量不足时，打开醋酸丁酯贮罐进料阀，向回收岗位打电话领取一定数量的醋酸丁酯。接料过程中注意观察接料量，领够后关闭醋酸丁酯贮罐进料阀。

（4）液碱的准备　检查液碱罐压缩空气阀和出料阀均已关闭，依次打开液碱罐排气阀和进料阀，通知回收岗位打液碱。液碱罐液位计液位达 2/3 时通知回收停止打液碱，关闭液碱罐进料阀。

2. 开车前的检查

（1）POD 机的检查

① 按照《POD机标准操作规程》对POD机进行检查。

② 检查与POD机相连的滤液、醋酸丁酯、稀硫酸、破乳剂的流量计进出料阀门均应关闭，滤液增压泵出料阀应关闭，POD机上重相、轻相进出料阀、回流阀、各取样考克均应关闭。滤液排污阀应关闭。

③ 稀酸罐罐底阀、稀酸泵进出料阀、稀酸出料阀、稀酸旁通阀、稀酸换热器冷却水及稀酸进出料阀均应关闭。

④ 一阶段破乳剂贮罐进出料阀、压缩空气阀均应关闭，排气阀打开，接地及静电连接齐全完好，压力表均指示在"零"位，距下一校验期10天以上。

（2）离心机的检查

① DRY-530离心机按《碟片分离机标准操作规程》进行检查。

② RBA贮罐上的进料阀、旁通阀、压缩空气阀、蒸汽阀、冷盐水阀、罐底阀均应关闭。若有存料，冷盐水阀应打开。RBA泵进出料阀、总出料阀、压缩空气阀、旁通阀均应关闭。醋酸丁酯罐上的进料阀、压缩空气阀、蒸汽阀、罐底出料阀及醋酸丁酯泵的进出料阀均应关闭。醋酸丁酯换热器的醋酸丁酯、冷却水进出料阀均应关闭。水洗用板式换热器上的水和冷却水进出料阀应关闭。一次BA罐上的冷却水阀、罐底阀、罐旁通阀、出料阀、回流阀及一次BA泵进出料阀均应关闭。水洗一次BA流量计进出料阀、水流量计进出阀均应关闭。

3. 生产操作

过滤岗位通知可以开车后，启动POD机。10min后，启动离心分离机，其操作分别见《POD机标准操作规程》和《碟片分离机标准操作规程》。

（1）POD机的进料操作　POD机转速正常后，联系二阶段、水洗及过滤岗位，开车均正常后，开始进料。依次打开滤液流量计出、进料阀和旁加饮用水阀，调节滤液流量计控制流量10～16m^3/h，打开醋酸丁酯流量计进出料阀，通知二阶段启动低单位醋酸丁酯泵，调节醋酸丁酯流量计控制流量在4m^3/h左右。POD机轻相背压0.2MPa以上时打开轻相出料阀，使轻相背压维持在0.25MPa左右。依次打开稀酸罐底阀、稀酸泵进料阀、稀酸换热器冷却水及稀酸进出料阀，启动稀酸泵，打开稀酸泵出料阀，打开稀硫酸流量计进出料阀，调节流量使重相pH值符合工艺要求。同时，关闭破乳剂罐排空阀，打开破乳剂罐罐底阀、压缩空气阀、破乳剂流量计进出料阀。

通知二阶段、水洗人员进料，启动滤液泵，从滤液管道排污阀排气，排净后关闭排污阀。打开增压泵进料阀，启动增压泵，依次打开增压泵出料阀、流量计下滤液进料阀，关闭旁加饮用水阀，调节流量13～18m^3/h，然后调节滤液、醋酸丁酯流量计使其比例为（2.5～4）:1，调节稀硫酸及破乳剂流量计流量使重相pH值符合工艺要求，并调节轻重相出料阀，使重相不夹带、轻相不乳化且轻相压力在0.3MPa左右。

（2）DRY-530的进料操作　DRY-530分离机转速正常后，全开轻相出料阀，依次打开重相出料阀至1～2圈、进料阀。通知回收打开回收废酸水进料阀并送液碱。依次打开液碱进料阀、废酸水泵注水阀，0.5min后启动废酸水泵，依次打开回流阀和通往回收岗位的废酸水出料阀，关闭注水阀。

接到一阶段人员进料通知后，打开重液罐冷却水系统，启动重液泵，依次打开重液流量计进出料阀、醋酸丁酯换热器冷却水系统，启动醋酸丁酯泵。依次打开稀硫酸、破乳剂流量计进料阀，调节稀硫酸流量使重相pH值符合工艺要求，调节破乳剂流量及重相出料背压，使重相不夹带醋酸丁酯，轻相不乳化。调节液碱进料阀控制加入液碱量，使废酸水pH值为4～6；控制低单位BA罐、重液罐、废酸水池的液位，严禁溢出或拉空。

（3）打RBA　接到通知后，全开RBA贮罐罐底出料阀，启动RBA泵，打开泵上出料阀打料。停 RBA 泵，关闭罐底出料阀，打开压缩空气阀，吹净管道中残余的 RBA，2min 后关闭。

（4）运转时的巡回检查

① 各设备声音、振动等有关指标应正常。

② 各温度表、压力表显示正常。

③ 各物料流量应稳定且符合工艺要求。

④ 滤液罐、醋酸丁酯罐、RBA 罐、一次 BA 罐、重液罐、破乳剂罐、稀硫酸罐、低 BA 罐等各罐液位计显示液位稳定在 1/2～2/3 处。RBA 罐液位不超过液位计的上限，破乳剂贮罐液位不低于液位计的下限，稀硫酸罐液位在标定液位范围之内。

⑤ 各需检测 pH 值之处，pH 值均应符合工艺要求。

⑥ 冷盐水、冷却水、醋酸丁酯、滤液等各种物料温度符合要求。

⑦ 各离心机、变速器、泵等油位、油质、油温正常。

⑧ 各离心机分离正常，无夹带、乳化现象。

⑨ 各管道及设备无跑、冒、滴、漏。

⑩ 检查稀酸换热器冷却水内是否串入稀酸。

4. 停车

同一批次最后一罐滤液提完时，由滤液贮罐加水阀向滤液贮罐加饮用水，依次关闭醋酸丁酯预混流量计进出料阀。

（1）一阶段停车　从滤液流量计观察料液由棕色变白色，依次关闭稀硫酸、破乳剂系统，并通知二阶段料已提完。二阶段开始停车。具体操作按《POD 机标准操作规程》执行。

（2）二阶段停车　接到一阶段停车通知后，依次关闭醋酸丁酯、稀硫酸、破乳剂系统。关闭液碱进料阀，停止向废酸水中加液碱。低单位罐液位距上限 10cm 时通知一阶段停醋酸丁酯。停低单位罐系统。重液罐内体积少于 150L 时关闭重液系统。然后停 DRY-530 离心机，依次关闭进出料阀，停废酸水系统。若气温低于 −5℃，废酸水管道需用压缩空气吹空。

（3）水洗岗位停车　一次 BA 罐内没料后，依次关闭一次 BA 流量计进出料阀，停一次 BA 系统，2min 后，依次关闭饮用水流量计进出料阀、换热器冷盐水阀、离心机进料阀，停离心机，关闭轻、重相出料阀；打开重相取样考克，放出多余的重液。关闭 RBA 罐进料阀。

（4）消毒　执行《清洗消毒标准操作规程》。

二、企业萃取操作规程解读

1. 原辅材料的准备

（1）破乳剂的配制　因发酵液的批次不同，破乳剂的破乳效果也存在一定的差异。必要时应在实验室对破乳效果进行验证。可以考虑用正交试验的方法，验证不同批次、加量下破乳效果，确定出最佳工艺。破乳剂配制时，一定要配制均匀。因企业所用一次水内杂质含量过高而影响破乳效果，必要时可以考虑用纯化水配制。破乳剂配制过程中要注意：

① 检查：检查静电、压力表、电气连接，主要防止爆炸、触电等事故的发生。

② 配制：配制时要先加水，再加破乳剂。因破乳剂 pH 偏酸性，有一定腐蚀性。配制时防止出现灼伤事故。

③ 压料：拧紧所有紧固螺栓的目的是防止个别螺栓出现疲劳断裂而发生爆炸事故。站在配制罐侧面打开罐盖，防止罐盖飞出伤人。

（2）稀硫酸的配制　配制稀酸时注意穿戴防护用品，减免发生灼伤事故。因稀酸腐蚀性强，因此使用空气搅拌，不使用机械搅拌。配制罐的材质应使用耐酸材质。因配制过程中，产生大量热量，应考虑换热，使稀酸温度在 10℃以下。

(3) 醋酸丁酯的准备 醋酸丁酯的量要足够，不能出现断料停车的事故。醋酸丁酯内丁醇含量要低，以减少乳化现象。色级含量要符合工艺要求。

(4) 液碱的准备 液碱主要是用来中和废酸水中的硫酸，以免腐蚀回收岗位的塔设备。

2. 开车前的检查

(1) POD 机的检查

① 检查 POD 机，确保安全运转。主要检查电气设备、润滑油、地脚螺栓、POD 机内零件、冷却装置、皮带等附件安全，以免运行过程中出现安全事故。

② 检查与 POD 相连接的管道与阀门完好。设备静电接地完好，以免出现静电累积而发生爆燃事故。

(2) 离心机的检查 离心机的检查与 POD 机的项目一致。

3. 生产操作

因 POD 机与离心机是高速运转设备。只有空转运行 10min 以上，确认安全运转后，方能进料。

(1) POD 机的进料操作 二级逆流萃取是一个稳态过程，首先要以水替代滤液建立二级逆流过程后，才能倒入滤液、酸、破乳剂等进行萃取。所以要求二阶段、水洗及过滤岗位，开车均正常后，开始进料。萃取过程中，设备有一个最优进料比。在此最优条件下，萃取效率与生产量达到一个较优的平衡。此时，滤液流量在 10～16m³/h，醋酸丁酯流量在 4m³/h 左右。

(2) 背压调整 萃取过程中，重液由鼓中心进入，逐层向外缘流出。为了克服有关阻力和抵消轻液出口处的压强，重液在进口处具有一定的压强，而在出口处则基本为常压。轻液则是由鼓的外缘进入，逐层向内流动，最后在鼓中心处收集流出。轻、重相出口均设有堤圈或向心泵装置，重相出口一般为常压，轻相出口则根据工艺要求，控制一定的背压。在整个萃取机操作系统中，轻相进口压力最高（141.855～1266.563kPa），它应高于流动阻力和离心力场造成的阻力及出口背压之和。当调节轻相背压时，轻、重相的进口压力以及流量都会发生相应的变化。

转鼓内两相界面的位置是通过轻相出口背压来调节的。当轻相背压提高时，两相界面外移靠近鼓壁方向；当轻相背压降低时，两相界面内移靠近中心轴方向。当界面位置到达鼓壁附近时，转鼓外缘排出的重液中会夹带大量的轻相液体，界面在这一点处的背压称为轻相"液泛点"背压；而当界面位置到达中心轴附近时，转鼓中心排出的轻相液体中会夹带大量的重相液体，界面在这一点处的背压称为重相"液泛点"背压。在这两个液泛点背压之间就是背压操作的上限和下限。

在萃取操作中，当体积较小的轻相对体积较大的重相进行萃取时，操作背压应选择在轻相液泛点背压的 90%处；反之，当体积较小的重相对体积较大的轻相进行萃取时，操作背压应选择在重相液泛点背压的 1.1～1.15 倍。

(3) 破乳剂进料量 应控制在轻相液达澄清透明。

(4) DRY-530 离心机的进料操作 离心机的进料操作与 POD 机相近。

任务 3.4 液-液萃取技术应用实例与方案设计

【液-液萃取技术应用实例】——红霉素的提取

(1) 红霉素的特性 红霉素是一种碱性抗生素，呈白色或类白色结晶状粉末，微有吸湿性，有苦味，易溶于醇类、丙酮、氯仿、酯类，微溶于乙醚，在水中的溶解度随温度的升高而降低，温度在 55℃时溶解度最低。

（2）红霉素的提取工艺　红霉素是由红色链霉菌经发酵而得到的。根据其在碱性条件下易溶于有机溶剂、在酸性条件下成盐而易溶于水的特性，可用液-液萃取法从发酵液中提取红霉素。常见的提取工艺有以下三种。

① 液-液萃取法的提取工艺

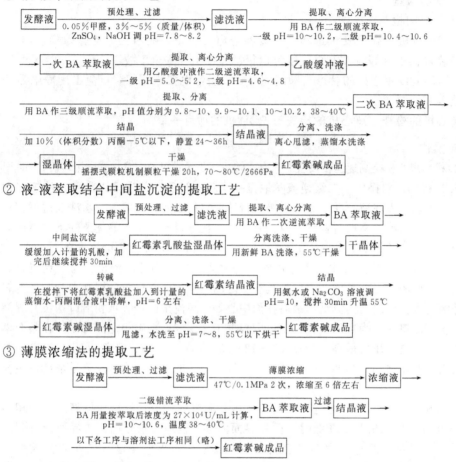

② 液-液萃取结合中间盐沉淀的提取工艺

③ 薄膜浓缩法的提取工艺

（3）红霉素的提取工艺要点

① 发酵液的预处理和过滤　发酵液中除含有红霉素外（浓度约0.5%），绝大部分是菌丝体和未用完的培养基，以及各种代谢产物如蛋白质、各种色素等。预处理的目的是去除蛋白质，防止或减轻萃取时产生乳化现象。目前一般采用硫酸锌来沉淀蛋白质，并促使菌丝结团而加快滤速，由于硫酸锌呈酸性，为了防止红霉素在酸性下故需用 NaOH 调 pH 值至 7.2～7.8，同时控制加料速度并开始搅拌，防止局部过酸。

② 防止和去除乳化　为了减轻乳化现象，关键在于发酵液处理得好，过滤质量高，保证滤液澄清，无浑浊现象。去乳化的选择也很重要，早期用溴代十五烷吡啶（PPB）作为红霉素提炼的去乳化剂，因为它是碱性物质，在碱性条件下易被带入酯相，对成品色级有一定影响。现改用十二烷基磺酸钠（DS），因后者是酸性物质，在碱性下留在水相，使成品色泽较用 PPB 时有所改进，同时也解决了由 PPB 带来的污染。

③ pH 值和温度　在红霉素提取精制中，pH 值的高低对红霉素的收率及产品质量均有重要影响，必须严格控制。红霉素在 pH＝7.0～8.0 时较稳定，而其 pK_a 为 8.6，因此只有在 pH＞8.6 以上时，才能使红霉素以游离碱的形式存在而被乙酸丁酯萃取。一般碱化萃取时，pH 值控制在 10±0.5 的范围内较适宜。将红霉素从乙酸丁酯液转入水中时，要加酸使之成盐，

一般酸化时的 pH 值控制在 4.9 ± 0.3 的范围内，而且酸化后要立即用 10% NaOH 将 pH 值回调至 $7.0 \sim 8.0$，以保证红霉素不被破坏。温度会影响红霉素的水解速率和溶解度，温度升高，红霉素在水中的溶解度降低，但其水解速率加快，生产中萃取温度一般控制在 40℃ 以内。

④ 几条工艺路线的比较　液-液萃取工艺可连续进行，周期短，收率高，产品质量较好，但萃取剂用量大，需超速离心设备和通风防火防爆措施等，且最终成品生物效价不够高，需丙酮重结晶。薄膜浓缩法工艺路线的特点是操作简单，不使用超速离心设备和大量溶剂，较易投产，但产品质量较差，要得到效价高的产品，还需用丙酮重结晶等。中间盐沉淀工艺是采用在一次丁酯萃取液或二次丁酯萃取液中，加入硫氰酸盐、草酸、乳酸等生成相应的红霉素复盐作为中间体，然后再转为红霉素碱或其他红霉素盐，以纯化红霉素。其中红霉素乳酸盐沉淀法应用较多，一次结晶成品纯度可达 $930 \sim 960$U/mg，省去用丙酮重结晶等处理过程。

【萃取操作实训方案设计与能力培养】

① 教师根据本院校的实际情况，拟定实训题目及具体要求。

② 学生查阅资料，收集有关料液的特性、目的药物的理化性质、分离纯化方法和萃取分离工艺等方面的资料，培养学生获取信息的能力。

③ 在教师的指导下，结合资料，选择萃取剂，确定操作条件，通过计算初步确定工艺参数，培养学生进行工艺分析、计算和设计的能力。

④ 制定实训计划，包括选定所用仪器的规格、型号，选择分析检测方法，设计数据记录表格等内容，培养学生制定实训方案的能力。

⑤ 按计划进行实训操作，注意观察、思考萃取分离中遇到的问题，培养学生实际动手操作能力和认真、细致、负责的工作态度。

⑥ 根据实际实训情况，编写实训报告，要求根据检测数据，进行有关萃取计算，利用学过的理论知识，分析计算结果，找出实际操作中应注意的问题，并提出改进建议，培养学生综合运用所学知识分析问题和解决问题的能力。

【研究与探讨】

① 萃取剂选择的一般原则；

② 萃取操作条件的确定方法；

③ 萃取分离操作方法。

任务 3.5　乳化与破乳

【实训目标要求】

1. 了解乳化现象产生的原因。

2. 知道破乳的方法。

【实训原理】

在生化制药中，一般有蛋白质、核酸等大分子物质。这类物质既有亲水基团，又有亲油基团。这种物质溶解后，分子呈定向排列，亲水基在水相中，亲油基在油相中，使水油两相的界面张力降低，所以能够把本来不相溶的油和水连在一起，形成稳定的乳化状态而形成第三相存在，这种现象叫乳化。

丁醇与水极易形成乳浊液，实验过程中在丁醇水中加入定量的乳化剂后，可看到明显的乳化现象。

当乳化现象发生时，使两相难以分层而出现两种夹带。若萃取相中夹带原料液相，会给产品的精制造成困难，严重时会引起产品质量的下降，甚至不合格；若原料液相中夹带萃取剂相时，则意味着产物损失与收率下降。因此，乳化是萃取操作过程中必须要考虑的一个主要问题。

破乳就是利用其不稳定性，削弱破坏其稳定性，使乳状液破坏。破乳的原理主要是破坏它的膜和双电层，按其方法分为如下几种。

① 电解质中和法：加入电解质 NaCl、NaOH、HCl 及高价离子，如铝离子等，可中和离子型乳化剂电性使其沉淀。

② 吸附法：如 $CaCO_3$ 易被水分润湿，但不能被溶剂润湿，故将乳浊液通过 $CaCO_3$ 层时，因其中水分被吸收而将乳化消除。

③ 转型法：在 O/W(W/O) 型乳浊液中，加入亲油（亲水）乳化剂，使乳浊液在向相反种类转变的过程中消除乳化。抗生素工业中一般采用此法。此种方法与顶替法很难区别，常同时发生作用，而加入的表面活性剂就称为破乳剂。

④ 物理法：加热是常用的方法，也可以用离心的方法。

破乳剂，是一种表面活性剂，具有相当高的表面活性，加入后可以替代界面上原来的乳化剂，但由于破乳剂的碳氢链很短或具有分支结构，不能在界面上紧密排列形成牢固的界面膜，从而使乳状液稳定性大大降低，达到破乳的目的。常见的破乳剂有十二烷基磺酸钠、溴代十五烷基吡啶、十二烷基三甲基溴化铵等。

【实训仪器及药品】

1. 实训仪器

搅拌器（标准口）、铁架台、离心机、离心试管、试管、烧杯、玻璃漏斗、50mL 量筒、玻璃滴管、滤纸、电炉、石棉网等。

2. 实训药品

药 品 名 称	规 格	用 量
纯化水	化学纯	30mL
醋酸丁酯	化学纯	5mL
醋酸乙酯	化学纯	5mL
丁醇	化学纯	5mL
斯盘 80	2%	适量
十二烷基磺酸钠	20%	适量
NaCl	化学纯	适量

【实训操作】

1. 乳浊液的制备

① 观察乳化与极性之间的关系。

取一试管加入 10mL 纯化水，加入 5mL 醋酸乙酯，编号为 1，用力振荡。

取一试管加入 10mL 纯化水，加入 5mL 醋酸丁酯，编号为 2，用力振荡。

取一试管加入 10mL 纯化水，加入 5mL 丁醇，编号为 3，用力振荡。

分别观察两相间液面，并做记录。

② 在上述的试管内加入 2 滴斯盘 80，用力振荡，分别观察两相间液面，并做记录。

2. 破乳

在上述乳化液中，分别加入饱和食盐水 5mL，用力振荡。分别观察两相间液面，并做记录。

将上述乳化液放入离心机中，在转速 3000r/min 的条件下离心 1min，分别观察两相间液面，并做记录。

将上述乳化液用滤纸过滤，分别观察过滤后两相间液面，并做记录。

也是浸取过程的重要问题。浸取溶剂用量大，溶质的浸取率高；但溶剂消耗量大，进一步分离难度增加，使生产成本提高。在浸取溶剂用量一定时，多次浸取可提高浸取率。一般情况下，第一次浸取时，溶剂的用量较大，这是因为要考虑浸出后剩余在固体物料中的溶剂量。通常浸取溶剂用量和浸取次数需通过大量实验确定。

（4）浸取溶剂的 pH 值　在浸取操作时，溶剂的 pH 值与浸取效果密切相关。通过调整浸取时的 pH 值，可使浸取的选择性提高，如用酸性溶剂提取生物碱，用碱性溶剂提取皂苷等。

3. 浸取操作条件的影响

（1）浸取温度　温度升高，常可使固体物料的组织软化、膨胀，促进可溶性有效成分的浸出。当固体物料中含有蛋白质、酶等杂质时，温度升高可使蛋白质类杂质凝固，使酶类杂质失活，从而有利于后序分离过程的进行。但浸取温度升高，会破坏热敏性药物成分，造成挥发性药物成分的散失，降低收率；同时，温度升高，一些无效成分也容易被浸出，从而影响后序分离及药品质量。

（2）浸出时间　在浸取过程达平衡前，浸取时间与浸取量成正比；达平衡时，浸取量为最大，但所需时间较长，影响生产效率。同时，长时间的浸取也会使大量杂质溶出，不利于进一步的分离。另外，浸取时间过长，还会导致一些有效成分被一起浸出的酶类等物质分解，或发生降解反应而降低溶质的收率。对于以水作溶剂的浸取过程，长期浸泡则易发生霉变，从而影响浸取液的质量。

（3）浸取压力　当固体物料组织密实，较难被浸取溶剂浸润时，可采用提高浸取压力的方法，促进浸润过程的进行，可提高固体物料组织内充满溶剂的速度，缩短浸取时间。同时，在较高压力下的渗透，还可能将固体物料组织内的某些细胞壁破坏，利于溶质的浸出。一旦固体物料被完全浸透而充满溶剂后，加大压力对浸出速率的影响将迅速减弱。

目前生产中常用两种加压方式进行浸取，一种是密闭升温使压力升高；另一种是通过加压设备使压力升高，但不升温。实验证明，常压煮提（水温 100℃，101.3kPa）与加压煮提（水温 65～90℃，表压为 200～500kPa）的有效成分浸出率相同，而加压煮提浸出时间可节省一半，固液比也有所提高；但需考虑因加压、加热可能造成的有效成分破坏问题。因此，浸取的操作温度和压力需慎重选择，一般通过实验确定。

（三）浸取方法

浸取方法主要包括浸渍法、煎煮法和渗漉法。

1. 浸渍法

传统浸渍法常用于制备药酒、酊剂。一般在常温或适当升温下进行，浸渍时间不等，浸渍时加入的溶剂量也没有统一规定，多结合具体药材和实际经验采用定量浸出，然后根据需要配制药剂。

《中华人民共和国药典》（以下简称《中国药典》）中规定了浸渍方法。取适当粉碎的药材，置于有盖容器中，加入规定量的溶剂，密闭搅拌或振摇，浸渍 3～5h 或规定的时间，使有效成分浸出，倾取上层清液，过滤，压榨残渣，收集压榨液与滤液合并，静置 24h，过滤即得。由于浸取液的浓度代表着一定量的药材，故对浸取液不应进行稀释或浓缩，制备时应掌握好浸取溶剂的用量。

浸渍法是一种最常用的浸出方法，适用于黏性药物、无组织结构的药材、新鲜及易于膨胀的药材。浸渍法简便易行，但由于浸出效率差，故对贵重药材和有效成分含量低的药材，或制备浓度较高的制剂时，应采用重浸渍法或渗漉法为宜。

2. 煎煮法

煎煮是将经过处理的药材，加适量的水加热煮沸 2～3 次，使其有效成分充分煎出，收集各次煎出液、沉淀或过滤分离异物，低温浓缩至规定浓度，再制成规定的制剂。需要注意的是在煎煮药材前，必须加冷水浸泡适当时间，以利于有效成分的溶解和浸出，除极难浸透的饮片外，一般浸泡时间为 30～60min。

煎煮法适用于有效成分能溶于水，对湿热较稳定的药材。它除用于制备汤剂外，同时也是制备部分散剂、丸剂、片剂、冲剂及注射剂或浸取某些成分的基本方法之一。但煎煮法浸出的成分比较复杂，对精制不利；而在中医用药方面，对于有效成分尚未搞清的中草药或方剂，通常采用煎煮法。

3. 渗漉法

渗漉法是向药材粗粉中不断加入浸取溶剂，使其渗过药粉，从下端出口收集流出的浸取液的浸取方法。渗漉时，溶剂渗入药材细胞中溶解大量的可溶性物质之后，浓度增高，密度增大而向下移动，上层的浸取溶剂流下，形成良好的浓度差，使扩散较好地自然进行，故浸出效果优于浸渍法，提取较完全，而且省去了分离浸取液的时间和操作。对于非组织药材，因溶剂浸泡使其软化成团而堵塞孔隙，使溶剂无法透过药材，故不宜采用渗漉法。

渗漉法的操作主要包括润湿膨胀、药材装填和渗漉。

（1）润湿膨胀　将药材粗粉放入有盖的容器中，加入粗粉量 60%～70% 的浸取溶剂，均匀润湿后，密闭放置 15min～6h，使药材充分膨胀后备用。

（2）药材装填　取脱脂棉一团，用浸取液润湿后，铺垫在渗漉筒的底部，然后将已润湿膨胀的药材粗粉分次装入渗漉筒中，装入量不多于渗漉筒容积的 2/3，松紧程度视药材及浸取溶剂而定。若为醇含量高的溶剂则可压紧些，若含水量大则宜装得疏松些，装完后用滤纸或纱布覆盖，并加一些玻璃珠或瓷块之类的重物，以防止加入溶剂时将药粉冲浮起来。

（3）渗漉　首先将渗漉筒的出口阀打开，然后向渗漉筒中缓慢加入浸取溶剂，待渗漉筒下部的空气排除后，关闭出口阀；继续加入浸取溶剂至高出药粉数厘米，加盖放置 24～48h，使溶剂充分渗透扩散。渗漉时，浸出溶剂的流速一般控制在 1～5mL/1000g 药粉，并随时补充浸取溶剂，使药材中的有效成分充分浸出；浸取溶剂用量一般是药材量的 4～8 倍。

此外，还有重渗漉法，该法是将浸出液重复用作新药粉的溶剂，多次渗漉法主要是为了提高浸出液的浓度。

（四）浸取工艺

适当的浸取工艺是保证浸出液质量、提高浸出效率、节约工效、降低成本的关键。

1. 单级浸出工艺

单级浸出是指将药材和溶剂一起加入到浸取设备中，经一定时间的浸取后，放出浸取液和固体物的过程。单级浸出时，浸出速率随时间的增长而逐渐减慢，直至达到平衡状态。单级浸出工艺简单，常用于小批量生产，其缺点是浸取时间长，固体相中含有一定的浸取液，浸出率低，浸取液的浓度小，浓缩时消耗能量大。

2. 单级回流浸出工艺及温渗法浸出工艺

单级回流浸出又称索氏提取，其工艺流程示意如图 3-19 所示，主要用于酒提或有机溶剂（如乙酸乙酯、氯仿等）浸提。由于溶剂的回流，使溶剂与药物细胞组织内的有效成分之间始终保持较大的浓度差，加快了浸取速率，提高了浸取率，而且最后放出的浸取液已是浓缩液。此法的生产周期一般约为 10h，浸取液受热时间较长，对于热敏性药物成分的浸取是不利的。

温浸法是在热回流浸出工艺基础上发展起来的一种方法。此法将浸取器内的温度控制在 40~50℃，较好地运用了温度对加速浸出的有利因素，减少了较高温度对浸取成分的破坏，降低了无效成分的浸出率。温浸法的浸取率高于渗漉法，但浸取液的澄明度不及渗漉法。

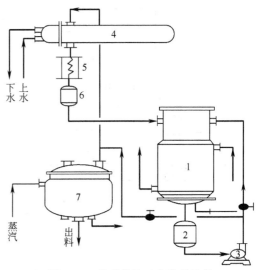

图 3-19　索氏提取工艺流程示意
1—酒提罐；2—缓冲罐；3—泵；4—冷凝器；
5—冷却器；6—凝液受槽；7—浓缩锅

3. 单级循环浸出工艺

单级循环浸出是将浸出液循环流动，使固液两相在浸取器中发生相对运动，从而提高浸取速率。在循环浸出工艺中，固体物成为自然滤层，浸取液经过多次的循环过滤，澄明度好。由于整个浸取过程可以是密闭的，在使用易挥发溶剂浸提时，溶剂消耗量小，但此法的浸取剂用量较大。

4. 多级浸出工艺

若固相中含有一定的浸取液，将会使有效成分的浸取收率降低。为了提高浸取收率，减少有效成分的损失，可采用多次浸渍法。它可以将一定量的溶剂分多次加入，从而达到多级浸取的目的。也可以将固体药材分成多份，依次进行浸取，从而实现多级浸出工艺。

固相中所含的浸取液浓度越高，有效成分的损失越大，多级浸取可使固相中的浸取液浓度降低，提高浸取收率，但浸渍次数过多并无实用意义。

5. 逆流浸出工艺

此工艺是在循环浸出法的基础上发展起来的，它保持了循环浸出法的优点，同时克服了溶剂用量大的缺点。如图 3-20 所示为罐组式逆流提取法工艺流程示意。

经预处理（粉碎、压片或切片）的药材，分别加入各提取罐中。溶剂由计量罐 I_1 计量后，经阀门 1 控制加入提取罐 A_1 中，开启阀门 2 进行循环提取 2h 左右；一级浸取液经循环泵 C_1 和阀门 3 打回计量罐 I_1，再经阀门 4 加入提取罐 A_2 中，开启阀门 5 进行循环提取 2h 左右；二级浸取液经循环泵 C_2 和阀门 6 打入计量罐 I_2，再经阀门 7 加入提取罐 A_3 中，开启阀门 8 进行循环提取 2h 左右；以此类推，新鲜溶剂经过循环多次浸取，浓度相对较高，使浸提收率提高。

罐组式的提取罐数越多，相应的浸取率越高，溶剂用量越少，浸取液浓度越大；但是相应的设备投资增大，生产周期延长，耗能增加。从操作的实际情况看，奇数罐组不及偶数罐组更有规律性，因此一般采用 4 罐或 6 罐为佳。

（五）浸取设备

浸取设备按其操作方式可分为间歇式、半连续式和连续式。按固体物料的处理方法可分为固定床、移动床和分散接触式。按溶剂和固体物料的接触方式可分为单级接触、多级接触和微分接触式。按固体物料与溶剂间的接触情况可分为浸泡式、渗漉式和两种结合方式。

目前国内药厂所使用的浸取设备多为间歇式固定床浸取设备，又称浸取罐。它能较好地适应多品种、小批量的生产特点。浸取罐的形式较多，其中以多能式提取罐应用较广，如图

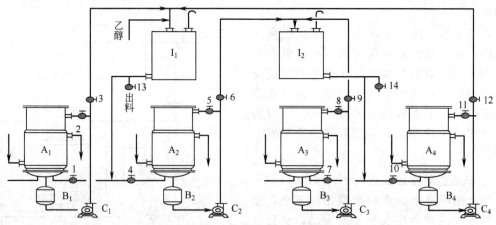

图 3-20　罐组式逆流提取法工艺流程示意

A₁~A₄—提取罐；B₁~B₄—缓冲罐；C₁~C₄—循环泵；I₁，I₂—计量罐；1~14—阀门

3-21 所示。罐主体为圆筒形容器，有间壁层用于加热或冷却；提取罐、冷却器、油水分离器及泵等组成了单级浸出工艺、单级回流浸出工艺、单级循环浸出工艺等。当多套串联使用时，可组成多级浸出工艺。此类浸取罐的规格型号多，浸出效率较高，能量消耗较少，操作简便，因此应用范围非常广。

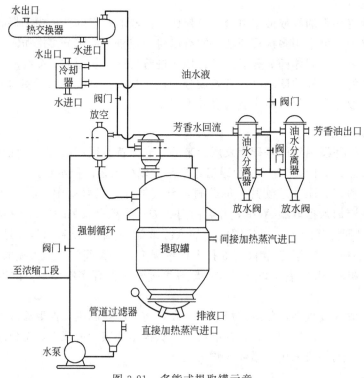

图 3-21　多能式提取罐示意

对于大规模连续化的工业生产浸取过程，常用的浸取设备很多，这里仅介绍平转式连续浸取器，又称旋转隔室浸取器，是渗漉式浸取器的一种，如图 3-22 所示。其外形为密闭的圆筒形容器，内部装有间隔多个扇形格的水平圆盘，每个扇形格为一级固定床浸取器，底部有可活动的筛网，网上放固体物料，圆盘上设有加料装置和溶剂喷淋装置。水平圆盘在旋转一周的过程中，完成装料、多级渗漉浸取、卸料等过程，由下部收集浸取液，浸取液可逆流

循环使用,以提高浸取液浓度。平转式连续浸取器结构简单,占地较小,适用于大量植物药材的浸取,在中药生产中得到广泛应用。

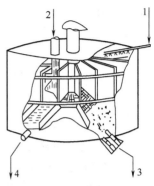

图 3-22　平转式连续浸取器
1—溶剂;2—原料;
3—卸渣;4—浸取液

二、双水相萃取

1. 双水相萃取分离理论

(1) 双水相的形成　当两种高聚物的水溶液相互混合时,若两种被混合分子间存在空间排斥作用,使它们之间无法相互渗透,则在达到平衡时就有可能分成两相,形成双水相。两相的组成和密度均不相同,通常密度较小的一相浮于上方,称为上相(或轻相);密度较大的一相沉于下方,称为下相(或重相)。由于两相的组成不同,则两相对溶质的溶解度也不同,利用这一特点即可完成双水相萃取过程。典型的双水相系统见表 3-3。

表 3-3　典型的双水相系统

两种非离子型聚合物	聚乙二醇(PEG)	葡聚糖(Dextran) 聚乙烯醇 聚乙烯吡咯烷酮
	聚丙二醇	聚乙二醇 聚乙烯醇 葡聚糖
其中一种为带电荷的聚电解质	硫酸葡聚糖钠盐 羧甲基葡聚糖钠盐	聚丙烯乙二醇 甲基纤维素
两种均为聚电解质	羧甲基葡聚糖钠盐	羧甲基纤维素钠盐
一种为聚合物,一种为盐类	聚乙二醇 甲氧基聚乙二醇	磷酸盐、葡萄糖 磷酸盐

(2) 双水相相图　当两种高聚物的水溶液以不同的比例混合时,可形成均相或两相,将其标绘在直角坐标图中,即为双水相系统相图,如图 3-23 所示。从相图上可以反映出双水相形成条件,还可直观地表达出平衡时两相组成之间的定量关系。

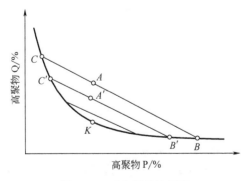

图 3-23　双水相系统相图

如图 3-23 所示,高聚物 P、Q 的浓度均以质量分数表示。曲线 CKB 是两相与均相的分界线,称为双节线;曲线右上部区域为两相区,曲线左下部区域为单相区。当两种高聚物水溶液混合后的总组成点落在两相区时(见图中 A 点),则说明两种高聚物水溶液混合达平衡后,可形成互不相溶的两相 C 和 B,两相的组成和密度均不相同;C 相一般为上相,高聚物 Q 含量较高;B 相一般为下相,高聚物 P 含量较高。同理,图中 A' 点的混合液也可分为互不相溶的两相 C' 和 B';两相的组成可从图中读取。直线 BAC 称为系线;系线上的各组成点均可分为 C、B 两相;两相质量之间的关系可由杠杆规

则确定，即

$$\frac{m_t}{m_b} = \frac{\overline{AB}}{\overline{CA}} = \frac{c_b - C}{C - c_t}$$

式中　m_t，m_b——上相和下相的质量；

$\quad\quad c_t$，c_b——上相和下相的浓度；

$\quad\quad\quad\quad C$——混合液的总组成；

$\overline{AB}$，$\overline{CA}$——线段长度。

当系线向左下方移动时，系线长度逐渐缩短，表明两相的差别逐渐减小；当达到 K 点时，系线长度为零，两相间的差别消失，两相混合液变为均一的单相，K 点称为临界点。如果两种高聚物水溶液混合后的组成点落在单相区内时，则不具备分相条件，不能形成双水相，其混合体系为均一的单相。

（3）相平衡关系　与溶剂萃取法一样，物质在双水相的分配，可用分配系数 K 表示：

$$K = \frac{c_上}{c_下}$$

式中　$c_上$——上相中溶质的浓度；

$\quad\quad c_下$——下相中溶质的浓度。

分配系数 K 与相系统的性质、被萃取物质的性质和温度等多种因素有关，如粒子大小、疏水性、表面电荷、粒子或大分子的构象等。当这些因素发生微小变化时，可导致分配系数较大的变化，因而双水相萃取有较好的选择性。

2. 双水相萃取过程特点及影响因素分析

（1）双水相萃取过程　主要包括：双水相的形成、溶质在双水相中的分配和两相的分离。由双水相萃取过程可知，在满足成相的条件下，其萃取原理与一般溶剂萃取有许多共同之处，都是利用被分离物质在两相之间的分配差异来实现分离的。其差别主要是形成两相的物系不同，一个是有机相和水相，一个是双水相。两相物性的差异，使双水相萃取具有自身的特征。

① 操作条件温和。双水相体系的相间表面张力大大低于有机溶剂相与水相之间的表面张力，使两相分散的耗能低，分散程度高，传质面积大，传质速率快，即可在温和的萃取条件下，达到较高的萃取效率。

② 安全性能高。对于药品生产，双水相萃取质量和安全性好；另外，高聚物一般为不挥发物质，因而操作环境对人体无害。

③ 易于放大。各种参数可以按比例放大，而产物收率并不降低，这一点对于新技术、新工艺从实验室走向工业化应用尤为有利。

④ 操作方便。双水相萃取操作与溶剂萃取操作相似，所用萃取和分离设备相同，易于实现连续化操作，处理量较大，分离后的两相不需特殊处理，可直接进入下一级工序进一步分离纯化。

⑤ 适于生物活性物质的萃取分离，对于细胞碎片的分离较容易。

（2）影响双水相萃取的因素　双水相萃取的关键是双水相的形成和溶质在双水相中的分配，其影响因素较复杂，主要包括：组成双水相系统的高聚物类型、高聚物的平均分子量及浓度；组成双水相系统的盐的种类、离子强度和浓度；被分离的各种物质的种类、性质、分配特性等；操作条件，如 pH 值、温度等。

影响双水相萃取的因素很多，这些因素之间还有相互作用，而且双水相萃取理论正处于深入研究阶段。因此，目前还不能定量关联分配系数与各因素之间的关系，需通过大量实验，寻找适宜的双水相萃取条件，最终达到提高产品收率和纯度的目的。

3. 双水相萃取的应用和发展

在生物制药中，双水相萃取技术的应用越来越多，如蛋白质、酶、细胞或细胞碎片、氨基酸、抗生素等药物的分离纯化。以提取 α-淀粉酶的研究为例，双水相萃取的条件为：18% PEG1500；10% 磷酸钾盐；0.05mol/L NaCl；pH=6.5；25℃。研究结果表明，菌体分配于下相，酶在上相，一次接触萃取后，酶的提取率可达 95% 左右。

双水相萃取技术在中药有效成分提取方面的应用已在有关文献中报道。Mishima 等报道了利用 PEG6000-K_2HPO_4-H_2O 双水相体系对黄芩苷和黄芩素进行萃取，由于黄芩苷和黄芩素都有一定的憎水性，主要被分配在富含 PEG 的上相中，且两种物质的分配系数 K 值最高可达 30 和 35，分配系数随温度升高而降低，且黄芩苷的降幅较黄芩素大。

双水相萃取体系虽然很多，但在应用研究中，大多集中在 PEG-Dextran 双水相体系的系列上。该体系的成相聚合物价格昂贵，在工业化大规模生产应用中受到了限制，因而寻找廉价的、新型双水相体系是一个重要的研究发展方向。

廉价双水相体系的研究开发异常活跃，目前已发现用变性淀粉（PPT）、乙基羟基纤维素（EHEC）、糊精、麦芽糖糊精等有机物代替价格昂贵的葡聚糖（Dextran），用羟基纤维素、聚乙烯醇（PVA）、聚乙烯吡咯烷酮（PVP）等代替聚乙二醇 PEG，均可形成双水相体系。如用成本只有 PEG-Dextran 双水相体系 1/8 的聚乙二醇 PEG/羟丙基淀粉（Reppal，PES）双水相体系，从黄豆中分离磷酸甘油酸激酶（PGK）和磷酸甘油醛脱氢酶（GAP-DH），收率均在 80% 以上。

新型双水相体系如表面活性剂-表面活性剂-水体系、普通有机物-无机盐-水体系、双水相胶束体系等相继被发现，在双水相萃取中都显示出各自的优势；表面活性剂可增大溶质的溶解度，对有机物分离方便，这些都将推进双水相萃取技术的发展。

三、超临界流体萃取

1. 超临界流体及其特性

一种流体（气体或液体），当其温度和压力均超过其相应的临界点数值时，即该流体处于超临界状态，称其为超临界流体。如图 3-24 所示为某纯物质的温度-压力关系示意。纯物质都有确定的三相点 T_p。在其三相点 T_p 处，气-液-固三相呈平衡状态共存。图中 $A \sim T_p$ 线表示气-固平衡的升华曲线，$B \sim T_p$ 线表示液-固平衡的熔融曲线，$T_p \sim C_p$ 表示气-液平衡蒸气压曲线，蒸气压曲线从三相点 T_p 开始，中止于临界点 C_p。临界点 C_p 对应的温度称为临界温度 T_c，对应的压力称为临界压力 p_c。各种物质都有其相应的临界点，部分超临界萃取剂的临界参数见表 3-4。

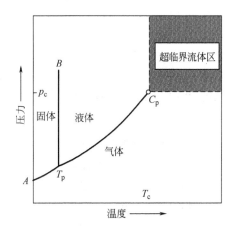

图 3-24　某纯物质的温度-压力关系示意

当体系处于临界点或临界点以上的温度和压力时，气液界面消失，体系性质均一，不再分为气体和液体，形成连续的流体，称为超临界状态的流体，如图 3-24 所示的阴影区域。

表 3-4　部分超临界萃取剂的临界参数

流体	临界温度 /℃	临界压力 /×10^5 Pa	临界密度 /(g/cm³)	流体	临界温度 /℃	临界压力 /×10^5 Pa	临界密度 /(g/cm³)
CO_2	31.06	73.9	0.448	甲醇	240.4	81.0	0.272
SO_2	157.6	79.8	0.525	乙烷	-88.7	49.4	0.203
N_2O	36.5	72.7	0.451	丙烷	-42.1	43.2	0.220
水	374.3	224.0	0.326	丁烷	10.0	38.5	0.228
氨	132.4	114.3	0.236	戊烷	36.7	34.2	0.232
苯	288.9	49.5	0.302	乙烯	9.9	51.9	0.227
甲苯	318.5	41.6	0.292				

由表 3-4 可知，CO_2 的临界温度 $T_c = 31.06℃$ 是所有溶剂中最接近室温的，临界压力 $p_c = 73.9 \times 10^5$ Pa 也较适中，特别是临界密度 $\rho_c = 0.448 g/cm^3$ 是常用超临界溶剂中比较高的，因此 CO_2 具有最适合作为超临界溶剂的临界点数据。

超临界状态流体具有许多特性，超临界流体与气体、液体的性能比较见表 3-5。由表中数据可看出以下几点。

表 3-5　超临界流体与气体、液体的性能比较

项　目	气体 （常温，常压）	超临界流体		液体 （常温，常压）
		(T_c, p_c)	(T_c, $4p_c$)	
密度/(g/cm³)	0.002~0.006	0.2~0.5	0.4~0.9	0.6~1.6
黏度/[10^5 kg/(m·s)]	1~3	1~3	3~9	20~300
自扩散系数/(10^4 m²/s)	0.1~0.4	0.7×10^{-3}	0.2×10^{-3}	$(0.2~2) \times 10^{-5}$

（1）超临界流体的溶解性能强　超临界流体的密度接近于液体，且比气体大数百倍，由于物质的溶解度与溶剂的密度成正比，因此超临界流体具有与液体溶剂相近的溶解能力。

（2）超临界流体的扩散性能好　超临界流体的黏度接近于气体，较液体小 2 个数量级。超临界流体的扩散系数介于气体和液体之间，因此超临界流体具有气体易于扩散和运动的特性，传质速率大大高于液体。

（3）超临界流体性能易于调控　在临界点附近，压力和温度的微小变化，都可以引起流体密度很大的变化，从而使溶解度发生较大的改变。这一特性对于萃取和反萃取至关重要，工业生产中可以通过控制压力和温度的变化来调整物质的溶解度，从而实现超临界流体的萃取分离。

2. 超临界流体萃取过程原理及特点

超临界流体萃取是根据超临界流体的特性，用超临界流体作为萃取溶剂的一种萃取技术。人们在对超临界流体萃取的研究认识过程中，提出了许多如超临界气体萃取、压力流体萃取、高密度气体萃取、临界溶剂萃取等名称，虽然严格性差一些，但却有利于理解超临界流体萃取原理。

超临界流体萃取过程包括：超临界流体的形成；溶质在超临界流体中的扩散传质（萃取过程）；溶质与流体的分离。由上述超临界流体萃取过程可知，超临界流体萃取与一般的溶剂萃取有许多共同之处，都是利用被分离物质在两相之间的分配差异来实现分离的。其主要

差别是萃取剂的特性不同,一个是常态的有机溶剂,另一个是超临界流体。超临界流体的特性决定了超临界流体萃取的工艺特点。

对于原料为固体的超临界流体萃取过程,主要由萃取槽、分离槽、压缩机和换热器组成,可组成三种典型的工艺流程:等温法、等压法和吸附法。如图 3-25 为超临界 CO_2 萃取的三种基本流程。

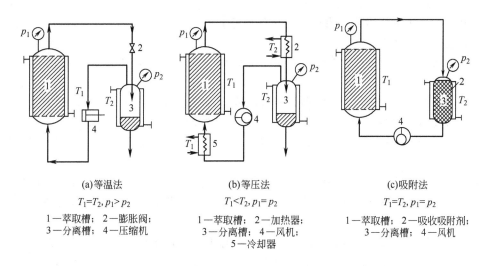

(a)等温法
$T_1=T_2,p_1>p_2$
1—萃取槽; 2—膨胀阀;
3—分离槽; 4—压缩机

(b)等压法
$T_1<T_2,p_1=p_2$
1—萃取槽; 2—加热器;
3—分离槽; 4—风机;
5—冷却器

(c)吸附法
$T_1=T_2,p_1=p_2$
1—萃取槽; 2—吸收吸附剂;
3—分离槽; 4—风机

图 3-25 超临界 CO_2 萃取的三种基本流程

如图 3-25(a) 所示为等温法流程。即温度不变,通过控制压力来改变溶解能力,达到萃取分离的目的。首先将 CO_2 流体压缩至超临界状态,使其具有较大的溶解能力,然后在萃取槽中进行萃取,溶质扩散溶入萃取剂(超临界 CO_2)中;萃取相经减压膨胀后,由于压力降低,被萃取物质在萃取剂中的溶解度减小,因而在分离槽中析出;被萃取物质从分离槽下部取出,萃取剂引入压缩机,使其处于超临界状态后循环使用。

如图 3-25(b) 所示为等压法流程。即压力不变,通过调节温度,使溶解能力发生改变,达到萃取分离的目的。

如图 3-25(c) 所示为吸附法流程。在分离槽内放置吸附剂,当含有被萃取物质的超临界流体(萃取相)通过分离槽时,溶质被吸附而达到与萃取剂分离的目的。

由上述讨论可看出,超临界流体萃取过程的特点如下。

① 超临界流体兼具气体和液体的特性,既有液体的溶解能力,又有气体良好的流动性、挥发性和传递性能,因而萃取效率高。

② 整个超临界流体萃取过程是在临界点附近进行的,当压力和温度有较小变化时,就会使溶解能力发生较大的改变,因而易于调节和控制萃取分离过程。

③ 过程无相变,不需要溶剂回收设备,工艺流程简单,节约能源。

④ 由超临界流体特性可知,只要选择适当的溶剂、超临界压力和温度,理论上可适用于大多数物质的萃取分离,如二氧化碳、乙烷等。

⑤ 超临界流体萃取过程可在较低温度下进行,特别适用于热敏性和化学性质不稳定药物的分离。

⑥ 超临界流体萃取属于高压技术范畴,对设备要求高,投资大,普及应用较困难。

3. 影响超临界流体萃取的因素

(1) 超临界流体的选择 超临界流体萃取操作中,溶剂的选择很重要。一般要求超临界状态下的流体具有：较高的溶解能力，且有一定的亲水、亲油平衡；易于与溶质分离，无残留，不影响溶质品质；化学性质稳定，无毒、无腐蚀性；纯度高；来源丰富，价格便宜。

在所有研究过的超临界物质中，CO_2作为超临界流体，几乎满足上述所有的要求。其临界压强为 7.39MPa，临界温度为 31.06℃，它是目前被广泛应用的、最理想的溶剂。其主要特点为：

① 易挥发，且易于与溶质分离；

② 黏度小，扩散系数高，有较高的传质速率；

③ 有较好的选择性；

④ 在 CO_2 中加入少量第二溶剂，可大大提高其溶解能力，扩大应用范围，改善操作条件。

（2）操作条件的影响　压力大小是影响流体溶解能力的关键因素之一。例如当压力小于 7MPa 时，萘在 CO_2 中的溶解度极小，当压力升至 25MPa 时，其溶解度可达 70g/L。由超临界流体特性可知，在临界点附近，压力增加，溶解度会显著增大，因此压力一般控制在临界点附近。

温度对超临界流体萃取过程的影响比较复杂。一方面是温度升高，流体密度降低，溶解能力下降；另一方面是温度升高，溶质的溶解度增大。因此选择适宜的超临界流体萃取温度非常重要。

（3）夹带剂的影响　大量实验研究表明，在超临界流体中加入少量的第二溶剂，可以大大提高其溶解能力，这种第二组分溶剂称为夹带剂，也称提携剂、共溶剂或修饰剂。一般情况下，溶解度随夹带剂加入量的增加而增加；另外，加入夹带剂使压力对溶解度的影响幅度增大（见图 3-26），有利于萃取分离的进行。

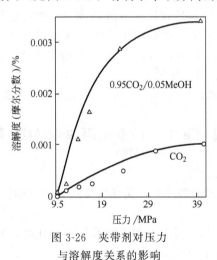

图 3-26　夹带剂对压力
与溶解度关系的影响

夹带剂一般选用挥发度介于超临界流体和被萃取溶质之间的溶剂，多为液体溶剂，加入量一般为 1%～5%。如甲醇、乙醇、丙酮、乙酸乙酯等溶解性能较好的溶剂，均是较好的夹带剂。

4. 超临界流体萃取的应用与发展

超临界流体萃取技术在医药工业中已有相当广泛的应用，尤其是在植物成分提取分离方面应用较多。目前至少对上百种单味中药材使用单一的超临界 CO_2 萃取方法进行了研究，如从月见草籽中萃取月见草油，已实现工业化生产，萃取温度为 35℃，萃取压力为 30MPa，收率可达 88.2%。

在生物活性物质的提取分离方面，由于超临界流体萃取具有毒性低、温度低、溶氧性好等特点，其应用越来越多。如采用超临界流体萃取氨基酸、蛋白质等，发现超临界状态对物质结构不会造成影响，因而超临界流体萃取非常适合生化产品的分离和提取。

超临界流体萃取过程的应用范围不仅仅是分离提取，还涉及粉碎、干燥、灭菌、细胞破碎、脱除溶剂、去除杂质、重结晶、催化反应、分析检测等多个应用领域。随着超临界流体萃取技术理论的深入研究，工业化过程的设计开发，超临界流体萃取技术将成为药品生产的关键技术之一。

【阅读材料】

相图的测定

1. 三角形相图（溶解度曲线）的测定

溶解度曲线可以通过实验获得。若组分 B 与 S 部分互溶，取一定量的原溶剂 B 和萃

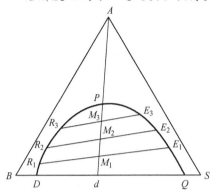

附图　溶解度曲线测定

取剂 S 加入到实验瓶中，该二元混合液的组成点如附图中 d 点所示，在一定温度下将其充分混合，两相达平衡后，静置分层，测定两液相的组成，即得图中的 D 点和 Q 点的组成。然后在瓶中定量滴加少许溶质 A，此时瓶中总物料的状态点为 M_1，经充分混合，两相达平衡后，静置分层，分析平衡两液相的组成，得到 E_1 和 R_1 组成点，E_1 和 R_1 为共轭相；然后再向瓶中定量加入少量溶质 A，进行同样的操作，可以得到 E_2 与 R_2、E_3 与 R_3……若干对共轭相，将代表各平衡液层的状态点 D、R_1、R_2、R_3…E_3、E_2、E_1、Q 连接起来，即得此体系在该温度下的溶解度曲线。

2. 双水相系统相图的测定

双水相系统的相图可以由实验来测定。将一定量的高聚物 P 浓溶液置于试管内，然后用已知浓度的高聚物 Q 溶液来测定。随着高聚物 Q 的加入，试管内的溶液由均相突然变浑浊，记录高聚物 Q 的加入量。然后再在试管内加入 1mL 水，溶液变澄清，继续滴加高聚物 Q，溶液又变浑浊，记录高聚物 Q 的加入量；以此类推，由实验可测定出一系列双节线上的平衡组成，进行数据整理，计算出各组数据，以高聚物 P 的浓度对高聚物 Q 的浓度作图，即可得到双节线。相图中的临界点 K 是系统上相、下相组成相同时由两相转变为均相的分界点。

复习思考题

3-1　解释下列基本概念和名词术语：

液-液萃取；固-液萃取；双水相萃取；超临界流体萃取；萃取剂；萃取相；萃余相；萃取液；萃余液；分配定律；萃取因素；理论收率；萃取理论级

3-2　什么是乳化现象？在萃取中为什么会产生乳化？乳化对萃取分离会产生哪些不利影响？如何破乳化？简述常用破乳剂的破乳机理。

3-3　影响液-液萃取操作的主要因素有哪些？如何强化液-液萃取操作？

3-4　在萃取分离中，为什么实际收率比理论收率要低？

3-5　青霉素在 0℃ 和 pH＝2.1 时的分配系数为 39，分别用等量及 1/4 体积的乙酸戊酯进行单级萃取，求其理论收率？

3-6　红霉素在 pH＝9.8 时的分配系数为 44.5，用 1/4 体积的乙酸丁酯进行单级和二级错流萃取，分别求其理论收率？

3-7　青霉素在 pH＝2.5 时的分配系数为 35，先用 1/4 体积的乙酸丁酯进行二级逆流萃取，求其理论收率？若改变操作方式，用 1/4 和 1/10 体积的乙酸丁酯进行二级错流萃取，

求其理论收率？并比较两种操作方式的特点。

    3-8   画出三级错流、三级逆流萃取的工艺过程示意，从理论上论述为什么多级逆流比多级错流的萃取效果好？

    3-9   详细分述影响浸取（固-液萃取）过程的因素。

    3-10   分析液-液萃取与浸取（固-液萃取）的异同点。

    3-11   简述双水相萃取的特点。

    3-12   超临界 CO_2 为何有较好的物质萃取能力？

    3-13   超临界 CO_2 的工作区为什么选在临界点附近？

    3-14   指出各类相图中点、线、面的意义。

项目 4 青霉素钾盐的结晶

【知识与能力目标】

掌握结晶技术的基本理论知识；熟悉结晶工艺过程（如过饱和溶液的形成、晶核的生成、晶体的生长等）的基本原理、方法及控制；了解结晶的基本计算。

能利用相图分析结晶过程；能分析影响结晶产品质量的因素；能找出提高晶体质量的途径；能进行真空蒸发结晶基本操作；能进行冷却结晶基本操作。

任务 4.1　熟悉结晶装置工艺流程

一、真空蒸发结晶工艺装置

真空蒸发结晶工艺装置如图 4-1 所示，主要包括：配料罐 1 个，打料泵 1 台，结晶罐 1 个，除沫器 1 个，冷凝器 1 个，冷凝液槽 1 个，真空泵 1 台，导热油加热器 1 个，导热油泵 1 台，并配有 2 个搅拌器、1 个真空度表、2 个液位计和多个阀门等。

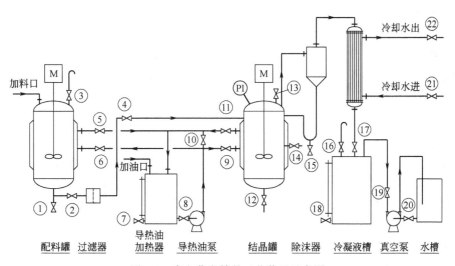

图 4-1　真空蒸发结晶工艺装置示意图

二、真空蒸发结晶制备阿司匹林湿晶体操作规程

（一）操作前准备

① 设备运行前检查主体设备和附件应齐全、完好；检查电路是否连接正常；检查导热油箱中是否有足够的导热油，检查水槽中的水位，确认配套系统正常；检查各个阀门是否关闭好（阀门⑩必须保持全开）；确认设备、水压、电压正常。

② 检查备料情况，确认物料的规格、数量符合实训要求。

③ 打开导热油加热器的自动加热装置，对导热油进行预热。

④ 通过配料罐的液体加料口，加入定量的纯化水，开启搅拌。在阀门⑩完全打开状态下开启导热油泵，打开阀门⑧、⑥、⑤，向配料罐夹层通入导热油，导热油流量可通过阀门⑥、⑩组合调整。在电子秤上称量阿司匹林粉，双人配合加到配料罐内溶解，待药粉全部溶解后即得一定浓度的阿司匹林溶液，全开阀门⑩，关闭导热油泵开关，关闭阀门⑤、⑥，关闭搅拌器。

(二) 真空蒸发结晶操作

1. 启动真空系统

将水槽内注入自来水，水位要高于真空泵；打开水槽底部阀门⑳进行灌泵，开启真空泵，打开阀门⑰，再调节阀门⑲以控制结晶罐的真空度，同时打开冷凝器的冷却水进出口阀门㉑、㉒，使结晶罐处于真空状态。

2. 投料操作

打开阀门②，再打开阀门③、④，将配置好的溶液全部抽到结晶罐中，然后关闭阀门④、②。

3. 启动加热系统

在控制面板上调节结晶罐的搅拌转速；在阀门⑩完全打开状态下开启导热油泵，然后依次打开阀门⑨、⑪，使预热好的导热油循环至结晶罐夹套中，导热油流量可通过阀门⑨、⑩组合调整，以控制结晶罐温度。

4. 真空蒸发结晶

操作中每隔10min记录一次温度、真空度等数值，随时观察结晶罐内液体沸腾状况和料液的澄清度。当液体出现混浊时，表明有晶核产生，此时应调低转速，在阀门⑩全开状态下减小阀门⑨开度，以降低导热油流量，养晶20min以上，视溶液状况从取样阀门⑫取样，检测罐内料液是否达到要求。

5. 放料操作

若结晶罐内的料液浓度达到规定要求，则进行放料操作。首先关闭导热油泵，依次关闭阀门⑨、⑪（阀门⑩保持全开）；然后关闭阀门⑲，再关闭真空泵，缓缓打开放空阀⑬，再打开阀门⑫，将罐内的晶浆全部放到指定容器内，待晶浆快放净时，用纯化水冲净结晶罐壁及搅拌桨，再关闭阀门⑫，停止搅拌；最后关闭冷凝器的冷却水进出口阀门㉑、㉒。

6. 晶体分离

将晶浆转移至离心机中进行过滤分离，称量晶体的重量，计算结晶收率。

(三) 清场操作

① 操作结束后，将一定量的水分别加入到配料罐和结晶罐中进行清洗，清洗废液从罐底排出。

② 清洗过滤机，擦净所用设备，洗净所用器具。

③ 打开各设备、管路的排污阀，放净所有液体物料。

④ 整理操作现场，将废弃物放置于指定地点。

一、结晶基本理论

（一）结晶过程的相平衡

1. 溶解度与饱和溶液

在一定温度下，任何一种物质溶解在某一定量的溶剂中，都有一个最大限度，即只能达到一个最大浓度。通常规定在一定温度下，某物质在 100g 溶剂中所能溶解的最大质量（g），为该物质在此温度下的溶解度，也称为饱和浓度。该状态的溶液称为饱和溶液。物质的溶解度与其化学性质、pH 值、温度、溶剂的种类、溶剂的组成和离子强度等有关。因此，在药品生产中，温度、pH 值、离子强度、溶剂组成等参数的调节是药物结晶操作的重要手段。

当某一物质在特定的溶剂中溶解时，其溶解度主要随 pH 值、温度而变化。大多数物质的溶解度随温度的升高而增大，也有一些物质对温度不敏感，还有少数物质（如螺旋霉素）的溶解度随温度升高而下降。而且由于许多药物存在多个性质不同的基团，使溶液的 pH 值对药物的溶解度也有一定影响。表 4-1 列出了在 23℃时不同 pH 值下土霉素在水中的溶解度。由表中数据可知，当 pH＝5.0 时，土霉素在水中的溶解度最小。因此结晶过程一般都是在特定的 pH 值条件下，通过控制溶液温度获得所希望的晶体产品。

表 4-1 在 23℃时不同 pH 值下土霉素在水中的溶解度 10^6U/m^3

pH 值	1.2	2	3	5	6	7	9
溶解度	31400	4600	1400	500	700	1100	38600

结晶过程中的相平衡主要是指溶液中固相与液相浓度之间的关系，该平衡关系可用固体在溶液中的溶解度来表示。在一定温度下，如果溶液中溶质的含量小于溶解度，该溶液称为不饱和溶液，此种情况下溶质完全溶解在溶剂中，溶液呈单一液相状态。如果溶液中溶质的含量等于溶解度，则此溶液称为饱和溶液，此时溶液处于饱和状态，既没有固体溶解，也没有溶质从液相析出，溶液仍呈单一液相。如果溶质含量超过溶解度，则此溶液称为过饱和溶液，此时溶液处于过饱和状态。过饱和状态下的溶液是不稳定的，也可称为"介稳状态"，一旦遇到振动、搅拌、摩擦、加晶种甚至落入尘埃，都可能使过饱和状态破坏而立即析出结晶，直到溶液达到饱和状态后，结晶过程才停止。

过饱和溶液的过饱和程度可用过饱和度 S 来表示，常用的有两种表示方法，即

$$S = \frac{c}{c^*} \quad \text{或} \quad S = c - c^*$$

式中 c——过饱和溶液的浓度；

c^*——饱和溶液的浓度。

显而易见，溶液的过饱和状态是物质从溶液中析出结晶的必要条件，溶液的过饱和程度（即过饱和溶液浓度与溶解度之差）是结晶过程的推动力。而结晶收率则取决于溶解度的大小，溶解度越小，结晶收率越高。

在一般情况下，溶解度与温度的函数关系可用经验式表达：

$$\lg x = A + \frac{B}{T} + C \lg T$$

式中 $A，B，C$——常数；

x——以物质的量表示的溶质浓度；

T——热力学温度。

当分散在溶剂中的溶质粒子小到微米级时，其溶解度不仅是温度的函数，也是粒度的函

数，用热力学方法，可推导出它们之间的定量关系，即 Kelvin 公式：

$$\ln \frac{C_1}{C_2} = \frac{2M\sigma}{RT\rho}\left(\frac{1}{r_1} - \frac{1}{r_2}\right)$$

式中　C_1，C_2——分别表示溶质半径为 r_1 和 r_2 的溶解度；

R——气体常数；

T——热力学温度；

M——溶质的分子量；

σ——固体颗粒与溶液间的界面张力；

ρ——溶液的密度。

由上式可知，因 $\frac{2M\sigma}{RT\rho} > 0$，若 $r_2 > r_1$，则 $\ln \frac{C_1}{C_2} > 0$，$\frac{C_1}{C_2} = e^E > 1$，所以 $C_1 > C_2$，即半径（r_1）较小的晶体，其溶解度（C_1）较大；或者说微小颗粒的溶解度比正常粒度的溶解度要大。如果 $r_2 \to \infty$，可认为 r_2 相当于正常颗粒，若它的溶解度 C_2 定义为 C^*（溶质的正常溶解度），于是半径为 r 的粒子的溶解度 C 可表示为：

$$\ln \frac{C}{C^*} = \frac{2M\sigma}{RT\rho r} = \ln S$$

由上式可知，过饱和度与颗粒大小的关系，即过饱和度越大，颗粒直径越小。若某溶液中同时存在大小不同的诸多颗粒，则经过一段时间之后，小颗粒溶质逐渐消失，而大颗粒溶质逐渐粗大整齐，这就是结晶操作中的养晶过程。

2. 溶解度曲线和过饱和曲线

如图 4-3 所示为结晶过程的相平衡关系图。图中 AB 曲线为某溶质在某溶剂中的溶解度随温度变化的关系曲线，称为溶解度曲线；CD 曲线为自发产生晶核的浓度曲线，称为过饱和曲线，它与溶解度曲线大致平行。两条曲线将相图分为稳定区、介稳区和不稳定区三个区域，这三个区域分别具有以下特点。

（1）稳定区　又称不饱和区，为 AB 曲线以下的区域。当溶液的状态点落在此区域内时，说明溶液尚未达到饱和，不会有结晶析出。

（2）介稳区　又称亚稳区，为 AB 曲线与 CD 曲线之间的区域。在介稳区内的任一点，如果不采取措施，溶液可以长时间保持稳定，如遇到某种刺激，则会有结晶析出，溶液浓度随之下降至饱和浓度。亚稳区中各部分的稳定性并不一样，接近 AB 曲线的区域较稳定。AB 线与 $C'D'$ 线之间的区域，溶液不会自发成核（均相成核）；当加入晶种（结晶颗粒）时，结晶会生长，但不会产生新晶核。$C'D'$ 线与 CD 线之间的区域，极易受刺激而结晶（主要是二次成核）。结晶生长过程和新晶核的形成过程同时存在，因此习惯上将介稳区的下半部称为养晶区，上半部称为刺激结晶区。

（3）不稳定区　为 CD 曲线以上的区域。此区域内任一状态点的溶液能立即自发结晶（属均相成核），故又称为自发成核区。该区域内溶液处于不稳定状态，可

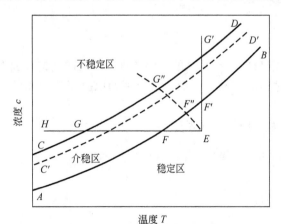

图 4-3　溶解度曲线与过饱和曲线

在瞬间出现大量微小晶核，且结晶颗粒未及长大，溶液浓度即降至溶解度。

在上述三个区域中，稳定区内，溶液处于不饱和状态，没有结晶；不稳区内，晶核的形成速率较大，因此产生的结晶量大，晶粒小，质量难以控制；介稳区内，晶核的形成速率较慢，生产中常采用加入晶种的方法，并将溶液浓度控制在介稳区内的养晶区，即 AB 线与 $C'D'$ 线区域内，使晶体逐渐长大。

过饱和曲线与溶解度曲线不同，溶解度曲线是恒定的，而过饱和曲线的位置不是固定的。对于一定的系统，它的位置至少与三个因素有关：产生过饱和度的速度（冷却和蒸发速率）；加晶种的情况；机械搅拌的强度。冷却或蒸发的速率越慢，晶种越小，机械搅拌越激烈，则过饱和曲线越向溶解度曲线靠近。在生产中应尽量控制各种条件，使曲线 AB 和 $C'D'$ 之间有一个比较宽的区域，便于结晶操作的控制。

溶质从溶液中析出结晶的过程如图 4-3 所示。某一不饱和溶液的状态点位于图中 E 点处，若将该溶液冷却，而溶剂量保持不变（即浓度不发生变化），溶液的状态点则沿直线 EFG 向左移动，当冷却至 F 点时，溶液达饱和状态，当进一步冷却至 G 点时，结晶过程才能自动进行。同样，若将溶液在等温下蒸发，即温度不变，溶剂量减少，浓度提高，溶液状态点则沿直线 $EF'G'$ 向上移动，当浓度提高至 F' 点时，溶液达饱和状态，当浓度进一步提高至 G' 点时，结晶过程才自动进行。在实际结晶操作中，进入不稳区的情况很少发生，因为在冷却或蒸发表面的浓度都高于溶液主体浓度，从而导致表面上首先形成晶体，这些晶体将诱导主体溶液在未到达 $G(G')$ 点前就发生结晶。将冷却结晶和蒸发结晶分开讨论，主要是为了便于理论分析，而在实际操作中，常将冷却和蒸发合并使用，其溶液的状态点将沿 $EF''G''$ 曲线变化。

由上述结晶过程分析可看出，冷却结晶过程的推动力是由冷却温度（过冷温度）与饱和温度之差造成的过饱和度，蒸发结晶过程的推动力是由蒸发浓度（过饱和浓度）与饱和浓度（溶解度）之差造成的过饱和度。结晶推动力越大，结晶速率越快。

（二）结晶动力学

由前述讨论可知，结晶过程包括过饱和溶液的形成和晶体析出过程，而晶体从过饱和溶液中析出又要经过两个阶段，晶核形成阶段和晶体生长阶段。采用一定方法使溶液处于过饱和状态后，首先由溶液中的分子、离子或原子等微粒组成一些极细小的结晶核心，这些核心称为晶核，产生晶核的过程称为成核，即晶核的形成过程；然后溶质再在晶核上按照一定规律继续结晶，使晶体长大，晶体长大的过程称为晶体生长。两者的机理不同，但这两个过程又很难截然分开，它们都是以过饱和度为推动力，在晶体的长大过程中，仍有可能产生晶核。

1. 晶核的形成

成核过程从理论上可分为两类，一种是溶液过饱和后自发形成晶核的过程，称为"一次成核"。一次成核又分为均相成核和非均相成核。均相成核是溶液在没有外来干扰的情况下，溶液超过一定过饱和度的条件下自发成核的过程；非均相成核是指在外界条件的刺激下，诱发成核的过程，如溶液中存在的固体杂质颗粒、容器界面的粗糙度、搅拌或循环的机械作用、振动、电磁场、超声波、紫外线等作用均可诱发成核。澄清的过饱和溶液在介稳区内一般不会自发产生晶核，只有在不稳区内才能自发地进行一次成核，由于该过程无法控制，生产中一般不采用这种成核方式。

另一种是受晶浆中存在的宏观晶体的影响而产生晶核的过程，称为二次成核。在工业结晶中，二次成核过程为晶核的主要来源。在二次成核中起决定作用的两种机理为流体剪应力成核和接触成核。当过饱和溶液以较大流速流过正在生长的晶体表面时，液体边界层存在剪切应力（速度差引起），将附着在晶体之上的粒子扫落，大的作为晶核，小的则溶解，这种成核为流体剪应力成核。当晶体与外部物体接触时，由于撞击作用产生许多晶体碎粒而成核，这种成核为接触成核（碰撞成核）。碰撞作用可发生在晶体与搅拌桨之间，或晶体与结晶器表面及挡板之间，也可发生在晶体与晶体之间。

接触成核在工业结晶过程中被认为是获得晶核最简单、最好的方法。许多实验证明，在过饱和溶液中，晶体只要与固体做能量很低的接触，就会产生大量的粒子，其粒度范围在 $1\sim10\mu m$ 之间，甚至会产生大至 $50\mu m$ 的粒子。在接触过程中形成的伤痕，经过数十秒之后，晶体会自动修复，这种现象也称作再生现象。因此，在饱和溶液中，晶体接触后并没有留下痕迹。由于接触成核过程可在低过饱和度下进行，而且产生晶核所需的能量比较低，易于实现稳定操作，晶体质量高，所以工业生产中多采用接触成核方法进行结晶操作。影响二次成核的主要因素有：过饱和度、碰撞能量、搅拌桨材质、搅拌速率、晶体粒度等。在结晶操作中应尽可能避免自发成核，即尽量控制在介稳区内结晶，也可采用在结晶初期加入适量晶种的方法，或控制结晶条件的方法，例如开始时暂时维持短时间较高的过饱和度（在图 4-3 中 CD 线与 $C'D'$ 线之间），使溶液自发产生一定数量的晶核作晶种，然后再把过饱和度降低到介稳区（AB 线和 $C'D'$ 线之间），使晶体逐渐长大，以达到控制晶核数量、保证晶体质量的目的。还可采用在操作过程中及时消除过量晶核的方法，如对结晶母液进行稀释或加热，也可在适当的时候通过改变溶液的 pH 值或加入某些具有选择性的添加剂来改变成核速率。

2. 晶体生长

在过饱和溶液中，形成晶核或加入晶种后，在结晶推动力（过饱和度）的作用下，晶核或晶种将逐渐长大。与工业结晶过程有关的晶体生长理论及模型很多，传统的有表面能理论、吸附层理论，近年来提出的有形态学理论、统计学表面模型、二维成核模型等，这里仅介绍得到普遍应用的扩散学说。

（1）晶体生长的扩散学说　按照扩散学说，晶体生长过程由三个步骤组成：

① 溶液主体中的溶质借扩散作用，穿过晶粒表面的滞流层到达晶体表面，即溶质从溶液主体转移到晶体表面的过程，属于分子扩散过程；

② 到达晶体表面的溶质长入晶面，使晶体增大的过程，同时放出结晶热，属于表面反应过程；

③ 释放出的结晶热再扩散传递到溶液主体中的过程，属于传热过程。

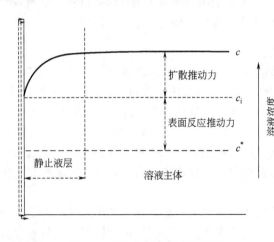

图 4-4　晶体生长扩散过程示意

如图 4-4 所示为晶体生长扩散过程示意。由图可看出，第一步的分子扩散过程推动力为液相主体浓度 c 与晶体表面浓度 c_i 之差，即 $(c-c_i)$。第二步的溶质长入晶面过程的表面反应过程推动力为晶体表面浓度 c_i 与饱和浓度 c^* 之差，即 (c_i-c^*)。第三步的传热过程推动力是温度差，因大多数物质的结晶热较小，常忽略不计。整个结晶过程的总推动力为 $(c-c^*)$。

对于一级反应，由分子扩散理论和表面反应理论可推导出晶体生长速率计算式，即

$$G_M = \frac{dM}{A\,dt} = K_d(c - c_i)$$

$$G_M = \frac{dM}{A\,dt} = K_f(c_i - c^*)$$

合并两式得

$$G_M = \frac{dM}{A\,dt} = \frac{c - c^*}{\dfrac{1}{K_d} - \dfrac{1}{K_f}} = K_G(c - c^*)$$

令 $\dfrac{1}{K_G} = \dfrac{1}{K_d} + \dfrac{1}{K_f}$（或 $K_G = \dfrac{K_d K_f}{K_d + K_f}$），$K_G$ 称为晶体生长总传质系数。

式中　G_M——晶体生长速率；

$\quad\quad c$——液相主体浓度，即溶液主体溶质的浓度；

$\quad\quad c_i$——晶体表面浓度，即界面处溶质的浓度；

$\quad\quad c^*$——溶液的饱和浓度；

$\quad\quad A$——晶体表面积；

$\quad\quad K_d$——扩散传质系数；

$\quad\quad K_f$——表面反应速率常数。

由上式可知，当 $K_f \approx \infty$ 时，则 $K_G \approx K_d$，晶体生长速率由扩散过程控制；当 $K_d \approx \infty$ 时，则 $K_G \approx K_f$，晶体生长速率由表面反应过程控制。

（2）影响晶体生长速率的因素　影响晶体生长速率的因素很多，如过饱和度、粒度、搅拌、温度及杂质等，在实际工业生产中，控制晶体生长速率时，还要考虑设备结构、产品纯度等方面的要求。

过饱和度增高，晶体生长速率增大；但过饱和度增大往往使溶液黏度增大，从而使扩散速率减小，导致晶体生长速率减慢。另外，过高的过饱和度还会使晶型发生不利变化，因此不能一味地追求过高的过饱和度，应通过实验确定一个适合的过饱和度，以控制适宜的晶体生长速率。以浓度差为推动力，再考虑粒度的影响，在实测值的基础上，通过线性回归，可得到过饱和度、粒度与晶体生长速率的关系式，即

$$G_M = K_G L^m \Delta c^n$$

式中　c^n——推动力浓度差（或过饱和度）；

$\quad\quad L$——粒度；

$\quad\, m, n$——常数。

杂质的存在对晶体的生长有很大影响，从而成为结晶过程中的重要问题之一。有些杂质能完全制止晶体的生长，有些则能促进生长，有些能对同一种晶体的不同晶面产生选择性影响，从而改变晶体外形。总之，杂质对晶体生长的影响复杂多样。

杂质影响晶体生长速率的途径也各不相同。有的是通过改变晶体与溶液之间界面上液层的特性而影响晶体生长，有的是通过杂质本身在晶面上吸附发生阻挡作用而影响晶体生长，如果杂质和晶体的晶格有相似之处，则杂质可能长入晶体内，从而产生影响。有些杂质能在极低的浓度下产生影响，有些却需要在相当高的浓度下才能起作用。

一般情况下，过饱和度增大，搅拌速率提高，温度升高，都有利于晶体的生长。

二、结晶工艺过程

（一）过饱和溶液的形成

结晶的首要条件是溶液处于过饱和状态，其过饱和度可直接影响结晶速率和晶体质量。

要想获得理想的晶体，必须掌握过饱和溶液的形成方法。工业生产中制备过饱和溶液的常用方法有以下五种。

1. 蒸发法

蒸发法是借蒸发除去部分溶剂，而使溶液达到过饱和的方法。加压、常压或减压条件下，通过加热使溶剂部分气化而达到过饱和，如图 4-3 中直线 $EF'G'$ 所示的过程。该方法适用于遇热不分解、不失活的药物；对于溶解度随温度变化不显著的药物，常选用蒸发法。例如用甲醇-氯仿溶液将丝裂霉素从氧化铝吸附柱上洗脱下来，然后进行真空浓缩，除去大部分溶剂后即可获得丝裂霉素晶体。又如灰黄霉素的丙酮提取液，经真空浓缩，蒸发掉大部分丙酮后即可使其晶体析出。蒸发法的不足之处在于能耗较高，加热面易结垢。生产中常采用多效蒸发，以提高热能利用率。

2. 冷却法

冷却法的结晶过程中基本上不去除溶剂，而是使溶液冷却降温，成为过饱和溶液，如图 4-3 中直线 $EFGH$ 所示的过程。此法适用于溶解度随温度降低而显著减小的药物分离过程。例如红霉素的第二次乙酸丁酯提取液，趁热过滤并加入 10% 丙酮后，随即进行冷冻（温度在 $-5℃$ 以下）结晶，经冷冻 $24\sim36h$ 后，红霉素大量析出。根据冷却方法的不同，可分为自然冷却、强制冷却和直接冷却。在生产中运用较多的是强制冷却，其冷却过程易于控制，冷却速率较快。

3. 真空蒸发冷却法

又称绝热蒸发法，其原理是使溶剂在减压条件下闪蒸而绝热冷却，实质上是以冷却和去除一部分溶剂两种效应来产生过饱和度。此法适用于溶解度随温度变化介于蒸发和冷却之间的药物结晶分离过程。真空的产生常采用多级蒸汽喷射泵及热力压缩机，操作压力一般可低至 $30mmHg$（绝压）（$1mmHg=133.322Pa$），也有低至 $3mmHg$（绝压），但能量消耗较高。真空蒸发冷却法的优点是主体设备结构简单，操作稳定，器内无换热面，因而不存在晶垢的影响，且操作温度低，可用于热敏性药物的结晶分离。

4. 反应法

调节溶液的 pH 值或向溶液中加入某种反应剂，使其溶解度降低，或生成溶解度较低的新物质，当其浓度超过它的溶解度时，达到过饱和而析出晶体。例如四环素的酸性滤液用氨水调 $pH=4.6\sim4.8$（接近其等电点）时，即有四环素游离碱沉淀出来。又如在青霉素乙酸丁酯的提出液中，加入乙酸钾-乙醇溶液，即生成水溶性高的青霉素钾盐而从酯相中结晶析出。

5. 盐析法

向溶液中加入某种物质，使溶质的溶解度降低而形成过饱和溶液的方法，称为盐析法。加入的物质应能溶于原溶液中的溶剂，但不能溶解溶质晶体。如利用卡那霉素易溶于水，不溶于乙酸的性质，在卡那霉素脱色液中加入 95% 乙酸至微浑，加晶种并保温 $30\sim35℃$，即可得到卡那霉素成品。在实际生产中被加入的物质多为固体和液体。

在实际生产中，常将几种方法合并使用。例如普鲁卡因青霉素结晶是利用冷却和反应两种方法的结合，即先将青霉素钾盐溶于缓冲溶液中，冷却至 $5\sim8℃$，并加入适量晶种，然后滴加盐酸普鲁卡因溶液，在剧烈搅拌下即可得到普鲁卡因青霉素微粒结晶。又如维生素 B_{12} 采用冷却和盐析结晶两种方法，即将维生素 B_{12} 的水溶液以氯化铝去除杂质，收集流出浓度在 $5000U/mL$ 以上的丙酮水溶液（即结晶原液），然后向结晶原液中加入 $5\sim8$ 倍用量的丙酮，使结晶原液呈微浑，放置于冷库中约 3 天，即可得到合格的维生素 B_{12} 结晶。

（二）结晶条件的选择与控制

固体产品的内在质量（如纯度）与其外观性状（如晶型、粒度等）密切相关，一般情况下，晶型整齐和色泽洁白的固体产品，具有较高的纯度。由结晶过程可知，溶液的过饱和度、结晶温度、时间、搅拌及晶种加入等操作条件对晶体质量影响很大，必须根据药物在粒度大小、分布、晶型以及纯度等方面的要求，选择适合的结晶条件，并严格控制结晶过程。

1. 过饱和度

溶液的过饱和度是结晶过程的推动力，因此在较高的过饱和度下进行结晶，可提高结晶速率和收率。但是在工业生产实际中，当过饱和度（推动力）增大时，溶液黏度增大，杂质含量也增大，可能会出现以下问题：成核速率过快，使晶体细小；结晶生长速率过快，容易在晶体表面产生液泡，影响结晶质量；结晶器壁易产生晶垢，给结晶操作带来困难；产品纯度降低。因此，过饱和度与结晶速率、成核速率、晶体生长速率及结晶产品质量之间存在着一定的关系，应根据具体产品的质量要求，确定最适宜的过饱和度。

2. 晶浆浓度

结晶操作一般要求结晶液具有较高的浓度，有利于溶液中溶质分子间的相互碰撞聚集，以获得较高的结晶速率和结晶收率。但当晶浆浓度增高时，相应杂质的浓度及溶液黏度也随之增大，悬浮液的流动性降低，反而不利于结晶析出；也可能造成晶体细小，使结晶产品纯度较差，甚至形成无定形沉淀。因此，晶浆浓度应在保证晶体质量的前提下尽可能取较大值。对于加晶种的分批结晶操作，晶种的添加量也应根据最终产品的要求，选择较大的晶浆浓度。只有根据结晶生产工艺和具体要求，确定或调整晶浆浓度，才能得到较好的晶体。对于生物大分子，通常选择 3%～5% 的晶浆浓度比较适宜，而对于小分子物质（如氨基酸类）则需要较高的晶浆浓度。

3. 温度

许多物质在不同的温度下结晶，其生成的晶型和晶体大小会发生变化，而且温度对溶解度的影响也较大，可直接影响结晶收率。因此，结晶操作温度的控制很重要，一般控制较低的温度和较小的温度范围。如生物大分子的结晶，一般选择在较低温度条件下进行，以保证生物物质的活性，还可以抑制细菌的繁殖。但温度较低时，溶液的黏度增大，可能会使结晶速率变慢，因此应控制适宜的结晶温度。

利用冷却法进行结晶时，要控制降温速度。如果降温速度过快，溶液很快达到较高的过饱和度，则结晶产品细小；若降温速度缓慢，则结晶产品粒度大。蒸发结晶时，随着溶剂逐渐被蒸发，溶液浓度逐渐增大，使沸点上升，因此蒸发室内溶液温度（沸点）较高。为降低结晶温度，常采用真空绝热蒸发，或将蒸发后的溶液冷却，以控制最佳结晶温度。

4. 结晶时间

结晶时间包括过饱和溶液的形成时间、晶核的形成时间和晶体的生长时间。过饱和溶液的形成时间与其方法有关，时间长短不同。晶核的形成时间一般较短，而晶体的生长时间一般较长。在生长过程中，晶体不仅逐渐长大，而且还可达到整晶和养晶的目的。结晶时间一般要根据产品的性质、晶体质量的要求来选择和控制。

对于小分子物质，如果在适宜的条件下，几小时或几分钟内即可析出结晶。对于蛋白质等生物大分子物质，由于分子量大，立体结构复杂，其结晶过程比小分子物质要困难得多。这是由于生物大分子在进行分子的有序排列时，需要消耗较多的能量，使晶核的生成及晶体的生长都很慢，而且为防止溶质分子来不及形成晶核而以无定型沉淀形式析出的现象发生，结晶过程必须缓慢进行。生产中主要控制过饱和溶液的形成时间，防止形成的晶核数量过多而造成晶粒过小。生物大分子的结晶时间差别很大，从几小时到几个月的都有，早期用于研究 X 射线衍射的胃蛋白酶晶体的制备就需花费几个月的时间。

5. 溶剂与 pH 值

结晶操作选用的溶剂与 pH 值，都应使目的药物的溶解度较低，以提高结晶的收率。另外，溶剂的种类和 pH 值对晶型也有影响，如普鲁卡因青霉素在水溶液中的结晶为方形晶体，而在乙酸丁酯中的结晶为长棒。因此，需通过实验确定溶剂的种类和结晶操作的 pH 值，以保证结晶产品质量和较高的收率。

6. 晶种

加晶种进行结晶是控制结晶过程、提高结晶速率、保证产品质量的重要方法之一。工业上晶种的引入有两种方法：一种是通过蒸发或降温等方法，使溶液的过饱和状态达到不稳定区，自发成核一定数量后，迅速降低溶液浓度（如稀释法）至介稳区，这部分自发成核的晶核作为晶种；另一种是向处于介稳区的过饱和溶液中直接添加细小均匀的晶种。工业生产中主要采用第二种加晶种的方法。

对于不易结晶（即难以形成晶核）的物质，常采用加入晶种的方法，以提高结晶速率。对于溶液黏度较高的物系，晶核产生困难，而在较高的过饱和度下进行结晶时，由于晶核形成速率较快，容易发生聚晶现象，使产品质量不易控制。因此，高黏度的物系必须采用在介稳区内添加晶种的操作方法。

7. 搅拌与混合

增大搅拌速率，可提高成核速率，同时搅拌也有利于溶质的扩散而加速晶体生长；但搅拌速率过快会造成晶体的剪切破碎，影响结晶产品质量。工业生产中，为获得较好的混合状态，同时避免晶体的破碎，一般通过大量的实验，选择搅拌桨的形式，确定适宜的搅拌速率，以获得所需的晶体。搅拌速率在整个结晶过程中可以是不变的，也可以根据不同阶段选择不同的搅拌速率。也可采用直径及叶片较大的搅拌桨，降低转速，以获得较好的混合效果；也可采用气体混合方式，以防止晶体破碎。

8. 结晶系统的晶垢

在结晶操作系统中，常在结晶器壁及循环系统内产生晶垢，严重影响结晶过程的效率。为防止晶垢的产生，或除去已形成的晶垢，一般可采用下述方法。

① 器壁内表面采用有机涂料，尽量保持壁面光滑，可防止在器壁上进行二次成核而产生晶垢；

② 提高结晶系统中各部位的流体流速，并使流速分布均匀，消除低流速区内晶体的沉积结垢现象；

③ 若外循环液体为过饱和溶液，应使溶液中含有悬浮的晶种，防止溶质在器壁上析出结晶而产生晶垢；

④ 控制过饱和形成的速率和过饱和程度，防止壁面附近过饱和度过高而结垢；

⑤ 增设晶垢铲除装置，或定期添加污垢溶解剂，除去已产生的晶垢。

（三）晶体的分离与洗涤

结晶完成后，含有晶粒的混合液称为晶浆，为得到合乎质量标准的晶体产品，还需经过固液分离、晶体的洗涤、干燥等一系列操作，其中晶体的分离与洗涤对产品质量的影响很大。在药品生产中，晶体的分离操作多采用真空过滤和离心过滤。一般情况下，从离心机分离出来的晶体含有 5%～10% 的母液，但对于粒度不均匀的细小晶体，即便采用离心分离法，所分离出的晶体有时还含有 50% 的母液。由此可见，在结晶产品的过滤分离中，不但要求使用高效的过滤分离设备，更重要的是要求结晶器能生产出具有良好粒度分布的晶体。

结晶过程产生的晶体本身比较纯净，经固液分离后，所得到的晶体中，由于吸附等作用，仍有少量的母液留在晶体表面上，还有一部分母液残留在晶体之间的孔隙中而不能彻底脱除，使晶体受到污染，必须经过洗涤。通过洗涤晶体，可以改善结晶成品的颜色，并可提高晶体纯度，因此加强洗涤有利于提高产品质量。

洗涤的关键是洗涤剂的确定和洗涤方法的选择。如果晶体在原溶剂中的溶解度很高，可采用一种对晶体不易溶解的液体作为洗涤剂，该液体应能与母液中的原溶剂互溶。例如，从甲醇中结晶出来的物质可用水来洗涤；从水中结晶出来的物质可用甲醇来洗涤。这种"双溶剂"法的缺点是需要溶剂回收设备。对于晶体（滤饼）的洗涤，一般采用喷淋洗涤法，操作时应注意：

① 洗涤液喷淋要均匀；

② 对于易溶的晶体洗涤，滤饼不能过厚，否则洗涤液在未完全穿过滤饼前，就已变成饱和溶液，以致不能有效地除去母液或其中的杂质；

③ 洗涤时间不能过长，否则会减少晶体产量；

④ 易形成沟流，使有些晶体没有被洗涤，从而影响洗涤效果。

当采用喷淋洗涤不能满足产品纯度要求时，为加强洗涤效果，常采用挖洗的方法。此法是将晶体（滤饼）从过滤分离器中挖出，放入大量洗涤剂中，搅拌使其分散洗涤，然后再进行固液分离。挖洗法的洗涤效果很好，但溶质损失量较大。

在反应结晶法中，结晶物质在溶剂中的溶解度可能相当小，而母液中却可能含有大量的可溶性杂质，此时用简单的过滤洗涤不能适应产品纯度的要求，尤其是产品粒度细小时更是如此。例如将 $BaCl_2$ 和 Na_2SO_4 的热溶液混合，$BaSO_4$ 作为晶体产品析出，但其粒度很小，过滤和洗涤都将遇到困难，此种情况下，可采用"洗涤-倾析法"除去母液中的 $NaCl$。

经分离洗涤后的晶体，杂质含量降低，过滤分离后，仍为湿晶体（洗涤剂残留在晶体中），为便于干燥，洗涤后常用易挥发的溶剂（如乙醚、丙酮、乙醇、乙酸乙酯等）进行预洗。例如灰黄霉素晶体，先用 1∶1 的丁醇洗 2 次（大部分油状物色素可被洗去），再用 1∶1 乙醇预洗 1 次，以利于干燥。

(四) 影响结晶产品质量的因素

结晶产品的质量指标主要包括晶体的大小、形状和纯度三个方面。工业上通常希望得到粗大而均匀的晶体。晶粒过小带来的问题是单位体积晶体具有巨大的表面积，能吸附较多的杂质，从而造成晶体的纯度下降。晶粒过小的另一个问题是分离困难，使收率减少。因此较大的晶体利于固液分离和洗涤，可保证产品的纯度，而且粗大均匀的晶体在贮存过程中不易结块。但对于某些药物，则要求晶体细小，如非水溶性抗生素，需做成悬浮剂，因而要求晶体细小，使人体容易吸收。在结晶过程中，影响结晶产品质量的因素很多，可归纳为以下几个方面。

1. 结晶速率的影响

结晶速率由晶核形成速率和晶体生长速率决定，两者之间的关系是影响结晶颗粒大小的决定因素。若晶核形成速率远大于晶体生长速率，则晶核形成得很快，而晶体生长得很慢，晶体来不及长大，溶液浓度已降至饱和浓度，因此形成的结晶颗粒小而多。若晶核形成速率远小于晶体生长速率，则结晶颗粒大而少。晶核形成速率与晶体生长速率接近时，形成的结晶颗粒大小参差不齐。因此欲控制结晶的粒度大小，主要是控制晶核的形成速率和晶体的生长速率。

影响晶核形成速率和晶体生长速率的因素很多，结晶时如果过饱和度增加，可使成核速率和晶体生长速率增快，但成核速率增加更快，因而得到细小的晶体。当溶液快速冷却时，能达到较高的过饱和度，而使晶体较小；反之，缓慢冷却，常可得到较大的晶体。当溶液的温度升高时，使成核速率和晶体生长速率皆增快，但对后者的影响为更显著，因此低温得到的晶体较细小。另外，晶种能够控制晶体的形状、大小和均匀度，为此要求晶种首先要有一定的形状、大小，而且比较均匀。因此，适宜晶种的选择也是一个关键问题。

综上所述，如果使溶液缓慢冷却，溶液静置或缓慢搅拌，过饱和度控制较小，结晶温度较低，溶质的分子量较大，可使晶核形成速率降低，有利于晶体的生长，从而可得到较大颗粒的晶体。

2. 结晶产率的影响

结晶的产率决定于溶液的起始浓度和结晶后的最终浓度，即母液的浓度，而最终浓度由溶解度决定。大多数物质，温度越低，溶解度越小，母液中余留的溶质越少，则所得的结晶量就越多。但温度降低后，溶液中杂质的溶解度也降低，杂质随晶体一起析出的可能性增大，可能会降低结晶产品的纯度。同时母液黏度增大，影响晶核运动，会产生大量细微晶体，影响粒度均匀。

因此在要求高产率和高纯度之间，存在一定的矛盾，需找出一个平衡点。在纯度符合要求的情况下，力争尽可能多的产量。另外，为保证一定的纯度，不可能将所需的物质全部结晶析出，因此工业生产中，母液的回收利用也是必须考虑的问题。

3. 结晶工艺过程及操作条件的影响

在结晶工艺过程中，母液纯度是影响结晶产品纯度的一个重要因素。杂质分子存在于母液中，可影响结晶物质分子进行有规则的排列，使结晶困难或杂质长入晶粒中，影响产品纯度。一般情况下，溶液纯度越高，结晶越容易，结晶产品的纯度越高。因此，在结晶前需对溶液进行处理，以尽量减少杂质含量，如工业上常采用活性炭吸附杂质，再进行结晶操作。

晶体的分离与洗涤也是结晶过程中重要的单元操作之一，直接影响产品的纯度和收率。由于晶体表面都具有一定的物理吸附能力，可将母液中的杂质吸附在晶体上，晶体越细小，比表面积越大，表面自由能越高，吸附杂质越多；若晶体中含有母液而未洗涤干净，当进行干燥时，其溶剂气化，而杂质留在结晶中，造成结晶纯度降低。因此，影响结晶产品纯度的另一个重要因素是晶体和母液的分离是否完全。

结晶工艺过程控制对晶体的粒度、粒度分布、晶型和纯度都有较大的影响。一般情况下，粒度大而均匀的晶体比粒度小而参差不齐的晶体纯度高，质量好。另外，从不同的溶剂中结晶常得到不同的晶型，如光神霉素在乙酸戊酯中结晶，得到微粒晶体；而从丙酮中结晶，则得到长柱状晶体。溶液中杂质的存在也会影响到晶型，如普鲁卡因青霉素结晶中，作为消沫剂的丁醇存在会使晶体变得细长。

当采用不同结晶方法进行结晶时，虽然仍属于同一晶系，但其外形也可以完全不同。晶型的变化是因为在一个方向上生长受阻，或在另一方向上生长加速所致。通过各种途径可以改变晶体外形，如可采用控制晶体生长速率、过饱和度、结晶温度、选择不同的溶剂、溶液pH值的调节和有目的地加入某种能改变晶型的杂质等方法。如果只能在过饱和度超过亚稳区的界限后才能得到所要求的晶体外形，则需采用向溶液中加入抑制晶核生成的添加剂，以获得所需的晶型。

当结晶速率过快时（如过饱和度较高，冷却速率较快），除使晶粒细小外，还常发生若干晶体颗粒聚结在一起形成"晶簇"的现象，"晶簇"可将母液等杂质包藏在内，不易洗去。在结晶操作时，为防止"晶簇"产生，可以进行适度搅拌。

4. 晶体结块

晶体的结块给使用带来不便。晶体的结块主要是由物理或化学原因所致。物理原因是由于晶体与空气之间进行了水分交换。如果晶体是水溶性的，则当某温度下空气中的水蒸气分压大于晶体饱和溶液在该温度下的平衡蒸气压时，晶体就从空气中吸收水分，在晶粒表面上形成饱和溶液；当空气中的湿度降低时，水分蒸发，在晶粒相互接触点上形成晶桥而粘连在一起。化学原因是由于晶体与其存在的杂质（如未洗净的母液）或空气中的氧、二氧化碳等产生化学反应，或在晶粒间的液膜中发生复分解反应，其反应的产物溶解度较低而结晶析出，从而导致结块现象的发生。

粒度不均匀的晶体，隙缝较少，晶粒相互接触点较多，因而易结块；均匀整齐的粒状晶体，结块倾向较小，即使发生结块，由于晶块结构疏松，单位体积的接触点少，结块易碎，所以晶体粒度应力求均匀一致。

另外，贮存环境对结块也有影响。空气湿度高会使结块严重；温度高可增大化学反应速率，使结块速度加快。晶体受压，一方面使晶粒紧密接触而增大接触面，另一方面对其溶解度也有影响，因此压力增加导致结块严重。随着贮存时间的增长，结块现象也趋于严重，这是因为溶解及重结晶反复次数增多所致。因此结晶产品应贮藏在干燥、密闭的容器中。

5. 重结晶

由结晶获得的产物通常应该是很纯的，但实际上，晶体中总是难免有杂质夹带在其中。杂质产生的原因主要包括：某些杂质与产物的溶解度相近，产生共结晶现象；有些杂质会被结合到产品的晶格中；因洗涤不完全，而使晶体上带有母液和杂质。因此需要重结晶，以提高产品的纯度。

重结晶是将晶体用适合的溶剂溶解后再次结晶的过程，它可提高产品纯度。重结晶是利用杂质与结晶物质在不同溶剂和不同温度下的溶解度不同，来达到物质的分离与纯化。重结晶的关键是选择适合的溶剂，选择溶剂的原则为：溶质在某溶剂中的溶解度随温度升高而迅速增加，当冷却时可析出大量结晶；溶质易溶于某一溶剂而难溶于另一溶剂，且两溶剂互溶，通过两溶剂的比例来调节控制溶质的溶解与结晶。两溶剂的混合比例需由实验确定，其方法是将溶质溶于溶解度较大的一种溶剂中，将第二种溶剂加热后缓慢加入，至结晶刚出现（溶液开始浑浊）为止，然后冷却放置一段时间，使结晶析出。

三、结晶操作及设备

在实际生产中，结晶操作方式多种多样，结晶设备结构各异。通常根据产生过饱和度的方式不同，将结晶方法与结晶设备分为冷却结晶、蒸发浓缩结晶、蒸发绝热结晶、反应结晶、盐析结晶等。根据结晶操作方式不同，分为间歇结晶（又称分批结晶）、半连续结晶和连续结晶。根据结晶设备结构不同，分为搅拌式和无搅拌式、母液循环式和晶浆循环式等。

（一）结晶操作方式

1. 间歇操作（分批结晶）

分批结晶过程是分步进行的，各步之间相互独立。一般情况下，分批结晶操作过程包括：

① 结晶器的清洗；

② 将物料加入结晶器中；

③ 用适当的方法产生过饱和；

④ 成核和晶体生长；

⑤ 晶体的排出。

其中③、④是结晶过程控制的核心，其控制方法和操作条件对结晶过程影响很大。下面以冷却结晶为例，分析冷却速率和有无晶种对结晶过程的影响规律。

如图 4-5(a) 所示为不加晶种而迅速冷却的过程。当将溶液快速冷却时，溶液状态很快穿过介稳区而到达过饱和曲线处，从而出现初级成核现象，大量微小的晶核骤然产生，晶体来不及生长，而溶液的过饱和度迅速降低，使结晶过程无法控制，造成产品质量和结晶收率都较差。

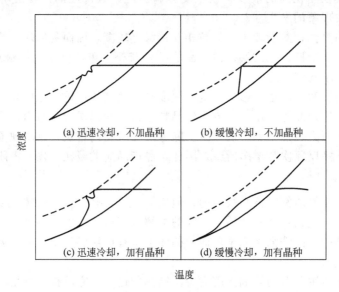

图 4-5　冷却结晶的操作方式

如图 4-5(b) 所示为不加晶种而缓慢冷却的过程。当缓慢冷却溶液时，溶液状态也会穿过介稳区而到达过饱和曲线处，以初级成核的方式产生较多的晶核，使溶液的过饱和度因成核而迅速消耗，溶液状态很快回到介稳区。在介稳区，由于晶体生长，过饱和度逐渐降低，此种结晶方法对结晶过程的控制作用有限。

如图 4-5(c) 所示为加有晶种而迅速冷却的过程。当溶液迅速冷却后，其状态一旦越过溶解度曲线进入介稳区后，在结晶推动力（过饱和度）的作用下，晶种开始长大，即溶质逐渐析出，而处于介稳区内溶液的浓度有所下降，但因冷却速率过快，溶液状态仍可很快到达过饱和曲线，而不可避免地产生一次成核现象，使晶核数量增大，晶体细小。

如图 4-5(d) 所示为加有晶种而缓慢冷却的过程。因溶液中有晶种存在，且降温速率得到控制，使溶液始终保持在介稳状态，而不会发生初级成核现象，其晶体生长速率可完全由冷却速率加以控制。

对于蒸发或真空冷却等方法的分批结晶，其操作调节和控制方法对结晶过程的影响规律与冷却法相同。

分批结晶过程具有结晶设备结构简单、各步操作条件较易控制的特点，因此能生产出指定浓度、粒度分布及晶型的合格结晶产品，但其操作成本较高，产品质量的稳定性较差。对于制药工业，由于药品的生产批量小，多为间歇操作，因此结晶操作也多采用分批结晶，以便于批间对设备进行清洗，并可防止批间污染，从而保证药品的高质量。

2. 连续操作结晶

当生产规模大至一定水平时，采用连续结晶操作更为合理。连续操作具有以下优点。

① 冷却法及蒸发法（真空冷却法除外）采用连续结晶操作费用低，经济性好。如谷氨酸冷冻等电点结晶时，可用低温的废母液冷却发酵液，以节约冷冻量。

② 结晶工艺简单，相对容易保证质量。

③ 生产周期短，节约劳动力费用。

④ 结晶设备的生产能力可比分批操作提高数倍甚至数十倍，相同生产能力则投资少，占地面积小。

⑤ 操作参数相对稳定，易于实现自动化控制。

但连续结晶也有缺点，使得人们在许多时候宁愿采用分批操作。其缺点为：换热面和器壁上容易产生晶垢并不断累积，使运行后期的操作条件和产品质量逐渐恶化，清理机会少于间歇操作；与操作良好的分批结晶相比，产品平均粒度较小；操作控制要求严格，比分批结晶难控制。

在连续结晶过程中，料液不断地被送入结晶器中，首先用一定方法形成过饱和溶液，然后在结晶室内同时发生晶核形成过程和晶体生长过程，其中晶核形成速率较难控制，使晶核数量较多，晶体大小不一，需采用分级排料的方法，取出合乎质量要求的晶粒。为了保证晶浆浓度、提高收率，常将母液循环使用。因此，在连续结晶的操作中往往要采用"分级排料"、"清母液溢流"、"细晶消除"等技术，以维护连续结晶设备的稳定操作、高生产能力和低操作费用，从而使连续结晶设备结构比较复杂。下面介绍连续结晶工艺过程中特有的操作。

（1）分级排料　该操作方法常被混合悬浮型连续结晶器采用，以实现对晶体粒度分布的调节。含有晶体的混合液从结晶器中流出前，先使其流过一个分级排料器，分级排料器可以是淘析腿、旋液分离器或湿筛，它可将大小不同的晶粒分离，其中小于某一产品分级粒度的晶体被送回结晶器继续长大，达到产品分级粒度的晶体作为产品排出系统，因此分级排料装置是控制颗粒大小和粒度分布的关键。

（2）清母液溢流　是调节结晶器内晶浆密度的主要手段。从澄清区溢流出来的母液中，总是含有一些小于某一粒度的细小晶粒，所以实际生产中并不存在真正的清母液，为了避免流失过多的固相产品组分，一般将溢流出的带有细晶的母液先经旋液分离器或湿筛分离，然后将含有较少细晶的液流排出结晶系统，含有较多细晶的液流经细晶消除后循环使用。

（3）细晶消除　在工业结晶过程中，由于成核速率难以控制，使晶体数量过多，平均粒度过小，粒度分布过宽，而且还会使结晶收率降低。因此，在连续结晶操作中常采用"细晶消除"的方法，以减少晶体数量，达到提高晶体平均粒度，控制粒度分布，提高结晶收率的目的。常用的细晶消除方法是根据淘析原理，在结晶器内部或下部建立一个澄清区，晶浆在此区域内以很低的速度上流，由于粒度大小不同的晶体具有不同的沉降速率，故较大的晶粒沉降下来，而较小的晶粒则随流体上流回到结晶器的主体，其中一部分晶浆循环使用，其中小的晶粒作为晶核，继续生长。还有一部分含细小晶粒的晶浆则从澄清区溢流出来，进入细晶消除系统，采用加热或稀释的方法使细小晶粒溶解，然后经循环泵重新回到结晶器中。"细晶消除"有效地减少了晶核数量，从而提高了结晶产品的质量和收率。

从另一角度看，分级排料和清母液溢流的主要作用是使粒度大小不同的晶粒和液相在结晶器中具有不同的停留时间。在具有分级排料的结晶器中，粒径相近的晶体可同时排出，从而保证了粒度分布。在无清母液溢流的结晶器中，固液两相的停留时间相同，而在具有清母液溢流的结晶器中，固相的停留时间比液相长数倍，从而保证晶粒有充足的时间长大，这对于结晶这样的低速过程有重要的意义。

(二) 典型结晶设备

结晶设备的操作，除了要满足产量的要求外，还必须满足结晶产品的质量要求，为此研制出了许多类型的结晶器，这里仅介绍几种典型的结晶设备。

1. 结晶罐

结晶罐是一类立式带有搅拌和冷却装置的、具有平盖和圆锥形底的罐式结晶器，采用夹套或蛇管进行加热或冷却，如图 4-6 所示。操作时，结晶和溶液从器底放出，为了避免器壁黏附结晶而影响传热，可在搅拌器上装耙子或刷子，以除去壁面上的结晶。搅拌器的作用主要是促使晶核的生成，同时加速传热，使溶液各处温度一致。此外，搅拌可促使晶体均匀生长，防止晶体聚集而形成"晶簇"。

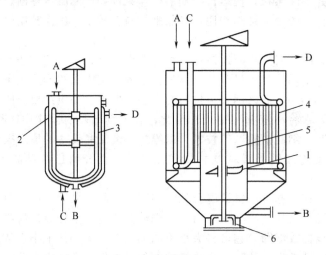

图 4-6　结晶罐结构示意

1—搅拌器；2—夹套；3—刮垢器；4—冷却器；5—导液筒；6—搅拌耙；

A—料液进口；B—晶浆出口；C—冷却剂入口；D—冷却剂出口

结晶罐的冷却速率可以控制得比较缓慢，结晶时间可以任意调整，因此可获得较大的、粒径均匀的结晶颗粒，但生产能力较低。操作时可分批进行，也可连续操作。连续操作时，可将几个结晶罐串联起来，溶液依顺序由一个结晶器流向另一个结晶器。

2. Krgstql-Oslo 结晶器

该类型结晶器是在 20 世纪 20 年代由挪威研制的，应用至今。我国药品生产中应用的类型主要有冷却式、蒸发式、真空蒸发式。其主要特点是巧妙地利用设备的结构将结晶的三个基本过程即过饱和度的形成、晶核形成、晶体的长大有机地结合起来，尤其是结晶的生长有足够的空间，因而可以得到较大的结晶颗粒，同时还可以连续生产。

（1）Krgstql-Oslo 冷却式结晶器　如图 4-7 所示。新鲜的物料由结晶器进液管加入，与结晶器内的溶液一起进入循环管，该物料接近饱和状态；经冷却器，溶液达到过饱和，过饱和溶液在放空管的作用下进入结晶器底部，在过饱和溶液上升的过程中，结晶析出，溶液过饱和度降低；溶液逐渐上升到溢流口后，一部分与新鲜料液混合进入循环管，另一部分母液被连续地或不定期地取出；经过滤或沉降等方法分离，除去其中的细晶，或采用加热助溶的办法，消除细小结晶后，可作为原料重新返回结晶器，其目的是减少结晶器内的晶体颗粒总数，以利于晶体的生长。在结晶器内，由于重力作用和溶液自底部向上运动的作用，大于某一直径的晶粒沉降在结晶器的底部，而细小的晶粒随溶液向上流动，在整个结晶器的液层内，由下而上颗粒由大到小进行分布。沉降在结晶器底部的大晶体被抽出，经母液分离，获得结晶产品。

（2）Krgstql-Oslo 蒸发结晶器 又称生长型结晶蒸发器。对于溶质溶解度随温度变化不大，或单靠温度变化进行结晶时，结晶率较低的情况，就需采用除去部分溶剂即蒸发法进行结晶。蒸发的目的是使溶液达到过饱和状态，便于进一步的结晶操作。而传统的蒸发器较少考虑结晶过程的规律，往往对结晶的析出考虑较多，而对结晶的生长极少考虑。随着人们对结晶操作认识的逐步深化，才开始重视在蒸发操作及设备中对结晶过程的控制做相应的研究。Krgstql-Oslo 蒸发结晶器就是以结晶为主、蒸发为辅的一套装置。

如图 4-8 所示为 Krgstql-Oslo 蒸发结晶器，由蒸发室、结晶器、加热器等部分组成。物料由进料口加入，在循环加热器内被蒸汽加热，经回流管由蒸发器入口进入蒸发器。在蒸发室内，排出气化的溶剂，从而产生过饱和。过饱和度由加热蒸汽量控制。过饱和溶液沿中心管流入到结晶器底部过饱和溶液入口，在过饱和溶液上升的过程中（结晶器生长段），过饱和度逐渐降低，而晶粒逐渐长大，同时晶粒在结晶器内分级沉降，较大的晶粒从产品取出口取出，经固液分离得到湿产品，母液返回结晶器。该类型的结晶器除采用上述分级操作外，还可采用晶浆循环式操作，其要点是在结晶器内采用加大循环流速的方法，以保持较高的晶浆浓度。

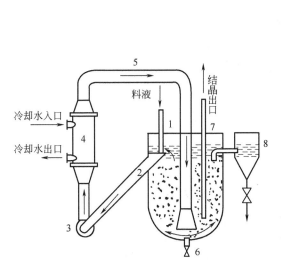

图 4-7 Krgstql-Oslo 冷却式结晶器

1—结晶器进液管；2—循环管入口；3—主循环泵；
4—冷却器；5—过饱和溶液吸入管；6—放空管；
7—晶浆取出管；8—细晶捕集器

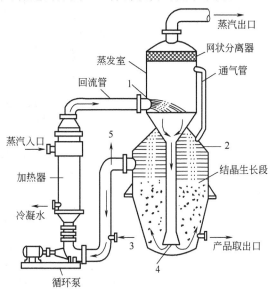

图 4-8 Krgstql-Oslo 蒸发结晶器

1—蒸发器入口；2—结晶器；3—进料口；
4—过饱和溶液入口；5—结晶器循环液出口

Krgstql-Oslo 结晶器的特点是过饱和度产生区域与晶体生长区域分在两处，从而为晶体生长提供了一个有利条件。

3. DTB 型结晶器

又称"导流式"结晶器。如图 4-9 所示为 DTB 型结晶器。新鲜物料从进料口加入，与循环物料一同进入到加热器中，经蒸汽加热后的物料被送到结晶器内；在螺旋桨的作用下，溶液由中心导流筒上升至蒸发液面，溶剂蒸发气化，而使液面处的溶液达到过饱和状态；而后过饱和溶液沿导流筒与环形挡板形成的晶体生长区向下流动，过饱和度逐渐降低，晶体逐渐长大；随后溶液在环形挡板与器壁间的环隙内澄清、沉降，含有细晶体的母液经循环管循环，颗粒较大的晶粒沉降在淘析腿内，淘析腿的作用是除去细晶，使产品粒径均匀，由底部排出的晶浆经固液分离后，可获得满足质量要求的湿晶体。

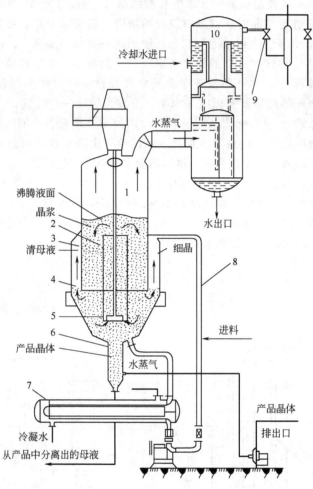

图 4-9　DTB 型结晶器

1—结晶器；2—导流筒；3—环形挡板；4—澄清区；5—螺旋桨；

6—淘析腿；7—加热器；8—循环管；9—喷射真空泵；10—大气冷凝器

　　DTB 型结晶器的结构特点是器内设置螺旋桨及导流筒，可在低动力作用下形成良好的循环状态，使晶浆浓度和过饱和度均匀，能形成较大的晶粒。DTB 型结晶器是一种性能良好，生产能力大，器内不宜形成晶垢的高效、连续的结晶器，在制药工业中应用较多。

（三）结晶操作的基本计算

1. 结晶产量的计算

　　根据质量守恒定律，对结晶器进行总物料衡算：

$$G_1 = G_2 + G_3 + W$$

对溶质进行物料衡算：

$$G_1 x_1 = G_2 x_2 + G_3 x_3$$

式中　G_1——进入结晶器的物料量；

　　　G_2——自结晶器取出的结晶量；

　　　G_3——自结晶器取出的母液量；

　　　W——结晶器蒸发走的溶剂量；

　　　x_1——进入结晶器的物料中溶质的浓度；

　　　x_2——自结晶器取出的结晶中溶质的浓度；

　　　x_3——自结晶器取出的母液中溶质的浓度。

两式联立求解，可得结晶产量计算式：

$$G_2 = \frac{G_1 (x_1 - x_2) + W x_2}{x_2 - x_3}$$

也可根据欲得的结晶产量 G_2，求得需蒸发的溶剂量 W。

对于结晶器不蒸除溶剂的情况，$W = 0$，则

$$G_2 = \frac{G_1 (x_1 - x_2)}{x_2 - x_3}$$

2. 冷却水用量的计算

根据能量守恒定律，对结晶器进行热量衡算。

进入结晶器的热量如下。

（1）随原料液带入的显热 q_1　　　　$q_1 = G_1 c_1 T_1$

（2）结晶热 q_2　　　　　　　　　　$q_2 = G_2 \Delta H_{晶}$

（3）因加热而传给溶液的热量 q

离开结晶器的热量如下。

（1）随母液带出的热量 q_3　　　　　$q_3 = G_3 c_3 T_2$

（2）随晶体带出的热量 q_4　　　　　$q_4 = G_2 c_{晶} T_2$

（3）随溶剂蒸气带出的热量 q_5　　　$q_5 = W r$

（4）冷却水带走的热量 q_6　　　　　$q_6 = G_{水} c_{水} (t_2 - t_1)$

（5）结晶器向周围环境散失的热量 $q_{损}$

式中　T_1——待结晶溶液的温度；

　　　T_2——晶体与母液离开结晶器时的温度；

　　　c_1——待结晶溶液的平均比热容；

　　　$c_{晶}$——晶体的平均比热容；

　　$\Delta H_{晶}$——晶体的结晶热；

　　　c_3——母液的平均比热容；

　　　$G_{水}$——冷却水用量；

　　　$c_{水}$——冷却水的平均比热容。

根据热量守恒定律：

$$q_1 + q_2 + q = q_3 + q_4 + q_5 + q_6 + q_{损}$$

结合具体结晶情况，可以简化上式并进行计算。如当冷却结晶，不移出溶剂时，其结晶过程中 $q = 0$，$q_5 = 0$，$q_{损} = 0$，则

$$q_1 + q_2 = q_3 + q_4 + q_6$$

3. 结晶设备容积和尺寸的计算

设备的生产能力 G 为：

$$G = \frac{V\rho\varphi w}{t}$$

式中　V——结晶设备总体积；

　　　ρ——溶液的密度；

　　　φ——结晶设备最终的充填系数，对于煮晶锅一般为 $0.4\sim0.5$；

　　　w——结晶溶液中晶体的质量分数；

　　　t——每批结晶操作的总时间。

所以完成一定生产任务所需结晶设备的体积为：

$$V = \frac{Gt}{\rho\varphi w}$$

计算出整个设备体积后，即可根据选定设备的形式来确定设备的其他尺寸，如采用球形底的煮晶锅，φ 取 0.5，则

$$V = \frac{Gt}{\rho\varphi w} = \frac{2Gt}{\rho w} = V_1 + V_2 = \frac{1}{12}\pi D^2 + \pi D^2 H$$

一般煮晶锅的高（H）与直径（D）之比 $H/D = 2\sim3$，当取 2.5 时，

$$D = 3\sqrt{\frac{24Gt}{31\pi\rho w}}$$

计算直径 D 后，需验算蒸发器内二次蒸汽流速是否在 $1\sim3\text{m/s}$ 范围。当蒸汽流速过大时，雾沫夹带严重，需要修正直径 D。

任务 4.3　企业生产操作规程及解读

一、青霉素钾工业盐共沸结晶操作规程

1. 工艺过程概述

把稀释液通过减压共沸结晶使青霉素从溶液中结晶析出，经过洗涤、抽滤、干燥，得到高纯度的成品青霉素钾工业盐。图 4-10 所示为青霉素钾工业盐共沸结晶工艺流程图。

图 4-11 所示为结晶罐示意图。

2. 工艺控制指标

项　　目	控制指标
结晶真空度	$\geqslant 0.090\text{MPa}$
养晶时间	$30\text{min}\pm10\text{min}$
终点母液水分	$0.5\%\sim2.5\%$

3. 结晶操作

（1）结晶前准备

① 检查：检查安全罐及收集罐罐底放料阀门已关闭，检查冷却水进、出阀门已关闭，开机械搅拌，调搅拌频率（23 ± 2）Hz，通知真空泵人员开启结晶系统真空泵，真空泵操作参见《水环式真空泵标准操作规程》。打开收集罐及安全罐上的真空阀门至最大。

子要回收，严禁用水冲洗。挖粉完毕后取一试管湿粉送至化验室。

二、青霉素钾工业盐共沸结晶操作规程解读

（1）检查 检查结晶罐罐底放料阀门已关闭，防止未关闭而使所有料液进入下水道，造成生产事故。检查结晶罐罐温在 35℃ 以下，接料时间一般为 30~60min，温度过高青霉素热降解速度过快，产品质量差，收率低。

（2）结晶前准备 调搅拌频率（23±2）Hz。因结晶过程中搅拌速率对晶形及收率有极大影响，因此共沸结晶的搅拌要求无级调速。转速的设定先进行计算机模拟，再通过实验室条件优化，经大生产几批后才能确定。

（3）压顶洗 顶洗是指用空白丁醇（配一定量的水）将管道及过滤器内的料液送到结晶罐内。

（4）共沸 结晶过程中，真空度是基本条件之一，若真空度达不到要求，会出现结晶时间过长，甚至无法结晶而造成料液报废的生产事故。控制结晶罐真空度达到 0.090MPa；真空度大比较好，但太大真空度，设备投资过大。在工艺上过大的真空度也会造成收率损失。

① 温度（气温）控制：在真空度符合工艺要求的前提下，温度调控越平稳，产品质量与收率均有明显提高，调控的平稳程度是生产经验的体现之一。养晶时，调低搅拌与温度可以减少蒸发速度，稳定晶核的产生数量。若晶核数量过多，也可以加入少量的水来消除。

② 丁醇补加量的控制：罐内液面可基本保持不变的原因是：维持单位体积内晶体的数量；当出现晶簇时，可使产品质量下降。

（5）结晶 出现晶体后的操作重点是稳定晶核数量，减少晶体生成速率，提高产品质量。出晶前后料液会发生变化，主要凭经验的积累。出晶前料液为均相溶液，从视镜观察时如同用比色管测定色级，料液颜色比较深。出晶后，料液为非均相，有晶体产生，因此颜色发白。

（6）结晶终点预测 常根据气相温度、馏液量预测终点。因丁醇与水形成共沸组成是恒定的，稀释液水分在一定范围内，冷凝液量也是一定的，一般达到经验要求时即可结束结晶。同理也可根据气相温度来判断结晶终点。

（7）影响共沸时间的因素 主要有批生产总亿、水分、蒸发量、冷凝量。因生产条件有一定的延续性，所以共沸时间是一定的。如果共沸时间过长，一般情况下是冷凝效果变差造成的，可以通过感知冷凝液的温度来判断。此时，必须通过清洗冷凝器来提高冷却速度。

（8）抽滤 检查抽滤器完好情况。检查滤布情况，若未铺滤布，或滤布有破损会出现漏晶现象，造成生产事故。观察料液抽干后，是否有分层现象，当出现分层是会造成泡洗不均匀，使洗涤效果变差。挖粉时尽量避免碰碰抽滤器内壁，以免药粉中出现微量的金属屑而影响产品质量。

任务 4.4 青霉素钾盐的酸化萃取与共沸结晶

【实训目标要求】
　　1. 能准确进行青霉素钾盐的酸化萃取操作；
　　2. 能熟练进行青霉素钾盐的共沸结晶操作；
　　3. 能分析影响产品质量的影响因素。

【实训原理】
　　青霉素是一种有机酸，易溶于醇、酮、醚和酯类等有机溶剂，在水中的溶解度很小，且

迅速丧失其抗菌能力。其盐易溶于水、甲醇等，而几乎不溶于乙醚、氯仿或醋酸戊酯，微溶于乙醇、丁醇、酮类或醋酸乙酯中，但如果此类溶剂中含有少量水分，其在该溶剂中的溶解度就大大增加。

青霉素钠盐的吸湿性较强，其次为胺盐，钾盐的吸湿性最弱，因此青霉素工业盐均为钾盐，其生产条件要求较低，易于保存。但青霉素钾盐在临床的肌肉注射中较疼，而青霉素钠盐的疼痛感较轻。因此，临床应用中，需将青霉素钾盐转化为钠盐。

青霉素只能以某种状态存在时，才能从水相转移到酯相，或从酯相转入水相。所以选择合适的 pH 值，使其处于合适状态是十分关键的。如 pH＝2.0～2.2 时青霉素以游离酸状态由水相转移至丁酯相，而在 pH＝6.8～7.2 时以成盐状态由酯相进入缓冲液（水相）。另外 pH 值还影响分配系数 K 值的大小和抗生素的破坏程度，进而影响到收率与产品质量。pH 过低，青霉素会降解为青霉烯酸；过高时，会生成青霉噻唑酸。在生产中，应控制 pH 为 2.0～2.2。

【实训准备】

1. 实训药品

实训药品	规　格	用　量
硫酸	10%	适量
青霉素钾盐	工业品	20g
丁醇	分析纯	50mL
蒸馏水	自购	适量
碳酸钾	30%	50mL
精密试纸	pH 0.8～2.4	3条
精密试纸	pH 5.4～7.0	3条

2. 实训仪器

实训仪器	规　格	用　量
烧杯	250mL	3
分液漏斗	250mL	1
玻璃棒		1
旋转蒸发器		1

【实训步骤】

1. 酸化

用天平称量 20g 青霉素工业盐，放入烧杯中。在磁力搅拌器下，加入 50mL 的蒸馏水溶解。溶液呈透明，无颗粒。加入 20mL 的丁酯，调大搅拌。滴加 10% 的硫酸，注意加入速度一定要缓慢，以白色絮状物质不产生为宜。用试纸测 pH，在 2.0 左右结束。移入分液漏斗中，静置 5min。将重相分入烧杯中，轻相入另一烧杯中。

重相计量体积，并做好记录。加入 20mL 的丁酯，进行第二次萃取。再次记录重相体积。将重相 pH 值调至中性，倒入下水道。

收集两次轻相，计量体积。

2. 反萃

在磁力搅拌器下，向轻相中，滴加 30% 的碳酸钾溶液，缓慢加入。不断用试纸，测量水相 pH 值在 6.8 左右。

移入分液漏斗中，静置 5～10min。将重相分入烧杯中，轻相倒入回收瓶中。

重相加入 20mL 丁醇，形成稀释液。

3. 减压共沸

将稀释液转移到梨形瓶内，用 10mL 的丁醇洗涤一次。将洗涤液加入到梨形瓶内。开真空泵，调节真空度在 0.095MPa。调节转速在适宜转速，使液体在瓶内形成薄膜。注意不能转速太快。调节加热温度在 40~50℃之间。

注意观察液体的澄明度，发现有混浊时，立即调低转速。养晶 5min。

养晶结束后，加入 10mL 的丁醇。继续蒸馏 15min。注意保持液体量。

停止加热。放掉真空。进行真空抽滤，干燥。并用显微镜观察晶体形状，并画出形状。

【实训注意事项】

1. 严禁用不合格的注射用水溶解青霉素钾工业盐。
2. 青霉素钾工业盐必须溶解完全，严禁溶解液发白或有颗粒。
3. 溶解过程中，尽量缩短溶解时间，溶解完后立刻进行萃取。

【研究与探讨】

1. 收率如何计算？
2. 结合有关内容，考虑实验室与大生产中有何不同？
3. 结晶与重结晶的作用有何不同？如何判断结晶终点？

【知识拓展】　结晶新技术

用超声波影响结晶行为的技术，称为声呐结晶。超声波能对成核作用和晶体生长两方面产生影响，使成核作用在低过饱和度时诱发，对于一次成核过程，它可作为初始成核作用的额外控制手段，并可提供对晶体尺寸分布的调节作用，声呐结晶是一种有效的、更加可控的、能够代替晶种的方法。对于二次成核过程，利于超声波可产生空穴作用的机理，即气泡空穴倒塌的强烈压力可以引起显著的二次成核。超声波影响晶体生长的机理虽不易理解，但是它可以明显地影响声响流动，为提高晶体表面近旁的质量传递创造条件。由于紧邻晶体表面的空穴作用，使热量高度集中，造成暂时的不饱和，从而提高晶体的纯度。

超临界结晶技术还处于萌芽状态，但经实验研究可以确认，超临界结晶技术拓宽了结晶的条件范围，其有吸引力的地方是产品可以从气态溶剂中轻易地分离出来，可通过两种途径来实现，利用超临界溶液快速膨胀，使溶解度降低而析出结晶。利用超临界流体作为反溶剂，类似于盐析结晶。这些技术的初始小规模结果是令人鼓舞的，然而存在规模放大的问题，还需要满足商品化的要求。

结晶过程的优化和新型结晶设备的设计也是结晶技术研究的一个方面，特别是在生物制药技术领域中，随着药物分子量的加大，立体结构的复杂，结晶过程远比一般分子物质困难得多，如分子纳入有序排列消耗较大，诱导期比较长，晶核形成与晶体生长都比较慢，因此从不饱和到过饱和的调节过程必须相应调整，否则易于生成无定型结晶或微细晶体，其表面积较大，从而使药物结晶表面吸附杂质多，同时也给分离造成很大的困难，收率下降，所以更应重视这方面的研究。

【能力拓展】

一、真空蒸发结晶制备阿司匹林湿晶体

【实训目标要求】

1. 掌握真空蒸发结晶的基本原理；
2. 熟悉不同操作条件对结晶产品质量的影响；

3. 了解真空蒸发结晶系统的组成、结构和应用；

4. 学会对真空蒸发结晶工艺过程进行控制；

5. 按照操作规程，能熟练进行真空蒸发结晶设备的开车、停车、取样和浓度测定等操作。

【实训原理】

利用热能使溶液中的溶剂蒸发，同时抽真空除去溶剂蒸气，以降低溶液沸点、提高溶液浓度，从而达到结晶目的的操作称为真空蒸发结晶。该法适用于溶剂沸点不太高的溶液。

【实训注意事项】

1. 严格控制实训过程中的加热温度和真空度。

2. 结晶过程中要注意巡检，发现异常情况要立即关闭导热油阀门和抽真空阀门，并找机修或电工修理。

3. 结晶中要注意检查真空表情况，如发现漏气（真空度不断降低），要立即停真空进行检查。

4. 要注意观测和控制结晶罐温度、分离器温度、溶液沸腾状况等参数，防止料液溢出而流失。

5. 导热油出口管路上的阀门⑩必须保持全开，否则可能损坏导热油泵的电机。

6. 操作前一定要检查各处阀门是否关闭，以防出现跑料现象。

【实训操作考核】

教师针对学生的操作过程关键点进行考核，主要包括：进入工作现场程序是否正确，是否检查各阀门、开关状态，真空蒸发结晶操作的阀门开关是否正确，原料液的配比和加量是否正确，启动泵操作是否正确，转速调节操作是否正确，是否观察液位计的液位，取样操作是否正确，浓度检测操作是否正确，是否按规定记录，停泵操作是否正确，料液排放是否正确，过滤分离操作是否正确，称量和计算是否正确，清场操作是否规范等。

【研究与探讨】

1. 影响结晶产品质量的因素有哪些？

2. 结合操作过程，说明如何调节结晶温度和压力。

3. 结合设备特点和操作过程，说明阀门⑩的作用。

4. 阀门⑩为什么必须保持全开？导热油流量调节通过哪些阀门来调节？如何调节？

5. 养晶阶段为什么降低搅拌速度？搅拌速度对晶体质量有哪些影响？

【能力提升】

1. 改变温度、真空度、搅拌速度等操作条件，找出最佳操作控制参数。

2. 总结真空蒸发结晶工艺优缺点。

二、冷却结晶制备阿司匹林湿晶体

【实训目标要求】

1. 掌握冷却结晶的基本原理；

2. 熟悉不同操作条件对结晶产品质量的影响；

3. 了解冷却结晶系统的组成、结构和应用；

4. 学会对冷却结晶工艺过程进行控制；

5. 按照操作规程，能熟练进行冷却结晶设备的开车、停车、取样和浓度测定等操作。

【实训原理】

大部分溶质的溶解度随温度降低而较小，利用降低温度的方法，使溶质在溶剂中的溶解

项目 5 ## 双锥真空干燥青霉素钾工业盐湿晶体

【知识与能力目标】

掌握干燥过程基本知识，掌握热干燥的基本原理；熟悉热干燥的工艺过程；了解典型干燥设备的结构特点。

能利用流体流动、传热和传质基本理论，分析影响干燥速率的因素；能结合具体干燥过程找出提高干燥速率和干燥产品质量的途径和方法。

任务 5.1　熟悉双锥真空干燥装置工艺流程

一、双锥真空干燥工艺装置

双锥真空干燥工艺流程如图 5-1 所示，主要包括：双锥真空干燥器 1 个，缓冲罐 1 个，冷凝器 1 个，真空泵 1 台，导热油加热器 1 个，并配有 1 个真空度表、多个阀门等。

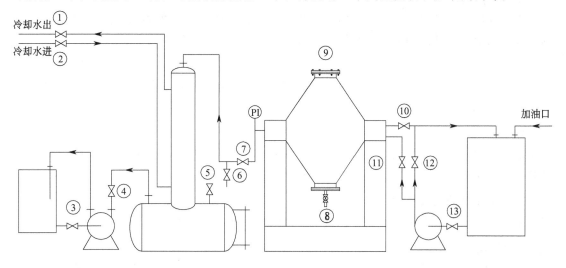

| 溢流槽 | SK型水环式真空泵 | 缓冲罐 | 双锥真空干燥机 | 导热油泵 | 导热油加热器 |

图 5-1　双锥真空干燥工艺流程示意图

二、双锥真空干燥操作规程

（一）操作前准备

① 检查导热油管道连接处是否泄漏，检查电控柜各仪表、按钮、指示灯是否正常。

② 启动电机空车运转，听噪声是否正常，若不正常，应检查噪声的来源，并加以排除。

③ 检查各阀门都处于关闭状态（阀门⑫必须保持全开）；检查双锥回转半径内不能有杂物。

④ 将溢流槽内注入自来水，水位要高于真空泵；打开溢流槽底部阀门③进行灌泵，开启真空泵，再打开阀门④，观察真空度数值，以确认管道连接处、填料函是否泄漏，进、出料口密封是否良好，真空表反应是否灵敏。

⑤ 检查双锥下端孔盖⑧应上紧，上端孔盖⑨打开。

⑥ 检查开关、电机接地及真空管道连接是否牢固，若有松动或脱落，要立即接牢。

⑦ 检查备料情况，确认物料的规格、数量符合实训要求。

（二）双锥真空干燥操作

1. 开启真空系统

关闭放空阀门⑤，开启真空泵，打开阀门④、⑦，使干燥容器内呈负压，以防止加料时药粉飞扬。

2. 投料操作

在电子秤上称量湿晶体，双人配合通过进料孔盖⑨，将需干燥的阿司匹林加入容器内（粉状、细小粒状、浆状物料均采用真空进料），拧紧加料盖上的螺栓。

3. 双锥干燥器运转

合上电源开关，按下电机工作电钮，双锥真空干燥器开始旋转，冷抽 10min，注意观察真空度，以确认设备密封状况。

4. 开启加热系统

打开阀门⑫，开启导热油泵，再打开阀门⑬、⑪、⑩，然后通过阀门⑪、⑫组合调节进入干燥器夹层内的导热油流量，以控制加热温度。开始进行真空加热干燥过程。

5. 真空干燥

操作中每隔 10min 记录一次真空度、温度等数值，根据温度变化判断物料的干燥情况。

6. 出料操作

物料干燥完成后，关闭导热油阀门⑩，关闭阀门⑫、⑬，关闭导热油泵；待物料冷却到常温后，关闭阀门④，关闭真空泵开关，打开放空阀⑤；关闭电机，双锥干燥器停止旋转，调整出料口位置，打开孔盖⑨，将干燥产品放入指定容器内。

7. 产品检测与包装

取样检测物料中的水分含量，合格后进行过筛、称量、包装等操作。

（三）清场操作

① 操作结束后，将一定量的水加入到双锥干燥器内进行清洗，清洗废液从端盖口排出。
② 擦净所用设备，洗净所用器具。
③ 打开各设备、管路的排污阀，放净所有液体物料。
④ 整理操作现场，将废弃物放置于指定地点。

任务 5.2　搜集干燥相关知识和技术资料

在制药生产过程中，有些固体原料、中间体和成品中常含有或多或少的湿分（水分或其他溶剂），为了降低物料的质量和体积，便于加工、运输、贮存和使用，需将物料中的湿分

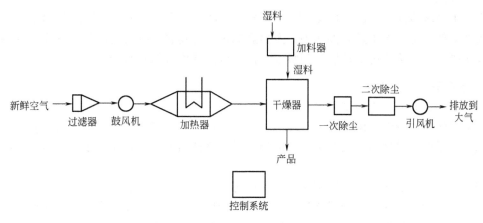

图 5-2 热干燥的基本工艺过程

料称为返料。返料的目的是降低进口湿物料的湿度。若进口湿物料的湿度较大，可能造成物料黏度增加，在干燥过程中可能发生物料结球或结疤现象，也可能因湿度较大而造成出料温度低，达不到产品质量的要求。采用返料方式进行操作，可以达到干燥操作的要求，返料的比例需根据实际情况确定。

三、热干燥过程分析

热干燥过程十分复杂，涉及传热、传质等多种过程。当固体湿物料与干燥介质接触时，由于湿物料表面湿分的蒸气压大于干燥介质中湿分的蒸气分压，湿分将不断地向干燥介质中扩散，湿物料表面的湿分则不断气化，从而使湿物料表面的湿分含量降低。湿物料表面与内部间就会形成湿度差，于是物料内部的水分借扩散作用向其表面移动，因此只要表面气化过程不断进行，干燥介质连续不断地将气化的湿分带走，最终可达到干燥的目的。

总之，干燥过程的实质是：湿分从湿物料内部向表面扩散的过程，即内部扩散过程；表面湿分由液相气化而转移到气相的过程（加热气化过程），即表面气化过程；湿气被干燥介质带出的过程。

1. 干燥速率和干燥速率曲线

干燥速率 U 是衡量干燥操作的一个重要指标。干燥速率是指在单位时间、单位干燥面积上所能气化的湿分量。在干燥过程中，虽然内部扩散与表面气化同时进行，但在干燥过程的不同时期，两者的速率并不相同。通过大量实验数据的归纳分析，可得出在一定干燥条件下典型的干燥速率曲线，如图 5-3 所示。由干燥曲线可看出，若不考虑干燥开始时短时间的预热阶段（AB 段），干燥过程可明显地分为两个阶段，恒速干燥阶段和降速干燥阶段。

恒速干燥阶段如图 5-3 中的 BC 段，此阶段的内部扩散速率大于或等于表面气化速率，其干燥速率保持恒定，与湿物料的种类、湿含量无关，主要影响因素是干燥介质的流速、湿度、温度等与表面气化过程有关的外部条件，故又称为表面气化控制阶段，此阶段主要除去

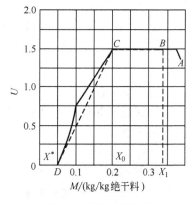

图 5-3 干燥速率曲线

非结合水分。

降速干燥阶段如图 5-3 中的 *CD* 段，此阶段的内部扩散速率小于表面气化速率，其干燥速率逐渐降低，与外部干燥条件无关，主要影响因素是物料本身的含湿量、性质、结构、形状和大小等，故又称为内部扩散控制阶段，此阶段主要除去结合水分。

2. 影响干燥速率的因素

影响干燥速率的因素很多，可归结为以下几个方面。

（1）湿物料的特性　　湿物料的物理结构、化学组成、形状和大小、湿分与物料的结合方式等都直接影响干燥速率。最初湿物料的湿度、最终产品的湿分含量要求决定着干燥时间的长短。

（2）干燥介质的状态　　描述干燥介质的状态参数主要有湿度、相对湿度、干球温度和湿球温度等。干燥介质一般选用湿空气，由湿空气的性质可知，温度升高，相对湿度降低，传质推动力增大，干燥能力增强；并且温度升高，传热推动力增大，提供的热能增多，使湿分气化速率增大。总之，提高干燥介质的温度，可提高传热、传质的推动力，有利于干燥过程的进行。另外，干燥介质的温度升高，吸收水气的能力增大，可以带出较多的湿气，但应以不损害被干燥物料的品质为原则。对于热敏性物料和生物制品，更应选择适合的干燥温度和操作方式。

（3）干燥操作条件和方式　　进入干燥器的物料温度越高，则干燥速率越大；增大干燥介质的流动速率，也可增大干燥速率。湿物料与干燥介质的接触情况对干燥速率的影响至关重要，湿物料的厚度越薄，接触面积越大，则干燥速率越快；干燥介质的流动方向若与湿物料的气化表面垂直，则干燥速率较大。

（4）干燥设备的结构形式　　在工业生产中，干燥操作都是在干燥设备内完成的，许多干燥设备都是综合考虑上述各项影响因素，针对生产对干燥设备的要求进行设计制造的。不同结构形式的干燥设备，干燥效率不同。

四、热干燥设备

由于药品生产中所处理的物料种类多，特性差异大，对干燥程度的要求不同，生产能力的大小不同，使得所采用的干燥设备的形式和干燥操作方式多种多样。干燥设备采用的供热方法不同，干燥设备内干燥介质与物料的运动状态不同，使得干燥设备的结构类型差异很大。

根据湿物料在干燥过程中的运动状态不同，可分为静态干燥器和动态干燥器两大类。在静态干燥器内进行干燥时，物料处于静止状态，形态不会被破坏；而在动态干燥器内进行干燥时，物料不停地翻转，干燥更均匀。根据干燥器的构造不同可分为厢式干燥器、带式干燥器、真空干燥器、气流干燥器、流化床干燥器、双锥回转干燥器等多种类型，还有许多新型干燥技术和设备不断被开发应用。

1. 对干燥设备的要求

① 要保证药品的工艺要求，即能达到指定的干燥程度，干燥要均匀。

② 必须满足产品质量的要求，如有些产品要求保持结晶形状，有些产品要求在干燥过程中不能龟裂变形等。

③ 干燥速率要高，可缩短干燥操作时间，减小设备尺寸，提高干燥生产效率。

④ 干燥设备的热效率要高，因干燥操作中热量的利用程度是一个重要的技术经济指标。

⑤ 干燥系统的流体阻力要小，可以减小输送能耗，降低生产成本。

⑥ 干燥设备要耐腐蚀，药品质量控制很严格，微量的腐蚀也会造成产品的不合格。

⑦ 操作控制要方便，劳动条件要保持良好，附属设备要尽量简单。

对于一台干燥设备，同时满足上述各项要求是比较困难的，但这些要求常作为干燥设备的评价依据。

2. 典型的热干燥设备

（1）厢式干燥器　是指外形像箱子的干燥设备。干燥器外壁由绝热材料制成，以减少热量损失，内部结构则多种多样，一般采用多层固定支架式结构，如图 5-4 所示为厢式干燥器结构示意。

干燥操作时，空气由风机送入预热器加热至一定温度，然后从多层盘上的湿物料表面流过，湿分气化后由空气带走，物料被干燥。由于厢内被干燥的物料是静止的，物料同气流间的接触面积小，使干燥速率较低，干燥时间较长，而且干燥产品的湿含量不太均匀。另外，厢式干燥器的生产能力较小，热利用率差，但其设备结构简单，适应性强，各种状态的物料均可用它来干燥，因此在制药工业中应用较广。

（2）喷雾干燥器　喷雾干燥是将溶液、浆液或悬浮液等物料喷成雾状细滴而均匀分散于热气流中，使湿分迅速蒸发，达到干燥的目的。喷雾干燥流程示意如图 5-5 所示。

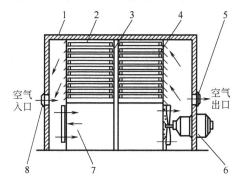

图 5-4　厢式干燥器结构示意

1—外壁；2—物料盘；3—固定支架；
4—调节叶片；5—空气出口；6—风
机；7—加热器；8—空气入口

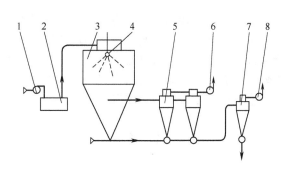

图 5-5　喷雾干燥流程示意

1—鼓风机；2—空气加热器；3—喷雾干燥塔；
4—雾化器；5,7—旋风除尘器；6,8—抽风机

喷雾干燥器由液体雾化器、干燥塔、热风系统和气固分离系统组成。雾化器将物料分散成微小的液滴，在干燥塔内，微小的液滴被干燥介质加热，湿分气化而物料被干燥，经气固分离得到干燥产品。

在喷雾干燥器内，由于喷出的液滴均匀分散在热的干燥介质中，传热、传质面积较大，干燥时间很短（一般为 5～10s），干燥速率非常快，可用于热敏性和易分解物料的干燥。而且，所获得的干物料呈粉末状态（一般为 $30～500\mu m$ 的粒状产品），无需再经粉碎处理。另外，在喷雾干燥器可同时完成造粒、干燥及固体物料的分离等一系列过程，因而在药品生产中得到广泛应用，如链

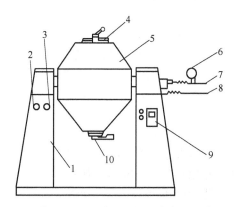

图 5-6　双锥真空干燥器结构简图

1—机座；2—温度表；3—真空表；4,10—大端
盖；5—罐体；6—进水（汽）温度表；7—进
水口；8—回水口；9—电气控制器

霉素、庆大霉素或中药提取浓缩液的干燥，但喷雾干燥设备尺寸大，热能和机械能消耗大。

（3）双锥真空干燥器   其主体为一个双锥形、带有夹套的回转罐体，如图5-6所示。双锥真空干燥器的内胆采用不锈钢或工业搪瓷制成，罐体的夹层中通入蒸汽或热水，用于提供湿分气化所需的热能。

双锥真空干燥工艺示意如图5-7所示。罐体低速回转，同时通入加热剂，固体物料在其内部不断被翻动，从而使物料受热均匀，湿分不断气化，气化的湿分被真空装置抽走，同时降低了罐内的压力，湿分沸点降低，干燥速率提高。

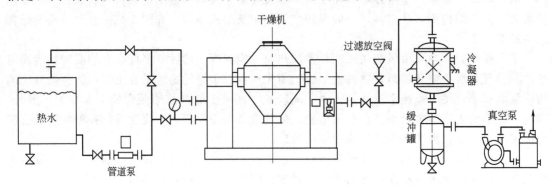

图 5-7   双锥真空干燥工艺示意

双锥真空干燥器具有结构紧凑、运转平稳、操作简便、热利用率高、易于清洗消毒等特点。由于在真空状态下操作，干燥温度较低，适用于热敏性药物的干燥，且干燥产品的含水量可以降到很低，能满足药品质量的要求。另外，在密闭条件下进行干燥，对易氧化药品的干燥非常有利，同时还可回收有机溶剂或有毒气体，减少对环境的污染，因此，在青霉素等抗生素类药品生产中应用较多。

任务 5.3   企业生产操作规程及解读

一、双锥真空干燥青霉素钾工业盐湿晶体操作规程

① 进烤前把双锥一端的盖拆下，另一端盖拧紧，口向上，停放好，把下料袋管放入双锥内，开始进烤，每台双锥装量要均匀。双锥操作参见《双锥干燥器标准操作规程》。

② 进烤完毕，取出下料袋将其挂在双锥上方的下料斗上，上好双锥盖拧紧8个卡子，开启双锥干燥系统真空泵，然后慢慢打开双锥真空阀门，启动双锥进行运转。

③ 冷抽15min后，打开双锥的蒸汽进、出阀门，然后再打开蒸汽总控制阀门，把压力先调整到0.02MPa，30min后调整至0.03MPa，再过30min后调整到0.05MPa，使其作到平稳升温。

④ 干燥3h左右，待旋风分离器气相温度降至40℃以下，干燥结束。先停蒸汽总控制阀门，然后再停双锥上的蒸汽进出阀门，打开压缩空气冷吹45min，待温度降下后停压缩空气，停稳双锥，关闭真空管路阀门，通知真空泵岗位停泵后，开排气阀。干燥终点无溶剂味，药粉冷却至30～35℃分装。

⑤ 干燥完毕后要把各个双锥旋风分离器内的残料放干净，便于下一批料的干燥。

⑥ 提前搞好现场卫生，做到地面无积水。穿洁净服，根据整粒机的高度把双锥停在一个便于出烤的位置，开盖时留下上下两个螺丝，先开下面的最后再打开上面的，防止粉子完全倒出。

⑦ 巡检：干燥过程中随时检查真空度、蒸汽压力、双锥运转情况、收集罐液位等。

二、双锥真空干燥操作规程解读

冷抽 15min 是为了排除系统内的不凝气体。干燥终点若有溶媒味，说明干燥不彻底，需要继续干燥。

三、双锥真空干燥标准操作 SOP 及解读

（一）双锥真空干燥标准操作 SOP

1. 作业前安全检查

① 检查开关、电机接地及真空管道上静电连接是否牢固，若有松动或脱落，要立即接牢。

② 看真空表是否在零位。同时看校验日期是否到期，若不在零位则要及时向组长汇报并换新表，表的校验要在到期一周前通知大组长，交仪表组校验。

③ 检查各阀门都处于关闭状态。

④ 检查双锥回转半径内不能有杂物。

⑤ 检查双锥一端盖应上紧，另一端打开。

⑥ 点动将双锥调到与地面垂直且开口端向上。若双锥不转，立即找电工修复。

⑦ 进烤前双锥上不可有任何杂物，以防运转过程中掉落出现事故。

2. 作业中的安全操作

（1）进料准备　进烤前，要先将双锥内的小帽及小布袋装好，放下下料袋。

（2）进料操作　装量要求符合规定，750L 双锥装量小于 370L，1600L 双锥装量小于 800L。

① 双锥进完料上盖时，必须两个人在现场，站在双锥上的人一定要站稳、抓牢，上、下双锥时一定要注意安全，双锥盖上所有的螺丝都要拧紧。

② 上好盖后，缓慢打开真空阀门，若双锥端处有漏气现象，则立即上紧。待真空达到 $-0.095MPa$ 后，启动双锥。

（3）干燥操作

① 缓慢打开蒸汽阀，开始加热。蒸汽压力不得大于 $0.05MPa$。

② 双锥运转过程中，要每 30min 巡查一次，注意双锥蒸汽压力，真空度是否正常，双锥的声音是否正常，如有异常情况，立即停车检修，不准带病运转。

③ 巡检中注意远离双锥顶端旋转区域，以防被撞伤。

④ 确定干燥好后，关蒸汽阀，冷抽 30～50min 后。按下双锥的停车键，等双锥停稳后，再点动到适当位置停好。

⑤ 关闭真空阀，缓慢打开排汽阀，泄压。通知真空泵人员停真空。

（4）出料操作　出烤时，拧开盖的螺钉，最后剩上、下两个，先开下面的，最后开上面的，防止粉子漏出或双锥盖猛然掉下砸伤人。

3. 注意事项

① 干燥过程中要注意巡检，发现双锥停车要立即停蒸气及真空，迅速找机修或电工修理。

② 干燥中要注意检查真空表情况，如漏真空，要立即停真空进行检修。

③ 双锥不用时，应水平放置。

（二）双锥真空干燥标准操作 SOP 解读

① 检查双锥回转半径内不能有杂物，以防止出现碰伤等安全事故。

② 进烤前，要先将双锥内的小帽及小布袋装好，放下下料袋。双锥内的小布袋是套在小帽上的过滤装置，以防止干燥的药粉进入到真空系统。

③ 点动将双锥调到与地面垂直且开口端向上。此时方可进料操作，若双锥重心不垂直，则加完料后，双锥自动转动，湿粉会落到地面上，造成生产事故。

④ 待真空达到 $-0.095MPa$ 后，启动双锥。若真空度达不到，干燥时间将延长，严重时会出现把粉子烤黄的生产事故。

任务 5.4　双锥真空干燥青霉素钾工业盐湿晶体

【实训目标要求】

1. 掌握真空干燥的基本原理；

2. 熟悉不同操作条件对干燥产品质量的影响；

3. 了解双锥真空干燥系统的组成、结构和应用；

4. 学会对双锥真空干燥工艺过程进行控制；

5. 按照操作规程，能熟练进行双锥真空干燥设备的开车、停车、取样和水分测定等操作。

【实训原理】

利用热能使被干燥物料中的溶剂蒸发，同时抽真空除去溶剂蒸气，以提高溶剂蒸发速度、降低干燥温度，从而达到干燥目的的操作称为真空干燥。该法适用于热敏性物料的干燥，同时可回收溶剂。

【实训注意事项】

1. 严格控制实训过程中的操作温度和真空度。

2. 干燥过程中要注意巡检，发现双锥干燥器停车要立即关闭导热油阀门和抽真空阀门①，及时放出物料，并找机修或电工修理。

3. 干燥中要注意检查真空表情况，如发现漏气（真空度不断降低），要立即停真空进行检查。

4. 注意对比环境温度、湿度与产品干燥要求之间的关系。

5. 导热油出口管路上的阀门⑫必须保持全开，否则可能损坏导热油泵的电机。

【实训操作考核】

教师针对学生的操作过程关键点进行考核，主要包括：进入工作现场程序是否正确，是否检查各阀门、开关状态，双锥干燥器是否能正常运转，湿晶体加量是否正确，启动真空泵操作是否正确，启动电机操作是否正确，停泵操作是否正确，加料和出料操作是否正确，水分检测操作是否正确，是否按规定记录，称量和计算是否正确，清场操作是否规范等。

【研究与探讨】

1. 药品在干燥前及干燥过程中需考虑哪些因素？

2. 干燥液态和固态药品的方法有哪些？比较这些方法的优缺点。

3. 分析产品在干燥过程中的结块、结球的原因。

4. 本实训中调高温度对产品性能有没有影响？

5. 对进入干燥器的物料含湿要求有怎样的规定？

【能力提升】

1．改变真空度、温度等操作条件，找出最佳操作控制参数。

2．总结双锥真空干燥工艺优缺点。

3．对比分析各种干燥方法的优缺点。

【知识拓展】 冷冻干燥技术

将被干燥物料冷冻至冰点以下，放置在高度真空的冷冻干燥器中，使物料中的固态冰升华变为蒸汽而除去的干燥方法，称为冷冻干燥，又称升华干燥、真空冷冻干燥，简称冻干。冻干操作实质上是升华操作，既可看作是干燥过程，又可看作是对物质进行精制的过程，同时也可用于粒状结晶构造的形成，因此在药品生产中的应用愈来愈受到重视。

冷冻干燥具有以下特点。

① 冻干后的物料仍保持原有的化学组成与物理性质（多孔结构、胶体性质等）。如胶体物料，若以通常方法干燥时，干燥后的物料将会失去原有的胶体性质，因此，冷冻干燥对有些药物（如抗生素、生物制剂等）的干燥几乎是无可替代的干燥方法。

② 冷冻干燥操作温度低。低温可避免物料出现受热分解或失活的现象，广泛应用于各类热敏性药物、酶制剂、生物药品的干燥。

③ 冻干产品性能好。因干燥后的物料是被除去湿分的原组织不变的多孔性干燥产品，故其可溶性非常好，在短时间内基本上可完全恢复干燥前的状态。

④ 冷冻产品质量高。冻干操作可使物料的残留湿分降至很低，可满足药物的稳定性和产品质量的要求。另外，当用溶液制作结晶时，其溶剂往往会给产品质量带来许多问题，这时升华干燥就成了必不可少的替代技术。

⑤ 冻干操作所消耗的热能比其他干燥方式低。因干燥时物料处于冷冻状态，且在负压下进行干燥，所需热源温度较低且供应充分而方便。

⑥ 冻干设备投资费用较高，动力消耗大，而且由于真空下气体的热导率很低，物料干燥所需时间较长，设备生产能力低。

一、冷冻干燥基本原理

1．升华曲线

冷冻干燥的基本原理可以用相平衡图来解释，如图 5-8 所示为水的相平衡示意，又称水的三相图。

水有三种相态，即固态、液态和气态。三种相态既可以相互转换，又可以平衡共存。图中 AC 线为固液平衡曲线（又称熔化曲线），AD 线为气液平衡曲线（又称气化曲线），AB 线为固气平衡曲线（又称升华曲线）。在任一条曲线上的任意点，都表示同时存在两相且互成平衡；在三曲线的交点处（A 点），气、液、固三相同时存在且相互平衡，A 点称为三相点。对于一定的物质，三相点的位置是不变的，即具有一定的温度和压力。如水的三相点温度为 0.0098℃，蒸汽压为 0.61kPa。

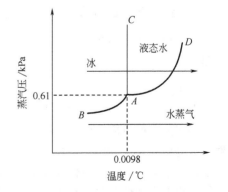

图 5-8 水的相平衡示意

热干燥是在三相点以上的温度和压力条件下，基于气化曲线进行的干燥操作。冷冻干燥是在三相点以下的温度和压力条件下，基于升华曲线进行的干燥操作。在低于三相点的温度和压力下，物质可由固相直接升华变为气相，气相也可直接变为固相，该过程即为升华和逆向升华。例如，－40℃冰的蒸汽压为 13.3kPa，若降低压力和升高温度，则固态冰直接变为水蒸气，即进行了升华过程。

2. 共熔点

共熔点，又称共晶点，它是冷冻干燥操作前必须确定的一个重要物理量。共熔点是指物料真正全部冻结的温度，或者说是已经冻结的物料开始熔化的温度。对于纯水，当有冰核存在时，在温度略低于 0℃时就开始结冰，水的温度并不下降，直到全部结成冰后，温度才进一步降低，这说明纯液体的结冰点与共熔点为同一定值。当温度略高于 0℃时，冰开始融化并保持温度不变，直至全部熔化。

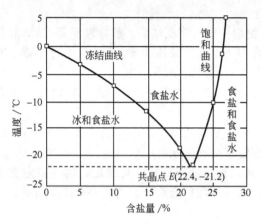

图 5-9　盐水溶液的温度相变图

对于溶液，其冻结过程比较复杂，溶液的冰点与共熔点是不相同的。以盐水为例，其温度相变图如图 5-9 所示。当盐水溶液浓度低于共熔点浓度 22.4％（共晶点）时，温度降低至冻结曲线时，有纯冰晶析出，而余下溶液的浓度则沿冻结曲线增大，冰点温度也沿冻结曲线下降，达到共晶点（浓度 22.4％，温度 －21.2℃）时溶液全部冻结，得到冰晶和固化的共熔物的混合物。当盐水溶液浓度高于共熔点浓度 22.4％（共晶点）时，若温度降低至饱和曲线时，溶质（盐）结晶析出，而余下溶液的浓度沿饱和曲线下降，结晶温度也沿饱和曲线下降，达到共晶点时溶液全部冻结，得到溶质结晶和固化的共熔物的混合物。因此，任何浓度的溶液冷却到最后，得到的是冰晶或溶质结晶和固化的共熔物的混合物。

在冷冻干燥操作中，若已知某物料的共熔点，则对冷冻干燥操作具有重要的指导意义。在预冻时，必须将物料温度降低到共熔点以下使物料完全冻结，并且在进行升华干燥时，物料的温度不能高于共熔点温度，否则物料就会发生熔化现象。

二、冷冻干燥工艺过程

根据升华曲线和共熔点的基本理论，冷冻干燥过程可划分为三个阶段：预冻结、升华干燥和解析干燥。

1. 预冻结

在冷冻干燥过程中，被干燥的物料首先要进行预冻结，使其中的湿分处于固态。适宜的预冻结温度是保证冻干效果和产品质量的重要条件。如果预冻结温度未达到共熔点以下，则物料可能没有完全冻结实，在升华时就会膨胀起泡，或发生收缩、溶质转移等不可逆现象；如果预冻结温度过低，不仅增加了冷冻能耗，还会降低生物药物活性。一般情况下，预冻结时使物料温度降低到共熔点以下 10～15℃后，保持一段时间（1～2h），以克服溶液的过冷现象，就能使物料完全冻结。

另外，预冻结速度也会影响冻干产品性能。快速冷冻会形成小冰晶，晶格之间的空隙小，在升华时水蒸气不易排出，使升华速率降低，但产品颗粒细腻，具有较大的比表面积，产品的复原性较好；反之，慢冻则形成较大的冰晶，利于升华干燥速率的提高，但冻干产品的复原性较差，溶解性能降低。因此冻干操作时必须选择适宜的预冻结速度。

2. 升华干燥

升华干燥是冻干的第一阶段。将经预冻结的物料置于密闭的真空干燥器中，加热和降压，湿分由固相直接升华为气相，使物料脱去湿分，达到干燥的目的，升华生成的气相则引入冷凝器使其固化而除去。

由于湿分升华时需要热量，如 1g 冰完全升华为水蒸气，大约需要吸收 2800J 的热量，因此，必须对物料进行加热。如果加热不够，依靠降低压力也可进行升华干燥，但升华使物料本身温度降低，进而引起升华速率下降，冻干时间延长，生产效率下降。如果对物料加热过多，除满足升华过程需要的热量外，剩余的热量将会使物料温度上升，当达到或高于共熔点温度时，可能造成局部熔化，甚至使物料全部熔化，引起干燥后的物料干缩起泡等现象，使冻干操作失败。因此，在整个升华干燥阶段，物料的温度必须控制在共熔点以下，即物料必须保持在冻结状态。

升华干燥进行一段时间后，冰晶大部分已升华为蒸汽，第一阶段的干燥完成，该过程可除去全部湿分的 90% 左右。

3. 解析干燥

以较高的真空度和较高的温度，保持 2~3h，除去升华阶段残留的吸附湿分，即第二阶段干燥，称为解析干燥。解析干燥后，物料内残留的湿分可降至 0.5%~3% 以下，直至达到干燥要求。

三、冷冻干燥过程分析

冷冻干燥涉及冷冻、加热、气化等过程，即包含了传热、传质等多种过程。从传热角度看，冷冻、加热互为可逆过程，提高推动力（温度差）或降低热阻，都有利于传热过程的进行。在工业生产中，多采用减小热阻来强化传热过程。传热的阻力主要来自物料内部和外部，如减小物料层厚度、增大导热性能等，都可提高冻干速率。从传质角度看，湿分由固相升华为气相后分离除去的过程包括：气相由物料内部向表面扩散过程，气相由物料表面向冷凝器表面迁移固化除去的过程，提高传质推动力、降低传质阻力都可提高冻干速率。

影响冷冻干燥速率的因素很多，物料的性质不同、干燥操作条件不同、干燥设备结构形式不同，使得干燥速率差别很大。在冻干生产中，一般根据每种冷冻干燥机的性能和物料特点，通过实验确定冻干过程各阶段的温度变化，绘制出冷冻干燥（简称冻干）曲线，如图 5-10 所示。冻干曲线描述了隔板温度、物料温度（制品温度）、冷凝器温度与系统真空度随时间的变化关系，它是控制冷冻干燥过程的基本依据。

物料在固化冻结过程中，其结构发生变化（由液态逐渐变成固态），该过程从温度上是无法测量到的，但是随着物质结构的改变，会同时发生导电性能的改变。在预冻结操作中，当温度降低时，电阻将会增大，当达到共熔点温度时，全部液体变成固体，这时电阻会发生突然增大的现象；反之，当冻结物料开始熔化时，电阻会突然减小。在冻干操作中，常利用温度测量和电阻测量手段，控制预冻结过程使其达到完全冻结，检测升华干燥过程，以防止物料熔化，从而保证产品质量。

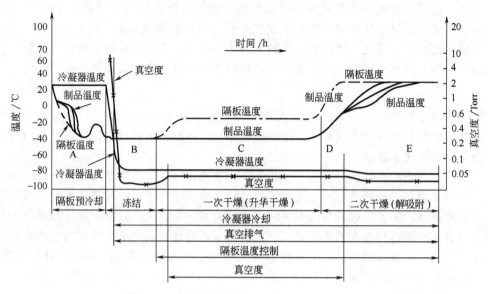

图 5-10　冷冻干燥曲线　(1Torr＝133.322Pa)

四、冷冻干燥设备

1. 冷冻干燥系统

冷冻干燥设备形式很多，但基本上都是由制冷系统、预冻系统、升华系统、冷凝系统、真空系统、热源系统组成，如图 5-11 所示为冷冻干燥系统示意。

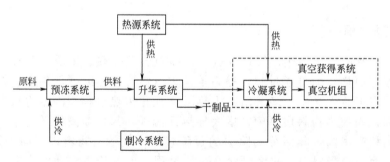

图 5-11　冷冻干燥系统示意

预冻系统是一种能够快速降低温度的装置。通过控制冻结过程，保持冻结物料的结构，使生成的纯冰晶的形状、大小和排列适当，以利于升华操作的进行。

升华系统是一种能够抽真空、内有多层金属板或管、可降温或加热的密闭箱体。预冻好的物料放入升华系统的多层板上，在真空下加热，使固体升华为气体，气体引入冷凝系统而分离，达到升华干燥的目的。

2. 间歇式真空冷冻干燥装置

在药品生产中最常用的冷冻干燥设备为冷冻真空干燥箱，如图 5-12 所示。冷冻真空干燥箱的外形一般为圆筒形，内有多层盘架，料盘置于各层加热（或冷却）板上，湿物料可以在箱外先行预冻或在箱内直接进行冻结。冷冻干燥时，预冻、抽气、升华干燥等干燥过程均为间歇操作，适用于小批量、多品种的药品生产。该设备冻干操作易于控制，但生产效率较低。

　　冷冻干燥设备一般仅包含冷冻系统和升华干燥系统，而制冷系统、冷凝系统、真空系统、热源系统等为重要的附属装置，共同组成了冷冻干燥装置，如图 5-13 所示为间歇式真空冷冻干燥装置示意。此装置的特点是预冻操作与干燥操作都在干燥室 3 内完成的，低温冷凝器 5 的制冷压缩机 8 与干燥室 3 的制冷压缩机 11 相互独立。在进行冷冻干燥操作时，将盛有被干燥物料的料盘放入干燥室 3，用制冷压缩机 11 进行预冻结操作。预冻结完成后停止制冷，并开始对隔板加热，同时打开阀门 4 与低温冷凝器 5 接通，进行升华干

图 5-12　冷冻真空干燥箱

燥，低温冷凝器 5 的低温由制冷压缩机 8 供给冷量，使升华了的湿气在冷凝器内被固化（结霜）而除去。

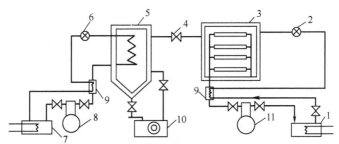

图 5-13　间歇式真空冷冻干燥装置示意

1,7—冷凝器；2,6—膨胀阀；3—干燥室；4—阀门；5—低温冷凝器；

8,11—制冷压缩机；9—热交换器；10—真空泵

　　真空冷冻干燥过程是一个影响因素复杂的过程，在确定冻干设备和冻干工艺时，首先应了解被干燥物料的特性和干燥要求，还应熟悉各类冻干设备的性能，掌握冻干曲线的测定方法，以便确定适宜的冻干工艺过程。

3. 冻干机的操作程序

（1）操作前的检查

① 检查循环水压力、压缩空气压力是否满足要求；

② 检查硅油油位、真空泵的油位及颜色是否正常；

③ 检查压缩机油位、氟里昂液位及湿含量显示器颜色是否在正常范围内；

④ 检查计算机程序是否正常；

⑤ 检查压力表、温度计的数值是否在正常范围内；

⑥ 检查所有阀门处于关闭状态。

（2）装料

① 控制岗位操作人员在控制屏上确定所用程序；

② 启动冻干机装料阶段的程序；

③ 观察冻干曲线图和设备运转示意图，并对应参照；

④ 当曲线图上温度降至 0℃后，通知无菌室。

（3）启动　无菌室装好料关上门后，控制岗位操作人员接通知后，立即启动冻干程序。

（4）运行

① 注意观察冻干曲线是否与设定曲线相吻合；

② 观察设备控制系统、真空系统、加热系统和制冷系统等是否正常；

③ 观察各阶段在运行中各部件和各个阀门动作是否正确；

④ 仪表应指示准确，设备运行无异常声响；

⑤ 观察各个油位、液位应符合要求，制冷剂湿含量显示应在规定范围内。

（5）停机　二期干燥压力达到设定要求时，操作停机，此时注意压缩机需等 5min 左右时间运行保护后才停。

（6）化霜

① 确定化霜程序各参数，检查无误后启动化霜程序；

② 观察化霜过程中各阀门开关是否正确，水温、水量是否满足要求；

③ 水泵运转应正常，各连接点无水泄漏。

（7）卸料

① 启动降温程序，进行产品降温，待温度降至 15℃时，停机；

② 通知无菌室放空出料。

（8）注意事项

① 启动压缩机时，注意观察压缩机声音是否正常；高、中、低压力表的数值应在正常范围内；

② 启动真空泵时，注意观察有无异常噪声，真空度是否能达到工作要求；

③ 检查液压系统运行时有无异常噪声，液压压力是否达到要求；

④ 所用程序未经工艺员允许不得私自更改程序；

⑤ 操作人员不得离岗，必须定时巡检，做好记录；

⑥ 清洗冻干机后，启动冻干机时必须检查冻干箱排水阀是否关闭。

【能力拓展】　干燥方案设计

【干燥操作实训方案设计与能力培养】

① 教师结合本院校的实训设施情况，选定实训题目，提出具体实训要求。

② 学生查找被干燥物料的特性数据、常用干燥工艺及方法、干燥器类型及适用范围，以培养学生查阅资料、收集信息的能力。

③ 在教师的指导下，进行初步计算，选定干燥器类型，确定干燥操作条件和数据测定方法，以培养学生的计算能力和干燥操作方案的设计能力。

④ 制订实训计划，列出所用仪器、物品的型号和数量，组装实训装置，做好干燥实训前的准备工作，以培养学生制订计划和组织安排的能力。

⑤ 在干燥实训操作过程中，注意观察现象，随时记录有关数据，并对干燥过程进行思考分析，及时发现和处理实训过程中的问题，以培养学生善于观察、实事求是的工作态度，加强学生动手能力的训练。

⑥ 对实训数据进行处理，绘出干燥速率曲线或冷冻干燥曲线，编写实训报告，要注重对曲线的分析和操作过程的总结，以加强学生编写技术报告能力的训练，培养学生运用所学的理论知识分析解决实际问题的能力。

【研究与探讨】

① 干燥速率曲线或冷冻干燥曲线的测定方法；

② 物料的湿含量、物料与湿分的结合性质、物料性质和干燥介质等对干燥不同阶段的影响规律；

③ 干燥速率曲线或冷冻干燥曲线对干燥操作的指导作用。

 【阅读材料】

干燥造粒技术

药物干燥造粒的目的在于提高产品的稳定性，使药物具有一定的规格，便于进一步加工。如将粉状药物经湿法制粒和干燥，制成各种颗粒，便于配料、混合、定量包装和服用等。医药制剂一般有粉剂、颗粒剂、丸剂、片剂等，这些制剂一般应用挤压、滴制、转盘、流化床、喷雾等方法制得。有些干燥和造粒可在同一设备内同时进行，如喷雾干燥造粒、流化床干燥造粒等设备；有些干燥和造粒需分别进行，如挤压造粒、压缩造粒、滚动造粒等设备只能进行造粒过程。

干燥造粒技术是药品生产中传统的单元操作之一。干燥造粒的物料主要有粉粒物料、膏状物料、悬浮液、溶液及熔融液等，其造粒过程主要依据：固桥连接；液桥连接；颗粒间吸引力；机械连锁力；胶黏剂作用；熔融液冷却固化等机理来完成。

在药品生产中，干燥造粒的方法很多。滚动造粒法是将粉体、胶黏剂等物料加入旋转的设备内，利用滚动运动，使粉体凝聚，形成球形颗粒，此法主要用于丸剂的生产。挤压造粒法首先将粉体与润湿剂或胶黏剂混合均匀制成软材，然后利用机械挤压装置，将制备好的软材从膜孔中排出，形成团粒，再将湿颗粒干燥，最后经过整粒而制得产品，此法一般用于颗粒剂的生产。流化喷雾制粒法，又称"一步制粒法"，它可以将混合、制粒、干燥等过程在一个设备内同时完成；操作时首先使制粒原料的粉末在流化室内处于流化状态，然后将胶黏剂溶液喷成小雾滴，粉末被润湿而聚结成颗粒，最后经干燥制得产品，此法制成的颗粒粒径分布较窄，外形圆整，流动性好，压出的片剂质量较好。

随着人们对干燥造粒技术的深入研究，许多新型干燥造粒技术和设备应用于药品生产中，如冷冻喷雾干燥造粒技术、超临界干燥技术等。

复习思考题

5-1 名词解释和基本概念：

热干燥法；冷冻干燥法；湿度；湿含量；升华；平衡水分；自由水分；结合水分；非结合水分

5-2 综合分析物料中湿分性质对干燥的影响。

5-3 干燥介质的预热在热干燥过程中有何作用？

5-4 什么是共熔点（共晶点）？共熔点对冷冻干燥操作有何重要作用？

5-5 在预冻结操作时应注意哪些问题？

5-6 干燥技术都是高能耗技术，如何降低它们的能耗？根据热量衡算，具体分析热干燥过程中如何降低热量消耗？

5-7 何为干燥速率？根据实训操作过程，分析影响干燥速率的因素，找出提高干燥速率的方法。

【知识与能力目标】

掌握离子交换基本原理、离子交换过程的步骤及其控制因素；熟悉常用离子交换树脂的类型、功能特性；了解各种典型离子交换剂的特点。

能分析离子交换工艺过程出现的问题；能根据交换液的状态控制离子交换过程；能进行离子交换树脂的预处理和活化操作。

任务6.1　熟悉现场离子交换装置工艺流程

一、离子交换工艺装置

离子交换工艺流程如图6-1所示。主要包括原料罐3个，原料泵3台，纯水罐2个，离子交换柱2个，并配有3个转子流量计、5个液位计和多个阀门等。

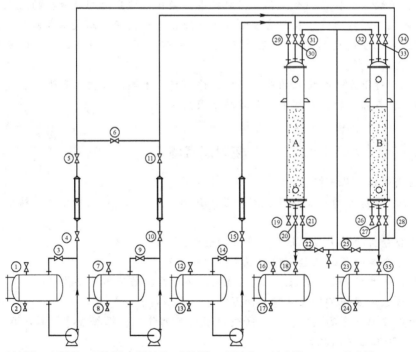

图 6-1　离子交换工艺流程示意图

二、离子交换法制备纯水操作规程

1. 操作前准备

① 检查电源开关是否正常，检查原料罐、原料泵、离子交换柱及所属设备的附属管道、阀门、流量计完好无漏点。

② 检查设备上阀门的开关状态，除原料罐上的放空阀外，其他阀门均应处于关闭状态。

③ 检查流量计进出阀门，保证其处于关闭状态。

④ 核查离子交换柱 A 中为阳离子交换树脂，离子交换柱 B 中为阴离子交换树脂。

2. 离子交换操作

(1) 自来水的准备　准备一定量的自来水，通过原料罐 C 的加料口注入，观察原料罐 C 的液位计液位达 2/3 时停止加自来水。

(2) 制备纯水操作

① 依次打开阀门⑭、㉙、㉑、㉘、⑥、㉞、㉗、㉟（阀门⑮仍保持关闭状态）。

② 打开电源总开关，开动原料泵 C 后，再缓慢打开阀门⑮，使自来水依次进入阳离子交换柱、阴离子交换柱。通过阀门⑮调节流量计读数，控制流速，使离子交换柱中的液面高于树脂层。

③ 每隔 10min，通过离子交换柱 A 的阀门⑲和离子交换柱 B 的阀门㉖取水样，分别进行电导率和水质检验，并填写检测记录表（表 6-1）。当检测结果符合纯水质量要求后，关闭阀门㉟，依次打开阀门㉕、㉒和⑱，使符合质量要求的纯水贮存于纯水罐 A 中，此时进入正常制备纯水操作阶段。

表 6-1　水质检测记录表

取样时间	样品名称	检 测 项 目				
		电导率/(S/cm)	Mg^{2+}	Ca^{2+}	Cl^-	SO_4^{2-}
	自来水					
	阳离子交换柱出水					
	阴离子交换柱出水					

④ 在正常制备纯水操作过程中，随时注意从液位计观察原料罐 C、纯水罐 A 的液位；每隔 20min 进行一次取样和检测操作，并记录检测结果。纯水罐 A 中的纯水即为符合质量要求的纯水。

⑤ 当原料罐 C 中的自来水液位低于规定高度时，或纯水罐 A 中的液位高于规定高度时，或离子交换柱 A、B 的出水样品检测不合格时，都要立即关闭阀门⑮，停止制备纯水操作。

(3) 停止制水操作　先关闭阀门⑮，再关闭原料泵 C 的开关，依次关闭阀门⑱、㉒、㉕、㉗、㉞、⑥、㉘、㉑、㉙、⑭。

3. 树脂再生操作

当离子交换柱 A、B 的出水样品检测不合格时，说明离子交换树脂的交换能力不能满足制备纯水的要求，需对树脂进行再生处理。

(1) 反洗　离子交换柱工作一段时间后，会在树脂上部拦截很多由原水带来的污物，把这些污物除去后，离子交换树脂才能完全暴露出来，再生的效果才能得到保证。反洗过程就是水从树脂的底部送入，从顶部流出，这样可以把顶部拦截下来的污物冲走，同时反洗还可除去碎树脂。

将原料罐 B 中装满纯化水，依次打开阀门⑨、⑪、⑥、㉘、㉑、㉛、㉜、㉕、㉟（阀门⑩仍处于关闭状态），启动原料泵 B，缓慢打开阀门⑩，以调节流量计读数，控制流速，使离子交换柱内的树脂缓慢疏松开，并将附着在树脂表面的污物冲走。反洗 5～15min 后，关闭阀门⑩，关闭原料泵 B 开关，再依次关闭所有阀门。

(2) 树脂再生

① 阳离子交换树脂的再生　配制 4% 的盐酸溶液于原料罐 A 中，作为阳离子交换树脂的再生剂，进行逆流再生；依次打开阀门③、⑤、㉑、㉛、㉕、㉟（阀门④仍处于关闭状态），启动原料泵 A，缓慢打开阀门④，以调节流量计读数，控制流速，使离子交换柱 A 内保持一定液面，通盐酸完毕后，要用纯化水对树脂层进行洗涤。

② 阳离子交换树脂的洗涤　用原料罐 B 中的纯化水进行洗涤，依次打开阀门⑨、⑪、⑥、㉑、㉛、㉕、㉟（阀门⑩仍处于关闭状态），启动原料泵 B，缓慢打开阀门⑩，以调节流量计读数，控制流速，洗涤离子交换柱 A 内的阳离子交换树脂。洗涤 10～30min 后，检测出水的 pH 值，当 pH 值接近中性时关闭阀门⑩，关闭原料泵 B 开关，再依次关闭所有阀门。注意使交换柱内充满纯化水以保证树脂被完全浸泡。

③ 阴离子交换树脂的再生　配制 4% 的氢氧化钠溶液于原料罐 A 中，作为阴离子交换树脂的再生剂，进行顺流再生；依次打开阀门③、⑤、⑥、㉞、㉗、㉟（阀门④仍处于关闭状态），启动原料泵 A，缓慢打开阀门④，以调节流量计读数，控制流速，使离子交换柱 B 内保持一定液面，通氢氧化钠完毕后，要用纯化水对树脂层进行洗涤。

④ 阴离子交换树脂的洗涤　用原料罐 B 中的纯化水进行洗涤，依次打开阀门⑨、⑪、㉞、㉗、㉟（阀门⑩仍处于关闭状态），启动原料泵 B，缓慢打开阀门⑩，以调节流量计读数，控制流速，洗涤离子交换柱 B 内的阴离子交换树脂。洗涤 10～30min 后，检测出水的 pH 值，当 pH 值接近中性时关闭阀门⑩，关闭原料泵 B 开关，再依次关闭所有阀门。注意使交换柱内充满纯化水以保证树脂被完全浸泡。

再生用盐酸和氢氧化钠溶液的配制需用纯化水。当冬季温度较低时，可以用 40℃ 的氢氧化钠溶液，以增加再生效果。

4. 清场操作

① 放净各罐内的残液，擦净设备，洗净所用器具。
② 整理操作现场，将废弃物放置于指定地点。

任务 6.2　搜集离子交换相关知识和技术资料

离子交换技术是根据某些溶质能解离为阳离子或阴离子的特性，利用离子交换剂与不同离子结合力强弱的差异，将溶质暂时交换到离子交换剂上，然后用适合的洗脱剂将溶质离子洗脱下来，使溶质从原溶液中分离、浓缩或提纯的操作技术。

利用离子交换技术进行分离的关键是离子交换剂。离子交换剂是一种不溶性的、具有网状立体结构的、可解离阳离子或阴离子基团的固态物质，可分为无机质和有机质两大类。无机质类又可分为天然的（如海绿石）和人造的（如合成沸石）；有机质类又分为天然的（如磺化煤）和合成的（如合成树脂）。其中合成高分子离子交换树脂具有不溶于酸碱溶液及有机溶剂、性能稳定、经久耐用、选择性高等特点，在制药工业中应用较多。

　　在抗生素的提取分离中，利用离子交换法将抗生素从发酵液中有选择性地交换到离子交换树脂上，然后在适宜的条件下将其洗脱下来，这样能使体积缩小到几十分之一，从而使抗生素被分离提取。由于离子交换技术具有成本低、设备简单、操作方便、不用或少用有机溶剂等优点，已成为提取抗生素的重要方法之一。如链霉素、新霉素、卡那霉素、庆大霉素、土霉素、多黏菌素等的提取均可采用离子交换法。

　　离子交换技术最早应用于制备软水和无盐水，药品生产用水多采用此法。在生化制药领域中，离子交换技术也逐渐应用于蛋白质、核酸等物质的分离和提取，从微量到常量的生物活性物质的提取；一些经典的生产工艺也正等待着用离子交换技术去替代或改造。

　　离子交换分离技术与其他分离技术相比具有以下特点。

　　① 离子交换操作属于液-固非均相扩散传质过程。所处理的溶液一般为水溶液，多相操作使分离变得容易。

　　② 离子交换可看作是溶液中的被分离组分与离子交换剂中可交换离子进行离子置换反应的过程。其选择性高，而且离子交换反应是定量进行的，即离子交换树脂吸附和释放的离子的物质的量相等。

　　③ 离子交换剂在使用后，其性能逐渐消失，需用酸、碱再生而恢复使用。

　　④ 离子交换技术具有较高的浓缩倍数，操作方便，效果突出。

　　但是，离子交换法也有其缺点，如生产周期长，成品质量有时较差，生产过程中 pH 值变化较大，故不适于稳定性较差的抗生素和生物药物的分离，在选择分离方法时应予以考虑。

一、离子交换过程理论基础

（一）离子交换基本原理

1. 离子交换体系

　　离子交换体系由离子交换树脂、被分离的离子以及洗脱液等组成。离子交换树脂是一种具有多孔网状立体结构的多元酸或多元碱，能与溶液中的其他物质进行交换或吸附的聚合物。离子交换树脂的单元结构由三部分构成：

　　① 惰性不溶的、具有三维多孔网状结构的网络骨架（通常用 R 表示）；

　　② 与网络骨架以共价键相连的活性基 $[$如—SO_3^-、—$\overset{+}{N}(CH_3)_3$ 等，一般用 M 表示$]$，又称功能基，它不能自由移动；

　　③ 与活性基以离子键连接的可移动的活性离子（即可交换离子，如 H^+、OH^- 等）。

　　活性离子决定着离子交换树脂的主要性能，当活性离子为阳离子时，称为阳离子交换树脂；当活性离子为阴离子时，称为阴离子交换树脂。

　　离子交换树脂的构造模型如图 6-2 所示。待分离的离子存在于被处理的料液中，可进行选择性交换分离；洗脱液是一些离子强度较大的酸、碱或盐等溶液，用于将交换到离子交换树脂上的目的药物离子重新交换到液相中。

　　当树脂与溶液接触时，溶液中的阴离子（或阳离子）与阳离子（或阴离子）树脂中的活性离子发生交换，暂时停留在树脂上。因为交换过程是可逆的，如果再用酸、碱、盐或有机溶剂进行处理，交换反应则向反方向进行，被交换在树脂上的物质就会逐步洗脱下来，该过程称为洗脱（或解吸）。离子交换、洗脱示意如图 6-3 所示。

2. 离子交换平衡关系

　　离子交换过程是离子交换剂中的活性离子（反离子）与溶液中的溶质离子进行交换反应

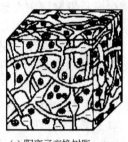
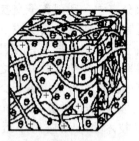

(a) 阳离子交换树脂　　　　　　　　(b) 阴离子交换树脂

图 6-2　离子交换树脂的构造模型

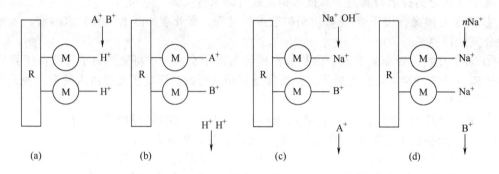

图 6-3　离子交换、洗脱示意

（a）交换前；（b）A^+、B^+ 取代 H^+ 而被交换；（c）加碱后，A^+ 被首先洗脱；（d）提高碱浓度，B^+ 被洗出

H^+—树脂上的平衡离子；A^+、B^+—待分离离子

的过程，这种离子交换是按化学计量比进行的可逆化学反应过程。当正、逆反应速率相等时，溶液中各种离子的浓度不再变化而达平衡状态，即称为离子交换平衡。

以阳离子交换反应为例，离子交换反应方程式可写为：

$$A^{n+}(l) + nR^- B^+(s) \Longleftrightarrow R_n^- A^{n+}(s) + nB^+(l)$$

其反应平衡常数可写为：

$$K_{AB} = \frac{[R_A][B]^n}{[R_B]^n[A]}$$

式中　　[A]，[B]——分别为液相离子 A^{n+}、B^+ 的浓度，单位体积液体中离子的物质的量除以离子的电荷数；

　　[R_A]，[R_B]——分别为离子交换树脂相离子 A^{n+}、B^+ 的浓度，单位体积离子交换树脂中离子的物质的量除以离子的电荷数；

　　　　　K_{AB}——反应平衡常数，又称离子交换常数，也称为选择性系数。

3. 离子交换过程

一般来说，无论在树脂表面还是在树脂内部均可发生交换作用，故树脂总交换容量与其颗粒大小无关。设溶液中有一粒树脂，溶液中的 A^+ 与树脂上的 B^+ 发生交换反应。工业生产中的离子交换反应过程都是在动态下进行的，即溶液与树脂发生相对运动；无论溶液如何流动，树脂表面始终存在一层液体薄膜即"水膜"，交换的离子只能借助扩散作用通过"水膜"，如图 6-4 所示。其交换过程分五个步骤进行：

① A^+ 从溶液扩散到树脂表面；

② A^+ 从树脂表面扩散到树脂内部的交换中心；

③ 在树脂内部的交换中心处，A^+ 与 B^+ 发生交换反应；

④ B^+ 从树脂内部交换中心处扩散到树脂表面；

⑤ B^+ 从树脂表面扩散到溶液中。

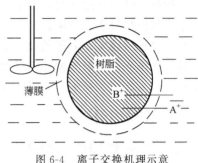

图 6-4　离子交换机理示意

上述五个步骤中，①和⑤在树脂表面的液膜内进行，互为可逆过程，称为膜扩散或外部扩散过程；②和④发生在树脂颗粒内部，互为可逆过程，称为粒扩散或内部扩散过程；③为离子交换反应过程。因此离子交换过程实际上只有三个步骤，即外部扩散、内部扩散和离子交换反应。

（二）离子交换速率

众所周知，多步骤过程的总速率决定于最慢一步的速率，最慢一步称为控制步骤。离子交换速率究竟取决于内部扩散速率还是外部扩散速率，应视具体情况而定。一般情况下，离子交换反应的速率极快，不是控制步骤。离子在颗粒内的扩散速率与树脂结构、颗粒大小、离子特性等因素有关；而外扩散速率与溶液的性质、浓度、流动状态等因素有关。在药品生产中，药物分子通常较大，在树脂内部的扩散速率相对较慢，其离子交换速率常由内部扩散速率所控制。综合分析离子交换过程，影响离子交换速率的因素主要有以下几方面。

（1）颗粒大小　树脂颗粒增大，内扩散速率减小。对于内扩散控制过程，减小树脂颗粒直径，可有效提高离子交换速率。

（2）交联度　离子交换树脂载体聚合物的交联度大，树脂孔径小，离子内扩散阻力大，其内扩散速率慢。所以当内扩散控制时，降低树脂交联度，可提高离子交换速率。

（3）温度　温度升高，离子内、外扩散速率都将加快。实验数据表明，温度每升高 25℃，离子交换速率可增加 1 倍，但应考虑被交换物质对温度的稳定性。

（4）离子化合价　被交换离子的化合价越高，引力的影响越大，离子的内扩散速率越慢。

（5）离子的大小　被交换离子越小，内扩散阻力越小，离子交换速率越快。

（6）搅拌速率或流速　搅拌速率或流速愈大，液膜的厚度愈薄，外扩散速率愈高，但当搅拌速率增大到一定程度后，影响逐渐减小。

（7）离子浓度　当离子浓度低于 0.01mol/L 时，离子浓度增大，外扩散速率增加。但当离子浓度达到一定值后，浓度增加对离子交换速率增加的影响逐渐减小。

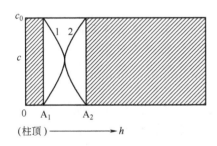

图 6-5　旋转 90°的离子交换柱中
离子分层示意

h—柱的高度；c—浓度；c_0—起始浓度；
$A_1 \sim A_2$—交换带；A_1—溶液中的交换离子；
A_2—树脂上的平衡离子

（三）离子交换运动学

在固定床中离子运动的规律，称为离子交换运动学。研究离子在离子交换柱中的运动情况，对控制离子交换过程、提高分离效率有很大的实际意义。

如图 6-5 所示为旋转 90°的离子交换柱中离子分层示意。从柱顶加入含 A_1 的溶液，溶液中的交换离子 A_1 由于不断被树脂吸附，其浓度从起始浓度 c_0 沿曲线 1 逐渐下降至浓度为零，而树脂上的平衡离子 A_2 由于逐渐被释放，则浓度由零沿曲线 2 逐渐上升至 c_0。离子交换过程只能在 $A_1 \sim A_2$ 层内进行，这一段树脂层称为交换带，交换带内两种离子同时存在。

　　在进行离子交换操作时，都希望交换带 $A_1 \sim A_2$ 尽可能窄一些，以求较高的分辨率。交换带的宽窄由多种因素决定。交换平衡常数 $K>1$ 要比 $K<1$ 时的交换带狭窄，也就是说 K 值越小，交换带越宽；离子的化合价、离子的浓度、树脂的交换容量也会影响交换带的宽窄；此外两种离子的解离度和树脂的颗粒大小也会影响交换带的宽度。另外，柱床流速高于交换速率也会加宽交换带，流速越快则交换带越宽。

二、离子交换树脂

(一) 离子交换树脂的定义与分类

1. 离子交换树脂的定义

　　离子交换树脂是一种不溶于水及一般酸、碱和有机溶剂的有机高分子化合物，其化学稳定性良好，且具有离子交换能力，其活性基团一般是多元酸或多元碱。离子交换树脂可以分成两部分：一部分是不能移动的高分子惰性骨架；另一部分是可移动的活性离子，它在树脂骨架中可以自由进出，从而发生离子交换。

2. 离子交换树脂的分类

　　离子交换树脂的分类方法主要有以下四种。

　　① 按树脂骨架的主要成分不同可分为苯乙烯型树脂，如 001×7；丙烯酸型树脂，如 112×4；多乙烯多胺-环氧氯丙烷型树脂，如 330；酚醛型树脂，如 122 等。

　　② 按制备树脂的聚合反应类型不同可划分为共聚型树脂，如 001×7；缩聚型树脂，如 122。

　　③ 按树脂骨架的物理结构不同可分为凝胶型树脂，如 201×7，也称微孔树脂；大网格树脂，如 D-152，也称大孔树脂；均孔树脂，如 Zeolitep，也称等孔树脂。

　　④ 按活性基团的性质不同可分为含酸性基团的阳离子交换树脂和含碱性基团的阴离子交换树脂。阳离子交换树脂可分为强酸性和弱酸性两种，阴离子交换树脂可分为强碱性和弱碱性两种。此种分类方法应用较普遍。

(二) 离子交换树脂的命名

　　我国原化工部在 1958 年制定了离子交换树脂命名法草案，规定各类树脂命名编号为：1～100 为强酸性阳离子交换树脂；101～200 为弱酸性阳离子交换树脂；201～300 为强碱性阴离子交换树脂；301～400 为弱碱性阴离子交换树脂。命名法在规定各种树脂的类别和编号外，还需标明载体的交联度。交联度是聚合载体骨架时交联剂用量的质量分数，它与树脂的性能有密切的关系。在表达交联度时，去掉%，仅把数值写在树脂编号之后，并用"×"号与编号隔开，如"1×7"表示强酸性阳离子交换树脂编号为 1，交联度为 7%。

　　在树脂的商品名中还有一些不规范的编号，数值往往在 600 以上，如常见的"强酸 1×7 树脂"也被称为"732 树脂"；"弱酸 101×4 树脂"也被称为"724 树脂"；"强碱 201×7 树脂"也被称为"717 树脂"。

　　1997 年我国原化工部颁布了新的规范化命名法，离子交换树脂的型号由 3 位阿拉伯数字组成。第一位数字表示树脂的分类，第二位数字表示树脂骨架的高分子化合物类型。离子交换树脂命名法分类、骨架代号见表 6-2。第三位数字表示顺序号。"×"表示连接符号，"×"之后的数字表示交联度。对于大孔型离子交换树脂，在 3 位数字型号前加代表"大"的汉语拼音首位字母"D"，表示为"D＊＊＊"。如图 6-6 所示。

　　例如"001×7"树脂，第一位数字"0"表示树脂的分类属于强酸性，第二位数字"0"表示树脂的骨架是苯乙烯型，第三位数字"1"表示顺序号，"×"后的数字"7"表示交联

度为 7%。因此"001×7"树脂表示凝胶型苯乙烯型强酸性阳离子交换树脂。目前新旧两种

表 6-2　离子交换树脂命名法分类、骨架代号

分　类	骨　架	代　号	分　类	骨　架	代　号
强酸性	苯乙烯型	0	螯合性	乙烯吡啶型	4
弱酸性	丙烯酸型	1	两性	脲醛型	5
强碱性	酚醛型	2	氧化还原性	氯乙烯型	6
弱碱性	环氧型	3			

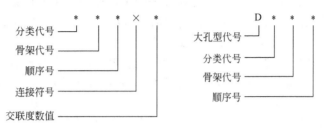

图 6-6　离子交换树脂型号表示示意

命名法同时使用，有时会遇到同一产品有多种名称的情况，应注意识别。

（三）离子交换树脂的理化性质

1. 外观和粒度

树脂的颜色有白色、黄色、黄褐色及棕色等；有透明的，也有不透明的。为了便于观察交换过程中色带的分布情况，多选用浅色树脂，用后的树脂色泽会逐步加深，但对交换容量影响不明显。多数树脂为球形颗粒，少数呈膜状、棒状、粉末状或无定型状。球形的优点是液体流动阻力较小，耐磨性能较好，不易破裂。

树脂颗粒在溶胀状态下直径的大小即为其粒度。商品树脂的粒度一般为 16～70 目（1.19～0.2mm），特殊规格为 200～325 目（0.074～0.044mm）。制药生产一般选用粒度为16～60 目占 90% 以上的球形树脂。粒度越小，交换速率越快，但流体阻力也会增加。

2. 膨胀度

当把干树脂浸入水、缓冲溶液或有机溶剂后，由于树脂上的极性基团强烈吸水，高分子骨架吸附有机溶剂，使树脂的体积发生膨胀，此为树脂的膨胀性。此外，树脂在转型或再生后用水洗涤时也有膨胀现象。用一定溶剂溶胀 24h 之后的树脂体积与干树脂体积之比称为该树脂的膨胀系数，用 $K_{膨胀}$ 表示。一般情况下，凝胶树脂的膨胀度随交联度的增大而减小；另外，树脂上活性基团的亲水性愈弱，活性离子的价态愈高，水合程度愈大，膨胀度愈低。在确定树脂装柱量时应考虑其膨胀性能。

3. 交联度

离子交换树脂中交联剂的含量即为交联度，通常用质量分比表示，如 1×7 树脂中交联剂（二乙烯苯）占合成树脂总原料的 7%。一般情况下，交联度愈高，树脂的结构愈紧密，溶胀性小，选择性高，大分子物质愈难被交换。应根据被交换物质分子的大小及性质选择适宜交联度的树脂。

4. 含水量

每克干树脂吸收水分的质量称为含水量，一般为 0.3～0.7g。树脂的交联度愈高，含水量愈低。干燥的树脂易破碎，故商品树脂常以湿态密封包装。干树脂初次使用前应用盐水浸润后，再用水逐步稀释以防止暴胀破碎。

5. 真密度和视密度

单位体积的干树脂（或湿树脂）的质量称为干（湿）真密度；当树脂在柱中堆积时，单位体积的干树脂（或湿树脂）的质量称为干（湿）视密度，又称堆积密度。树脂的密度与其结构密切相关，活性基团愈多，湿真密度愈大；交联度愈高，湿视密度愈大。一般情况下，阳离子树脂较阴离子树脂的真密度大；凝胶树脂较相应的大孔树脂视密度大。

6. 交换容量

单位质量（或体积）的干树脂所能交换离子的量，称为树脂的质量（体积）交换容量，表示为 mmol/g 干树脂。交换容量是表征树脂活性基数量或交换能力的重要参数。一般情况下，交联度愈低，活性基团数量愈多，则交换容量愈大。

在实际应用过程中，常遇到三个概念：理论交换容量、再生交换容量和工作交换容量。理论交换容量是指单位质量（或体积）树脂中可以交换的化学基团总数，故也称总交换容量。工作交换容量是指实际进行交换反应时树脂的交换容量，因树脂在实际交换时总有一部分不能被完全取代，所以工作交换容量小于理论交换容量。再生交换容量是指树脂经再生后所能达到的交换容量，因再生不可能完全，故再生交换容量小于理论交换容量。一般情况下，再生交换容量＝0.5～1.0 总交换容量；工作交换容量＝0.3～0.9 再生交换容量。

7. 稳定性

（1）化学稳定性　不同类型的树脂，其化学稳定性有一定的差异。一般阳离子树脂较阴离子树脂的化学稳定性更好，阴离子树脂中弱碱性树脂最差。如聚苯乙烯型强酸性阳离子树脂对各种有机溶剂、强酸、强碱等稳定，可长期耐受饱和氨水、0.1mol/L $KMnO_4$、0.1mol/L HNO_3 及温热 NaOH 等溶液而不发生明显破坏；而羟型阴离子树脂稳定性较差，故以氯型存放为宜。

（2）热稳定性　干燥的树脂受热易降解破坏。强酸、强碱的盐型较游离酸（碱）型稳定，聚苯乙烯型较酚醛树脂型稳定，阳离子树脂较阴离子树脂稳定。

8. 机械强度

机械强度是指树脂在各种机械力的作用下，抵抗破碎的能力。一般用树脂的耐磨性能来表达树脂的机械强度。测定时，将一定量的树脂经酸、碱处理后，置于球磨机或振荡筛中撞击、磨损一定时间后取出过筛，以完好树脂的质量分数来表示。在药品分离中，对商品树脂的机械强度一般要求在 95% 以上。

（四）离子交换树脂的功能特性

1. 强酸性阳离子交换树脂

这类树脂一般以磺酸基—SO_3H 作为活性基团。如聚苯乙烯磺酸型离子交换树脂，它以苯乙烯为母体，二乙烯苯为交联剂共聚后再经磺化引入磺酸基制成的，其化学结构如图6-7所示。

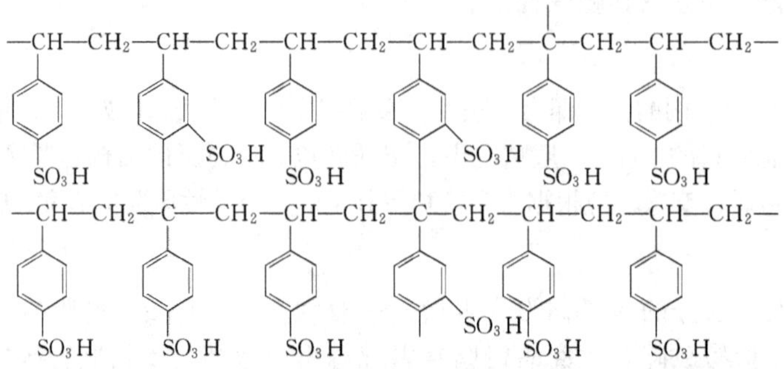

图 6-7　聚苯乙烯磺酸型离子交换树脂的化学结构

强酸性树脂活性基团的电离程度大，不受溶液 pH 值的影响，在 pH=1～14 的范围内均可进行离子交换反应。其交换反应如下。

中和反应 $\qquad R—SO_3H+NaOH \longrightarrow R—SO_3Na+H_2O$

中性盐分解反应 $\qquad R—SO_3H+NaCl \Longrightarrow R—SO_3Na+HCl$

复分解反应 $\qquad R—SO_3Na+KCl \Longrightarrow R—SO_3K+NaCl$

强酸型树脂与 H^+ 结合力弱，因此再生成氢型比较困难，故耗酸量较大，一般为该树脂交换容量的 3～5 倍。这类树脂主要用于软水和无盐水的制备，在链霉素、卡那霉素、庆大霉素、赖氨酸等的提取精制中应用也较多。

2. 弱酸性阳离子交换树脂

弱酸性阳离子交换树脂是指含有羧基（—COOH）、磷酸基（—PO_3H_2）、酚基（—C_6H_4OH）等弱酸型基团的离子交换树脂，其中以含羧基的离子交换树脂用途最广。弱酸型基团的电离程度受溶液 pH 值的影响很大，在酸性溶液中几乎不发生交换反应，只有在 pH≥7 的溶液中才有较好的交换能力。以 $101×4$ 树脂为例，其交换容量与溶液 pH 值的关系见表 6-3。

表 6-3 $101×4$ 树脂的交换容量与溶液 pH 值的关系

pH 值	5	6	7	8	9
交换容量/(mmol/g)	0.8	2.5	8.0	9.0	9.0

由表 6-3 中数据可看出，pH 值升高，交换容量增大。其交换反应有：

中和反应 $\qquad R—COOH+NaOH \Longrightarrow R—COONa+H_2O$

因 R—COONa 在水中不稳定，易水解成 R—COOH，故羧酸钠型树脂不易洗涤到中性，一般洗到出口 pH=9～9.5 即可，且洗水量不宜过多。

复分解反应 $\qquad R—COONa+KCl \Longrightarrow R—COOK+NaCl$

110-Na 型树脂应用复分解反应原理进行链霉素的提取，其反应式为：

$$R—(COONa)_3+Str^{3+} \longrightarrow R—(COO^-)_3Str^{3+}+3Na^+$$

与强酸树脂不同，弱酸树脂和 H^+ 结合力很强，所以容易再生成氢型且耗酸量少。

在制药生产中常用 110、$101×4$ 分离提取链霉素、正定霉素；用 $101×4$ 提取溶菌霉及尿激酶；用 122 进行链霉素的脱色及从庆大霉素废液中提取维生素 B_{12} 等。

3. 强碱性阴离子交换树脂

强碱性阴离子交换树脂是以季铵基团为交换基团的离子交换树脂，活性基团有三甲氨基 —N(CH_3)_3OH（Ⅰ型）、二甲基-β-羟-乙氨基—N(CH_3)_2(C_2H_4OH)OH（Ⅱ型），因Ⅰ型较Ⅱ型碱性更强，其用途更广泛。强碱性活性基团的电离程度大，它在酸性、中性其至碱性介质中都可以显示离子交换功能。其交换反应如下。

中和反应 $\qquad R—N(CH_3)_3OH+HCl \longrightarrow R—N(CH_3)_3Cl+H_2O$

中性盐分解反应 $\quad R—N(CH_3)_3OH+NaCl \Longrightarrow R—N(CH_3)_3Cl+NaOH$

复分解反应 $\qquad R—N(CH_3)_3Cl+NaBr \Longrightarrow R—N(CH_3)_3Br+NaCl$

这类树脂的氯型较羟型更稳定，耐热性更好，故商品大多数为氯型。由于强碱性树脂与 OH^- 结合力较弱，再生时耗碱量较大。此类树脂在生产中常用于无盐水的制备和药物的分离提纯，如 $201×4$ 用于卡那霉素、庆大霉素、巴龙霉素、新霉素的精制脱色。

4. 弱碱性阴离子交换树脂

弱碱性阴离子交换树脂是以伯胺基团—NH_2、仲胺基团—NHR 或叔胺基团—NR_2 为交换基团的离子交换树脂。由于这些弱碱性基团在水中解离程度很小，仅在中性及酸性（pH<7）的介质中才显示离子交换功能，即交换容量受溶液 pH 值的影响较大，pH 值愈低，交换能力愈大。其交换反应如下。

中和反应 $\qquad$ R—NH$_3$OH+HCl $\longrightarrow$ R—NH$_3$Cl+H$_2$O

复分解反应 $\qquad$ R—(NH$_3$Cl)$_2$+Na$_2$SO$_4$ $\longrightarrow$ R—(NH$_3$)$_2$SO$_4$+2NaCl

弱碱性基团与 OH$^-$ 结合力很强，所以易再生为羟型，且耗碱量少。生产中常用 330 树脂吸附分离头孢菌素 C，并用于博来霉素、链霉素等的精制。

（五）离子交换树脂的选择性

在制药生产中，需分离的溶液中常常存在着多种离子，探讨离子交换树脂的选择性吸附具有重要的实际意义。离子交换过程的选择性就是在稀溶液中某种树脂对不同离子交换亲和力的差异。离子与树脂活性基团的亲和力愈大，则愈易被树脂吸附。

假定溶液中有 A、B 两种离子，都可以被树脂 R 交换吸附，交换吸附在树脂上的 A、B 离子浓度分别用 [R$_A$]、[R$_B$] 表示，当交换平衡时，用下式讨论树脂 R 对离子 A、B 的吸附选择性：

$$K_A^B = \frac{[R_B]^a \ [A]^b}{[R_A]^b \ [B]^a}$$

式中　　[R$_A$]，[R$_B$]——离子交换平衡时树脂上离子 A 和离子 B 的浓度；

　　　　　[A]，[B]——溶液中离子 A 和离子 B 的浓度；

　　　　　a, b——表示离子 A 和离子 B 的离子价。

从式中可以看出，当 K_A^B 越大时，离子交换树脂对离子 B 的选择性越大（相对于离子 A）；反之，$K_A^B < 1$ 时，树脂对离子 A 的选择性大，这样 K_A^B 可以定性地表示离子交换剂的选择性，称为选择性系数、分配系数或交换势。换言之，树脂对离子亲和能力的差别表现为选择性系数的大小。影响离子交换选择性的因素很多，下面分别加以讨论。

（1）离子的水化半径　一般认为，离子的体积愈小，则愈易被吸附。但离子在水溶液中会发生水合作用而形成水化离子，因此离子在水溶液中的大小用水化半径来表示。通常离子的水化半径愈小，离子与树脂活性基团的亲和力愈大，愈易被树脂吸附。

如果阳离子的价态相同，则随着原子序数的增加，离子半径增大，离子表面电荷密度相对减小，吸附水分子减少，水化半径减小，其与树脂活性基团的亲和力增大，易被吸附。下面按水化半径的次序，将各种离子对树脂亲和力的大小排序，次序排在后面的离子可以取代前面的离子优先被交换。

一价阳离子：Li$^+$<Na$^+$、K$^+$≈NH$_4^+$<Rb$^+$<Cs$^+$<Ag$^+$<Ti$^+$

二价阳离子：Mg^{2+}≈Zn^{2+}<Cu^{2+}≈Ni^{2+}<Co^{2+}<Ca^{2+}<Sr^{2+}<Pb^{2+}<Ba^{2+}

一价阴离子：CH$_3$COO$^-$<F$^-$<HCO$_3^-$<Cl$^-$<HSO$_3^-$<Br$^-$<NO$_3^-$<I$^-$<ClO$_4^-$

H$^+$、OH$^-$ 对树脂的亲和力取决于树脂的酸碱性强弱。对于强酸性树脂，H$^+$ 和树脂的结合力很弱，H$^+$≈Li$^+$；反之，对于弱酸性树脂，H$^+$ 具有很强的吸附能力。同理，对于强碱性树脂，OH$^-$<F$^-$；对于弱碱性树脂，OH$^-$>ClO$_4^-$。例如，在链霉素提炼过程中，不能使用强酸性树脂，而应用弱酸性树脂；因为强酸性树脂吸附链霉素后，不易洗脱，而用弱酸性树脂时，由于 H$^+$ 对树脂的亲和力很大，可以很容易地从树脂上取代链霉素。

（2）离子的化合价和离子的浓度　在常温稀溶液中，离子的化合价越高，电荷效应越强，就越易被树脂吸附。例如 Tb^{4+}>Al^{3+}>Ca^{2+}>Ag$^+$；再如，在抗生素生产中，链霉素为三价离子，价态较高，树脂能优先吸附原液中的链霉素离子。而且，溶液浓度较低时，树脂吸附高价离子的倾向增大，如链霉素-氯化钠溶液加水稀释时，链霉素的吸附量明显增加，稀释溶液对苯氧乙酸-酚-甲醛树脂吸附链霉素的影响见表 6-4。

表 6-4　稀释溶液对苯氧乙酸-酚-甲醛树脂吸附链霉素的影响

（树脂对链霉素的交换容量为 1.06mmol/g）

溶液中的离子浓度/(mmol/mL)		链霉素的吸附量/(mmol/g)
链霉素(Str^{3+})	钠(Na^+)	
0.00172	1.500	0.085
0.00086	0.750	0.267
0.00034	0.300	0.643
0.00017	0.150	0.920

（3）溶液的 pH 值　它决定树脂交换基团及交换离子的解离程度，从而影响交换容量和交换选择性。对于强酸、强碱型树脂，任何 pH 值下均可进行交换反应，溶液的 pH 值主要影响交换离子的解离程度、离子电性和电荷数。对于弱酸、弱碱型树脂，溶液的 pH 值对树脂的解离度和吸附能力影响较大；对于弱酸性树脂，只有在碱性条件下才能起交换作用；对于弱碱性树脂只能在酸性条件下才能起交换作用。

在链霉素提炼过程中，不能使用氢型羧基树脂，只能使用钠型羧基树脂。因为链霉素在碱性条件下很不稳定，只能在中性条件下进行吸附。而氢型羧基树脂是弱酸性树脂，在中性介质中的交换容量很小，即使开始时用较高的 pH 值，由于在交换过程中会放出 H^+，阻碍树脂继续吸附链霉素，所以只能使用钠型树脂。

（4）离子强度　溶液中其他离子浓度高，必与目的物离子进行吸附竞争，减少有效吸附容量。另一方面，离子的存在会增加药物分子以及树脂活性基团的水合作用，从而降低吸附选择性和交换速率。所以一般在保证目的物溶解度和溶液缓冲能力的前提下，尽可能采用低离子强度。

（5）交联度、膨胀度　树脂的交联度小，结构蓬松，膨胀度大，交换速率快，但交换的选择性差。反之，交联度高，膨胀度小，不利于有机大分子的吸附进入。因此，必须选择适当交联度、膨胀度的树脂。例如链霉素的制备先采用低交联度的凝胶树脂 101×4 或大孔树脂 D-152 吸附，然后采用高交联度的凝胶树脂 1×16 脱盐除去 Ca^{2+}、Mg^{2+} 等。

（6）有机溶剂　当存在有机溶剂时，常常会使树脂对有机离子的选择性吸附降低，且易吸附无机离子。一方面由于有机溶剂的存在，使离子的溶剂化程度降低，无机离子的亲水性决定它降低得更多；另一方面由于有机溶剂会降低离子的电离度，且有机离子降低得更显著。所以无机离子的吸附竞争性增强。

同理，树脂上已被吸附的有机离子易被有机溶剂洗脱。因此人们常用有机溶剂从树脂上洗脱较难洗脱的有机物质。例如金霉素对 H^+ 和 Na^+ 的交换常数都很大，用盐或酸不能将金霉素从树脂上洗脱下来，而在 95% 甲醇溶液中，交换常数的值降低到 1/100，用盐酸-甲醇溶液就能较容易地洗脱。

三、离子交换工艺过程与设备

（一）离子交换工艺过程

1. 离子交换树脂的选择

在工业应用中，对离子交换树脂的要求是：具有较高的交换容量；具有较好的交换选择性；交换速率快；具有在水、酸、碱、盐、有机溶剂中的不可溶性；较高的机械强度，耐磨性能好，可反复使用；耐热性好，化学性质稳定。应用离子交换技术进行药物分离提纯的关键是选择适合的离子交换树脂，一般应从以下几方面考虑。

(1) 被分离物质的性质和分离要求　包括目的药物和主要杂质的解离特性、分子量、浓度、稳定性、酸碱性的强弱、介质的性质以及分离要求等方面，关键是保证树脂对被分离物质与主要杂质的吸附力有足够大的差异。当目的药物有较强的碱性或酸性时，应选用弱酸性或弱碱性树脂，这样可以提高选择性，利于洗脱。当目的药物为弱酸性或弱碱性的小分子时，可以选用强碱或强酸性树脂，如分离氨基酸多采用强酸性树脂，以保证有足够的结合力，利于分步洗脱。对于大多数蛋白质、酶和其他生物大分子的分离多采用弱碱或弱酸性树脂，以减少生物大分子的变性，有利于洗脱，并提高选择性。

(2) 树脂可交换离子的形式　由于阳离子树脂有氢型和盐型（如钠型），阴离子树脂有羟型和盐型（如氯型）可供使用，为了增加树脂活性、离子的解离度，提高吸附能力，弱酸性和弱碱性树脂应采用盐型，而强酸性和强碱性树脂则根据用途可任意使用，对于在酸性、碱性条件下不稳定的药物，亦不宜选用氢型或羟型树脂。

(3) 适宜的交联度　多数药物的分子较大，应选择交联度较低的树脂，以便于吸附。但交联度过小，会影响树脂的选择性，其机械强度也较差，使用过程中易造成破碎流失。所以选择交联度的原则是：在不影响交换容量的条件下，尽量提高交联度。

(4) 洗脱难易程度和使用寿命　离子交换过程仅完成了一半分离过程，洗脱是非常重要的另一半分离过程，往往关系到离子交换工艺技术的可行性。从经济角度考虑，交换容量、交换速率、树脂的使用寿命等都是非常重要的选择参数。

总之，应根据目的药物的理化性质及具体分离要求，综合考虑多方面因素来选择树脂。

2. 离子交换树脂的预处理

(1) 物理处理　商品树脂在预处理前要先去杂过筛，粒度过大时可稍加粉碎，对于粉碎后的树脂应进行筛选或浮选处理。经筛选去除杂质后的树脂，往往还需要水洗以去除木屑、泥沙等杂质，再用酒精或其他溶剂浸泡以去除吸附的少量有机杂质。

(2) 化学处理　化学处理的方法是用 $8\sim10$ 倍的 $1mol/L$ 的盐酸或氢氧化钠溶液交替搅拌浸泡。如 732 树脂在用于氨基酸分离前先以 $8\sim10$ 倍树脂体积的 $1mol/L$ 盐酸搅拌浸泡 4h，反复用水洗至近中性后，再用 $8\sim10$ 倍体积的 $1mol/L$ 氢氧化钠溶液搅拌浸泡 4h，反复以水洗至近中性后，再用 $8\sim10$ 倍树脂体积的 $1mol/L$ 盐酸搅拌浸泡 4h，最后水洗至中性备用。

(3) 转型　即树脂经化学处理后，为了发挥其交换性能，按照使用要求人为地赋予树脂平衡离子的过程。如化学处理 732 树脂的最后一步，用酸处理使之变为氢型树脂的操作也可称为转型。常用的阳离子交换树脂有氢型、钠型、铵型等；常用的阴离子交换树脂有羟型、氯型等。对于分离蛋白质、酶等物质，往往要求在一定的 pH 值范围及离子强度下进行操作，因此，转型完毕的树脂还必须用相应的缓冲液平衡数小时后备用。

3. 离子交换操作条件的选择

(1) 交换 pH 值　pH 值是最重要的操作条件。选择时应考虑：在药物稳定的 pH 值范围内；使药物能离子化；使树脂能离子化。如赤霉素为一弱酸，pK_a 为 3.8，可用强碱性树脂进行提取。一般来说，对于弱酸性和弱碱性树脂，为使树脂能离子化，应采用钠型或氯型。而对强酸性和强碱性树脂，可以采用任何形式。但若抗生素在酸性、碱性条件下易破坏，则不宜采用氢型和羟型树脂。对于偶极离子，应采用氢型树脂吸附。

(2) 洗涤　完成离子交换后，洗脱前树脂的洗涤工作相当重要，其对分离质量影响很大。洗涤的目的是将树脂上吸附的废液及夹带的杂质除去。适宜的洗涤剂应能使杂质从树脂上洗脱下来，且不应与有效组分发生化学反应。如链霉素被交换到树脂上后，不能用氨水洗涤，因 NH_4^+ 与链霉素反应生成毒性很大的二链霉胺；也不能用硬水洗涤，因为水中的 Ca^{2+}、Mg^{2+} 等离子可将链霉素交换下来，造成收率降低。目前生产中使用软水进行洗涤，常用的洗涤剂有软化水、无盐水、稀酸、稀碱、盐类溶液或其他络合剂等。

4. 离子交换过程

离子交换过程是指被交换物质从料液中交换到树脂上的过程，分正交换法和反交换法两种。正交换是指料液自上而下流经树脂，此交换方法有清晰的离子交换带，交换饱和度高，洗脱液质量好，但交换周期长，交换后树脂阻力大，影响交换速率。反交换是指料液自下而上流经树脂层，树脂呈沸腾状，所以对交换设备要求比较高。生产中应根据料液的黏度及工艺条件选择，大多采用正交换法；当交换带较宽时，为了保证分离效果，可采用多罐串联正交换法。在离子交换操作时必须注意，树脂层之上应保持有液层，处理液的温度应在树脂耐热性允许的最高温度以下，树脂层中不能有气泡。

5. 洗脱过程

完成离子交换后，将树脂吸附的物质释放出来重新转入溶液的过程称作洗脱。洗脱前，一般先用软水、无盐水、稀酸或盐溶液作为洗涤剂洗涤树脂，去除大量色素和杂质。洗脱剂可选用酸、碱、盐、溶剂等。其中酸、碱洗脱剂是通过改变吸附物的电荷或改变树脂活性基团的解离状态，消除静电结合力，迫使目的物释放出来。盐类洗脱剂是通过高浓度的带同种电荷的离子与目的药物竞争树脂上的活性基团，并取而代之，使吸附物游离出来。

洗脱剂应根据树脂和目的药物的性质来选择。对于强酸性树脂，一般选择氨水、甲醇及甲醇缓冲液等作为洗脱剂；弱酸性树脂用稀硫酸、盐酸等作为洗脱剂；强碱树脂用盐酸-甲醇、乙酸等作为洗脱剂。若被交换的物质用酸、碱洗不下来，或遇酸、碱易破坏，可以用盐溶液作洗脱剂，此外还可以用有机溶剂作洗脱剂。在常温稀水溶液中，离子的水化半径越小，价态越高，越易被树脂交换，但树脂饱和后，价态不再起主要作用，所以可以用低价态、较高浓度的洗脱剂进行洗脱。

洗脱过程是交换的逆过程，一般情况下洗脱条件应与交换条件相反。如吸附在酸性条件下进行，洗脱应在碱性下进行；如吸附在碱性下进行，洗脱应在酸性下进行。洗脱流速应大大低于交换时的流速。为防止洗脱过程 pH 值的变化对药物稳定性的影响，可选用氨水等较缓和的洗脱剂，也可选用缓冲溶液作为洗脱剂。若单靠 pH 值变化洗脱不下来，可以使用有机溶剂，选择有机溶剂的原则是能与水混溶，并且对抗生素溶解度较大。

在洗脱过程中，洗脱液的 pH 值和离子强度可以始终不变，也可以按分离的要求人为地分阶段改变其 pH 值和离子强度，这就是阶段洗脱，常用于多组分分离。这种洗脱液的改变也可以通过仪器来完成，称为连续梯度洗脱。所用仪器称作梯度混合仪，如瑞典 Pharmacia-LKB 公司制造的自动梯度仪。梯度洗脱的效果优于阶段洗脱，特别适用于高分辨率的分析目的。另外，根据工艺要求，常对不同浓度的洗脱液进行分步收集，以获得较高的分离效果。

6. 树脂的再生

(1) 树脂的再生和转型　　所谓树脂的再生就是让使用过的树脂重新获得使用性能的处理过程，包括除去其中的杂质和转型。离子交换树脂一般可重复使用多次，但需进行再生处理。对使用后的树脂首先要去杂质，即用大量的水冲洗，以去除树脂表面和孔隙内部物理吸附的各种杂质；然后再用酸、碱处理，除去与功能基团结合的杂质，使其恢复原有的静电吸附能力。

　　常用的再生剂有 $1\%\sim10\%$ HCl、H_2SO_4、NaCl、NaOH、Na_2CO_3 及 NH_4OH 等。再生操作时，随着再生剂的通入，树脂的再生程度（再生树脂占全部树脂量的百分率）在不断增加，当上升至一定值时，再要提高再生程度就比较困难，必须耗用大量再生剂，很不经济，故通常控制再生程度在 $80\%\sim90\%$。

　　动态再生法既可采用顺流再生，也可采用逆流再生。对于顺流交换而言，当顺流再生时，未再生完的树脂在床层的底部，残留离子会影响分离效果；相反，当逆流再生时，床层底部的树脂再生程度最高，分离效果稳定。动态再生法步骤如下。

　　① 逆洗使树脂分离　动态再生法中，逆洗可使积压结实的树脂冲开松动，同时调整树脂的填充状态，树脂层中的杂质沉淀物与浮游物等被溢流除去，气泡也被除去。逆洗的水量为树脂层原体积的 $150\%\sim170\%$，逆洗时间一般为 10min。在混合床装置中，逆洗还兼有两种树脂分层的作用。

　　② 将再生剂通过树脂层　逆洗完毕，树脂颗粒沉降后，将再生液通过树脂层，再生剂的选择原则一般为：H 型交换层用酸液；OH 型交换层用碱液；中性交换树脂（复分解反应的离子交换）层用食盐。根据所用树脂的类型，选择适宜的再生剂，离子交换树脂的完全再生条件见表 6-5。

表 6-5　离子交换树脂的完全再生条件

离子交换树脂的种类	再生剂量 /(mmol/g)	再生剂浓度 /%	离子交换树脂的种类	再生剂量 /(mmol/g)	再生剂浓度 /%
强酸性阳离子交换树脂	50(HCl)	10	强碱性阴离子交换树脂	50(NaOH)	10
	50(NH_4Cl)	10		30(NaCl)	10
弱酸性阳离子交换树脂	40(HCl)	5	弱碱性阴离子交换树脂	30(NaOH)	5

　　如果离子交换树脂要完全再生，所用再生剂的量必须达到上表中理论量的 $3\sim20$ 倍，很不经济。在实际工业生产中往往采用部分再生法，再生剂的用量仅为理论用量的 $1.5\sim3$ 倍。

　　③ 树脂层的清洗　再生后要用清水对树脂层进行洗涤，以洗去其中的再生废液。工业上为了回收再生废液，往往先慢速冲洗以回收再生废液，然后快速冲洗。制药生产中所用的洗涤水一般为软水或无盐水。

　　④ 树脂的混合　洗涤后，对于混合床还需在其底部通入压缩空气搅拌，使两种树脂充分混匀备用。

　　与动态再生法对应的是静态再生法，它是将洗涤后的树脂与再生剂反复混合多次，取出再生废液，然后用水对树脂进行洗涤，反复多次，直至再生液被全部洗出。工业中一般不采用此法。

　　如果离子交换树脂再生后，树脂的形式与下次离子交换所需的形式相同，则可以直接使用；若再生后的形式不符合下次使用的要求，则必须对树脂进行转型处理。如果树脂暂时不用则应浸泡于水中保存。

　　（2）毒化树脂的逆转　树脂失去交换性能后不能用一般的再生手段重获交换能力的现象称为树脂的毒化。毒化的因素主要有大分子有机物或沉淀物严重堵塞孔隙、活性基团脱落、生成不可逆化合物等，重金属离子也会对树脂毒化。对已毒化的树脂用常规方法处理后，再用酸、碱加热至 $40\sim50℃$ 浸泡，以溶出难溶杂质；也可用有机溶剂加热浸泡处理。对不同的毒化原因须采用不同的逆转措施，不是所有被毒化的树脂都能逆转而重新获得交换能力，因此使用时要尽可能减轻毒化现象的发生，以延长树脂的使用寿命。

（二）离子交换操作方式

常用的离子交换方式有三种：第一种是"间歇式"，又称分批操作法，也称静态交换，多用于学术研究中；第二种是"管柱式"或"固定床式操作"，其装置为装有离子交换树脂的圆柱体，它是工业中最常用、最主要的一种离子交换操作方式；第三种是"流体式"或"流动床式"，此种操作方式在分离提纯中应用较少。第二、三种相对于第一种可以称为动态交换。

静态交换法是将树脂与交换溶液混合置于一定的容器中，静置或进行搅拌使交换达到平衡。如卡那霉素、庆大霉素等采用的都是静态交换法。静态交换法操作简单，设备要求低，但由于静态交换是分批间歇进行的，树脂饱和程度低、交换不完全、破损率较高，不适于用作多种成分的分离。

动态交换法一般是指固定床法，先将树脂装柱或装罐，交换溶液以平流方式通过柱床进行交换。如链霉素、头孢菌素、新霉素等多数抗生素均采用动态交换法。该法交换完全，不需搅拌，可采用多罐串联交换，使单罐进出口浓度达到相等程度，具有树脂饱和程度高、连续操作连续等优点，而且可以使吸附与洗脱在柱床的不同部位同时进行。动态交换法适于多组分的分离以及抗生素等的精制脱盐、中和，在软水、去离子水的制备中也多采用此种方法。例如用一根 732 树脂交换柱可以分离多种氨基酸。

（三）离子交换装备

1. 对离子交换装备的要求

工业上的离子交换过程一般包括：原料液中的离子与固体交换剂中可交换离子间的置换反应，饱和的离子交换剂用洗脱剂进行逆交换反应过程，树脂的再生与循环使用等步骤。为使离子交换过程得以高效进行，离子交换设备应具有以下特点。

① 由于离子交换是液-固非均相传质过程，为了进行有效的传质，溶液与离子交换剂之间应接触良好。

② 离子交换设备应具有适宜的结构，保证离子交换剂在设备内有足够的停留时间，以达到饱和并能与溶液之间进行有效的分离。

③ 控制离子交换剂用量以及液相流速，使溶液在设备中有适宜的停留时间，并保持较高的分离组分回收率，使设备结构紧凑，降低设备投资费用。

④ 在连续逆流离子交换过程中，能够精确测量和控制离子交换剂的投入量及转移速率。

⑤ 饱和的离子交换剂用洗脱剂洗脱后，离子交换剂与洗脱液能有效地分离。

⑥ 树脂的再生处理过程常需使用酸、碱溶液，因此设备应具有一定的防腐能力。

⑦ 由于离子交换剂价格较贵，操作过程中，应尽量减少或避免树脂的磨损与破碎。

2. 离子交换设备分类

目前，已应用于工业规模的离子交换设备种类很多，设计各异。按结构类型分为罐式、塔式和后槽式。按操作方式分为间歇式、周期式和连续式。按两相接触方式分为固定床、移动床和流化床。流化床又分为液流流化床、气流流化床和搅拌流化床；固定床又分为单床、多床、复床、混合床。另外，还有顺流操作型与反流操作型，重力流动型与加压流动型等离子交换设备。

3. 典型的离子交换装备

间歇式静态离子交换装置最简单，可以用玻璃容器、塑料桶、反应釜等，这里不详述。下面重点介绍周期性的固定床离子交换装备和连续性的移动床离子交换设备。

（1）离子交换柱 通常用玻璃或聚酯材料制造，便于观察装柱的均匀程度或色带的移动情况。柱应平直，直径均匀。实验室中所用的柱，直径最小为几毫米，一般为2～15cm。直径为几毫米的柱使用不便、装柱困难，但适于进行离子交换树脂和溶剂的选择试验。工业上的大型离子交换柱多用金属制造，为便于观察，常在柱壁镶嵌一条玻璃或有机玻璃狭带。柱的入口端装有进料分布头，使进入柱内的流动相分布均匀，并有规则的流型，也可在离子交换柱的顶面上加一种多孔的尼龙圆片或保持一段缓冲液液层。柱的底部装有支撑固定相的材料，如玻璃棉、砂芯玻璃板（或玻璃细孔板），最简单的也可以采用铺有滤布的橡皮塞；砂芯板一般是活动的，能够卸下，当离子交换过程结束后，能够将固定相放出。柱下端缩口应不易阻塞、死体积要小，其出口管应尽量短些，这样可以避免已分离的组分重新混合。如图6-8所示为交换柱"死体积"示意。

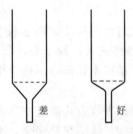

图6-8 交换柱"死体积"示意

柱的分离效率与其长度成正比，与直径成反比，因此柱通常是细长的。L/D 一般为20～30。

在分离生物活性物质时，有些离子交换柱须带有夹套，以保持适宜的操作温度；有些柱应能进行消毒，以免微生物的污染。

（2）固定床离子交换装置 是一个装有一定高度离子交换树脂层的圆筒形容器。理想的装置是细而长的离子交换柱，但在生产实际中，能满足离子交换的目的即可。固定床离子交换设备的高径比通常不大（$H/D=2～5$），有些高径比接近于1，如图6-9所示为固定床离子交换设备。

离子交换剂装入设备内并处于静止状态，原料液通常由设备的上部引入，经树脂处理后的液体由底部排出。经过一定时间运行后，树脂饱和，停止交换过程。进行洗涤后再用洗脱剂洗脱。树脂经再生处理后重复使用。

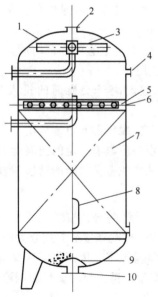

图6-9 固定床离子交换设备

1—壳体；2—排气孔；3—上水分布装置；4—树脂卸料口；5—压胀层；6—中排液管；7—树脂层；8—视镜；9—下水分布装置；10—出水口

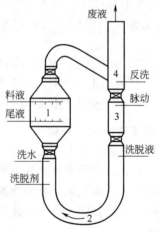

图6-10 移动床离子交换设备
（希金斯连续离子交换设备）

1—交换段；2—再生段；3—脉冲段；4—贮存段

2. 生产操作

(1) 青霉素钾工业盐的溶解 溶解工业盐湿粉时须再次检查溶解的湿粉是否符合使用要求，如符合要求，方可使用。打开 1# 溶解罐注射用水进水阀门，按计算结果加入注射用水后关闭 1# 溶解罐注射用水进水阀门；打开 1# 溶解罐丁醇进料阀门，按计算结果从丁醇贮罐向 1# 溶解罐压入丁醇后关闭 1# 溶解罐丁醇进料阀门；丁醇贮罐压料的操作执行《转化带压罐标准操作规程》；启动 1# 溶解液罐机械搅拌，缓慢倒入青霉素钾工业盐，倒完后继续搅拌 10min 使溶解完全，停机械搅拌用计量尺量体积，取样送化验室化验。用于盛放工业盐湿粉的塑料袋在使用后废弃，不得重复周转使用。

重结晶物料是指将含量、吸碘物、色级、澄明度不合格或抽滤不干且经上级批示用于重结晶的青霉素钠粉直接溶解到转化液罐溶成转化液。对于重结晶物料的溶解，计算出加入的注射用水量及丁醇量后，打开转化液罐注射用水进水阀门，按计算结果向转化液罐内注水后关闭注射用水进水阀门，打开转化液罐丁醇进料阀门，按计算结果从丁醇贮罐向转化液罐压入丁醇后关闭丁醇进料阀门，丁醇贮罐压料的操作执行《转化带压罐标准操作规程》，启动机械搅拌，缓慢倒入钠粉，倒完后继续搅拌 10min 使溶解完全，接到结晶接料通知后与结晶岗位人员进行交接。

加入注射用水量(L)＝溶成转化液体积(L)×转化液水分(15%～20%)

加入丁醇量(L)＝溶成转化液体积(L)－注射用水溶料后体积(L)

(2) 转化柱加丁醇 将丁醇贮罐加压，打开 2# 溶解罐丁醇进料阀门，向 2# 溶解罐加入丁醇后关闭丁醇进料阀门，并将丁醇贮罐卸压；盖上 2# 溶解罐罐盖加压至 0.15MPa；依次打开 2# 溶解液罐底出料阀门、流量计进出料阀门、交换柱进料阀门，把丁醇压入交换柱内；打开交换柱排污阀门并观察放水情况，用摸、闻结合的方法判断水中含丁醇时，立刻关闭转化柱排污阀门，依次打开交换柱出料阀门、废丁醇罐回流阀门，将含丁醇的水回流到废丁醇罐。丁醇贮罐、废丁醇罐和溶解罐加压卸压的操作执行《转化带压罐标准操作规程》。

(3) 青霉素钾盐的转化 将 1# 溶解罐加压，打开 1# 溶解液罐底阀门；关闭 2# 溶解液罐底阀门并卸压；加压、卸压的操作执行《转化带压罐标准操作规程》。调节溶解液流量计进、出料阀门控制流量，调节流量计进、出料阀门或转化柱出料阀门使溶解液液面不低于树脂面；随时观察转化液出料情况，从出料视筒处观察液体由浊变清时，可认为已经出料，立即关闭废丁醇罐回流阀门，打开转化液罐进料阀门，随时取样，用钴亚硝酸钠在柱底取样阀处取样放入点滴板中，滴入 1～2 滴钴亚硝酸钠试剂测试有无钾离子，若发现与转化液反应剧烈，呈流动状态向外扩散且搅动后呈棕黄色沉淀，可断定为漏钾，若与转化液无任何反应呈深棕色者为正常。

(4) 溶解液压完后继续用适量丁醇-水溶液通过转化柱，顶出柱内残余的青霉素单位。打开 2# 溶解罐注射用水进水阀门，按计算结果向 2# 溶解罐加入注射用水后关闭注射用水进水阀门，打开 2# 溶解罐丁醇进料阀门，按计算值从丁醇贮罐向 2# 溶解罐压入丁醇后关闭丁醇进料阀门，启动 2# 溶解罐机械搅拌，5min 后停搅拌；观察 1# 溶解液罐内溶解液体积，由流量计处发现溶解液变浑浊后，依次关闭流量计进、出料阀门及 1# 溶解罐出料阀门，1# 溶解罐卸压，2# 溶解罐加压，依次打开 2# 溶解罐出料阀门、流量计进出料阀门，调节流量计进、出料阀门控制流量，调节转化柱进出料阀门保证丁醇-水溶液液面不低于树脂面；丁醇-水顶完后，继续用压缩空气顶柱至交换柱液面板不显示液面时，依次关闭 2# 溶解罐出料阀门、流量计进出料阀门，将 2# 溶解罐卸压；依次打开交换柱注射用水阀门、交换柱正进阀门，继续用注射用水顶柱内的丁醇-水溶液，出料视镜出现混浊后，关闭转化液贮罐进料阀门，打开废丁醇罐回流阀门，使丁醇和水的混合物回流到废丁醇罐，随时观察废丁醇罐液位，当罐内液位达到规定值时打开罐底放料阀门并通知准备岗位放废丁醇，当出料视筒澄清透明后依次关闭转化柱注射用水阀门、转化柱正进阀门、废丁醇罐回流阀门。以上操作中各罐加压、卸压、压料的操作执行《转化带压罐标准操作规程》。

（5）接到结晶岗位接料通知后启动转化液罐机械搅拌，10min后停搅拌，与结晶交接人员共同取样量体积，并将样品送化验室化验。如转化液水分不符合要求，则适量补加注射用水或丁醇。

（6）配制再生用氯化钠溶液　转化结束前应提前配制。打开氯化钠配制罐罐盖，打开罐上纯化水进水阀门，加入纯化水，操作执行《转化带压罐标准操作规程》。启动氯化钠配制罐机械搅拌，加入氯化钠，10min后溶液至澄清状态，停搅拌，取样送化验室。如溶液中氯化钠含量不合格，向配制罐中补加适量纯化水或氯化钠，调整至合格。

（7）树脂再生　一批料转化完后进行通盐再生，转化柱通盐前先用纯化水充分反洗10~30min，使柱内树脂充分疏松，然后进行再生操作。氯化钠回收盐罐加压，依次打开回收盐罐出料阀门、交换柱氯化钠进料阀门、正进阀门、转化柱排空阀门、氯化钠流量计进出料阀门，待氯化钠溶液充满交换柱上方且从转化柱排空阀门流出后，关闭转化柱排空阀门，打开交换柱排污阀门，调节排污阀门使溶液液面不低于树脂面。控制流量，回收盐罐溶液通完后，关闭回收盐罐出料阀门，卸压。氯化钠配制罐加压，依次打开氯化钠配制罐出料阀门，控制流量，关交换柱排污阀门，打开回收盐阀门，打开回收盐罐进料阀门。待氯化钠溶液通完后，氯化钠配制罐卸压，依次关闭氯化钠配制罐出料阀门、交换柱氯化钠进料阀门、正进阀门、流量计进出料阀门、回收盐阀门、回收盐罐进料阀门，打开转化柱排空阀门。通氯化钠完毕，交换柱内仍要充满氯化钠溶液进行浸泡，并用钴亚硝酸钠测试柱内无钾离子。氯化钠配制罐加压、卸压的操作执行《转化带压罐标准操作规程》。

（8）树脂洗涤　交换柱内树脂用氯化钠溶液浸泡8h后，需进行洗涤操作。依次打开交换柱纯化水阀门、正进阀门、回收盐阀门、回收盐罐进料阀门，正洗。待从出料视筒处观察液体由浊变清时，可认为已经出水，打开排污阀门，关闭回收盐阀门、回收盐罐进料阀门；30min后依次关闭交换柱正进阀门、排污阀门，依次打开交换柱反进阀门、排空阀门，进行5min反洗。正反交替洗涤至无氯离子，再用注射用水正反交替各清洗30min。

3. 注意事项

① 严禁用不合格的注射用水溶解青霉素钾工业盐；青霉素钾工业盐必须溶解完全，严禁溶解液发白或有颗粒；溶解过程中，尽量缩短溶解时间，溶解完后立刻转化。

② 对运转设备及传动设备及时进行检查，发现问题及时处理。

③ 转化前，必须将交换柱反洗10~30min，使树脂充分疏松；必须检查钴亚硝酸钠是否失效。可将少量青霉素钾工业盐粉溶于点滴板上，滴入2~3滴钴亚硝酸钠试剂，有漏钾反应为正常，无漏钾反应则为失效，需重新配制。

④ 溶解液进柱前，必须将交换柱彻底洗至无氯离子。

⑤ 转化过程中，不得擅自离开工作岗位，不得出现跑、冒、滴、漏现象，杜绝跑溢溶媒、跑料事故，保证物料流量稳定，随时测试是否漏钾，尽可能加快转化过程。

⑥ 每批转化结束后反洗树脂时观察树脂破碎程度，及时将老化、破碎树脂反冲出来，并及时补加等量新树脂。严禁氯化钠溶液低于树脂层表面以下，并保证氯化钠浸泡树脂时间8~10h。

⑦ 配盐时操作要精心，往氯化钠配制罐内倾倒氯化钠时应侧面操作，避免盐液溅入眼中，洒落的盐应及时收起，防止腐蚀平台；应避免杂物进入氯化钠配制罐，如有异物掉入应及时捞出。

4. 异常现象处理

（1）漏钾　转化过程测试发现漏钾时，立即关闭转化液进料阀门，将转化柱内的料液从排污阀门接出倒入溶解液罐内，与剩余的料液混合用备用柱进行转化，漏钾的转化柱再生之前应充分反洗以漂出破碎树脂，并补加活化好的新树脂；漏钾现象与转化过程中各转化柱流量不均匀有关，因此转化过程中应检查各转化柱转化液流量，保持均衡和稳定；如转化液罐中转化液中含钾，将转化液压到溶液罐，通过备用转化柱进行再次转化。

（2）盐酸、氢氧化钠及丁醇的泄漏　当发现有泄漏时，应立即制止闲散人员走动，操作人员确认劳保用品穿戴符合要求后，关闭泄漏部位的进料阀门和出料阀门，将泄漏料液收集，盐酸和氢氧化钠收起后用水稀释倒入下水道，丁醇倒入 3$^{\#}$ 溶解罐，用大量清水冲洗现场和设备（带电设备不能用水冲洗），打开岗位排风口，开窗加快空气流通。

（3）转化液发紫　Fe^{3+}（铁离子）与丁醇、青霉素发生反应生成的物质为紫色，岗位发生转化液发紫主要是设备发生锈蚀造成，解决方法是减少设备闲置，对生锈设备进行打磨除锈。

二、离子交换法生产青霉素钠盐操作规程解读

1. 操作前的准备

操作前的准备主要是在生产前对物料进行准备，将丁醇打入罐中，将青霉素工业盐、硝酸银与钴亚硝酸钠试剂、氯化钠按生产要求预备好。设备检查主要是查看设备是否处于正常待机状态，无"跑冒滴漏"现象，对运转设备及传动设备及时进行检查，发现问题及时处理。

溶解液进柱前，必须将交换柱彻底洗至无氯离子。转化柱中树脂量应合适。

2. 生产操作

（1）青霉素工业盐溶解阶段的操作

① 检查所溶解的湿粉是否符合要求（存放周期＜3 天，吸碘物＜0.2％）。

② 严禁用不合格的注射用水溶解青霉素钾工业盐；青霉素钾工业盐必须溶解完全，严禁溶解液发白或有颗粒；溶解过程中，尽量缩短溶解时间，溶解完后立刻转化。

（2）青霉素钾工业盐转化阶段操作

① 必须检查钴亚硝酸钠是否失效。可将少量青霉素钾工业盐粉溶于点滴板上，滴入 2～3 滴钴亚硝酸钠试剂，有漏钾反应为正常，无漏钾反应则为失效，需重新配制。

② 交换前，需注意加入丁醇后流出液状态，当用摸、闻的方法判断水中含丁醇时，此时可以加入青霉素钾盐溶解液。

③ 进行交换过程中，需注意调节溶解液流量，使溶解液液面一定不低于树脂液面，否则在交换过程中会有断层或漏液现象发生；应密切观察流出液的状态，当流出液由清变混时，说明转化液已经流出（丁醇与水不互溶），此时应将转化液罐的进料阀门打开。

④ 转化过程中随时取样，用钴亚硝酸钠检查是否有漏钾现象，若发现检测试剂与转化液反应剧烈，呈流动状态向外扩散且搅动后呈棕黄色沉淀，可断定为漏钾，与转化液无任何反应呈深棕色者为正常。

⑤ 溶解液压完后仍要用丁醇-水将柱内剩余的转化液顶出，调节转化柱进出料阀门保证丁醇-水溶液液面不低于树脂面；丁醇-水顶完后，加入注射用水，当出料视镜出现混浊后，此时丁醇流出，打开废丁醇回收罐将丁醇回收。

⑥ 转化操作结束前，应将氯化钠再生溶液提前配好，转化柱通盐前先用纯化水充分反洗 10～30min，使柱内树脂充分疏松，然后进行再生操作。通氯化钠完毕，交换柱内仍要充满氯化钠溶液进行浸泡，并用钴亚硝酸钠测试柱内无钾离子。交换柱内树脂用氯化钠溶液浸泡后，需进行洗涤操作。正反交替洗涤至无氯离子，再用注射用水正反交替各清洗 30min。

⑦ 每批转化结束后反洗树脂时观察树脂破碎程度，及时将老化、破碎树脂反冲出来，并及时补加等量新树脂。

三、离子交换法生产青霉素钠盐标准操作 SOP

离子交换法生产青霉素钠盐的工艺流程如图 6-12 所示。

1. 开车准备

（1）物料的制备

① 确认丁醇贮罐的各阀门除排气阀门外其他阀门均关闭。

② 打开丁醇进料阀门，加入规定体积的丁醇，关闭丁醇进料阀门。

③ 准备青霉素工业盐（计算量，以效价为单位）和工业氯化钠；从化验室领取硝酸银与钴亚硝酸钠试剂。

（2）开车前的检查工作

① 开车前检查水、汽、冷是否工作正常。

② 检查各个设备是否处在准备开车状态，防止开车时出现设备故障、跑料、漏料等。

③ 检查交换柱内树脂有无氯离子存在。

④ 根据青霉素量计算所需的工业盐、水量和丁醇量。

2. 操作过程

（1）青霉素钾工业盐的溶解

① 加入规定的水量和丁醇量，启动溶解液罐机械搅拌。

② 缓慢倒入青霉素钾工业盐，倒完后继续搅拌 10min 使溶解完全。

③ 取样送化验室化验。

（2）重结晶物料溶解

① 计算加入注射用水量及丁醇量。

② 打开转化液罐注射用水进水阀门。

③ 按计算结果向转化液罐内注水后关闭注射用水进水阀门。

④ 打开转化液罐丁醇进料阀门。

⑤ 按计算结果从丁醇贮罐向转化液罐压入丁醇后关闭丁醇进料阀门。

⑥ 启动机械搅拌，缓慢倒入钠粉，倒完后继续搅拌 10min 使溶解完全。

⑦ 接到结晶接料通知后与结晶人员进行交接。

（3）转化柱加丁醇

① 丁醇贮罐加压，将丁醇压入交换柱内。

② 打开交换柱排污阀门，判断水中含丁醇时，立刻关闭转化柱排污阀门。

③ 依次打开交换柱出料阀门、废丁醇罐回流阀门，将含丁醇的水回流到废丁醇罐。

（4）青霉素钾盐的转化

① 调节溶解液流量计进、出料阀门控制流量，使溶解液液面不低于树脂面。

② 从出料视筒处观察液体由浊变清时，立即关闭废丁醇罐回流阀门。

③ 打开转化液罐进料阀门，随时取样，用钴亚硝酸钠试剂测试有无钾离子。

（5）丁醇-水顶洗

① 溶解液压完后继续用适量丁醇-水溶液通过转化柱，顶出柱内残余的青霉素单位。

② 依次打开交换柱注射用水阀门、交换柱正进阀门，继续用注射用水顶柱内的丁醇-水溶液。

③ 出料视镜出现混浊后，关闭转化液贮罐进料阀门。

④ 打开废丁醇罐回流阀门，使丁醇和水的混合物回流到废丁醇罐。

⑤ 当罐内液位达到规定值时打开罐底放料阀门并通知准备岗位放废丁醇。

⑥ 当出料视筒澄清透明后依次关闭转化柱注射用水阀门、转化柱正进阀门、废丁醇罐回流阀门。

（6）接到结晶岗位接料通知后启动转化液罐机械搅拌，10min 后停搅拌，与结晶交接人员共同取样量体积，并将样品送化验室化验。

（7）配制再生用氯化钠溶液

① 打开氯化钠配制罐罐盖，加入纯化水。

② 启动氯化钠配制罐机械搅拌，加入氯化钠。

③ 10min 后溶液至澄清状态，停搅拌，取样送化验室。

（8）树脂再生

① 转化柱通盐前先用纯化水充分反洗 10～30min，使柱内树脂充分疏松。

② 进行再生操作。

（9）树脂洗涤　交换柱内树脂用氯化钠溶液浸泡 8h 后进行洗涤操作。

3. 注意事项

① 严禁用不合格的注射用水溶解青霉素钾工业盐；青霉素钾工业盐必须溶解完全，严禁溶解液发白或有颗粒；溶解过程中，尽量缩短溶解时间，溶解完后立刻转化。

② 对运转设备及传动设备及时进行检查，发现问题及时处理。

③ 溶解液进柱前，必须将交换柱彻底洗至无氯离子；必须将交换柱反洗 10～30min，使树脂充分疏松；必须检查钴亚硝酸钠是否失效。可将少量青霉素钾工业盐粉溶于点滴板上，滴入 2～3 滴钴亚硝酸钠试剂，有漏钾反应为正常，无漏钾反应则为失效，需重新配制。

④ 转化过程中，不得擅自离开工作岗位，不得出现跑、冒、滴、漏现象，杜绝跑溢溶媒、跑料事故发生；保证物料流量稳定，随时测试是否漏钾，尽可能加快转化过程。

⑤ 每批转化结束后反洗树脂，严禁氯化钠溶液低于树脂层表面以下，并保证氯化钠浸泡树脂时间 8～10h；反洗时观察树脂破碎程度，及时将老化、破碎树脂反冲出来，并及时补加等量新树脂。

⑥ 配盐时操作要精心，往氯化钠配制罐内倾倒氯化钠时应侧面操作，避免盐液溅入眼中，洒落的盐应及时收起，防止腐蚀平台；避免杂物进入氯化钠配制罐，如有异物掉入应及时捞出。

任务 6.4　离子交换法进行青霉素钾盐-钠盐的转化

【实训目标要求】

1. 掌握离子交换技术的原理及操作方法；

2. 掌握离子交换法进行青霉素盐转换的原理及操作过程；

3. 熟悉常见药物的离子交换法的应用。

【实训原理】

青霉素是一种有机酸，易溶于醇、酮、醚和酯类等有机溶剂，在水中的溶解度很小，且迅速丧失其抗菌能力。其盐易溶于水、甲醇等，而几乎不溶于乙醚、氯仿或醋酸戊酯，微溶于乙醇、丁醇、酮类或醋酸乙酯中，但如果此类溶剂中含有少量水分，其在该溶剂中的溶解度就大大增加。

青霉素钠盐的吸湿性较强，其次为胺盐，钾盐的吸湿性最弱，因此青霉素工业盐均为钾盐，其生产条件要求较低，易于保存。但青霉素钾盐在临床的肌肉注射中较疼，而青霉素钠盐的疼痛感较轻。因此，临床应用中，需将青霉素钾盐转化为钠盐。

交换反应式为：

$$RSO_3Na + PenG\text{-}K \Longleftrightarrow RSO_3K + PenG\text{-}Na$$

【实训药品】

实训药品	规格	用量
离子交换树脂	1×14 强酸性树脂	500g
青霉素钾盐	工业品	20g
丁醇	分析纯	800mL
蒸馏水	自购	适量
硝酸银	分析纯	适量
钴亚硝酸钠	分析纯	适量
盐酸（1mol/L）	工业	适量
氢氧化钠（1mol/L）	工业	适量
氯化钠（30%）	工业	适量

【实训操作】

离子交换工艺过程主要分为树脂的预处理、交换条件的选择、离子交换反应、洗脱、树脂的清洗及再生等环节。

1. 树脂的预处理及活化

用试管取蒸馏水样，滴入几滴硝酸银试剂，如产生白色沉淀，说明存在氯离子，如不产生白色沉淀即无氯离子。

（1）物理法　将称量好的离子交换树脂用适量的蒸馏水浸泡一定的时间，去除粉碎不合格的树脂并洗去木屑、泥沙等杂质。

（2）化学法　用 8～10 倍树脂体积的 1mol/L 的盐酸搅拌浸泡 1h，反复用水洗至近中性后，再用 8～10 倍体积的 1mol/L 氢氧化钠溶液搅拌浸泡 1h，反复以水洗至近中性后，再用 8～10 倍树脂体积的 1mol/L 盐酸搅拌浸泡 1h，最后水洗至中性备用。

（3）转型　将氢型树脂用 30% 的氯化钠反复浸泡树脂 1h，并搅拌。

2. 交换条件的选择

（1）交换 pH　青霉素钠盐钾盐的转化是在中性或近中性的条件下进行的，因此在交换反应前需用 pH 试纸测溶液。溶液 pH 应在 6～7.5 之间。

（2）装柱　将达到要求的树脂装入玻璃柱中。装柱前先将玻璃柱的下端用脱脂棉堵住，防止交换时将树脂冲洗下来。缓缓地将树脂倒入柱中，装树脂至柱顶端 5～10cm 为宜。同时应用蒸馏水将树脂浸泡。等待树脂沉降完毕后待用。

（3）洗涤　将树脂柱用蒸馏水反复冲洗 3～5 遍，去除残留在树脂上的杂质。再用 1.5mol/L 氯化钠冲洗 3 遍。

3. 交换过程

青霉素的转化所用的溶剂为蒸馏水与丁醇的混合物。交换前需将青霉素钾盐溶解。

（1）钾盐的溶解　所用蒸馏水与丁醇的体积比为 2∶3。将蒸馏水 200mL 与丁醇 300mL 在烧杯中配好。将青霉素钾盐 20g 溶解于蒸馏水-丁醇溶液中，搅拌溶解。

（2）交换反应　　交换前先将柱中缓缓加入丁醇 100mL，10min 后进行离子交换。

将配好的青霉素钾盐溶液缓缓加入离子交换柱中，注意控制加入的速度不可过快。准备好钴亚硝酸钠试剂待用。同时柱的下端接锥形瓶。打开柱下端阀门，观察柱中溶液由浊逐渐变清，代表交换反应完成。随时取样，用钴亚硝酸钠在柱底取样阀处取样后放入点滴板中，滴入 1～2 滴钴亚硝酸钠试剂，测试有无钾离子，若发现与转化液反应剧烈，呈流动状态向外扩散且搅动后呈棕黄色沉淀，可断定为漏钾，与转化液无任何反应呈深棕色者为正常。

溶解液加完后继续用丁醇-水溶液（250～350mL）通过树脂柱，将柱中残留的青霉素钠盐洗出。注意转化柱进出料阀门保证丁醇-水溶液液面不低于树脂面。

交换完毕后，将收集得到的青霉素钠盐溶液进行重结晶。

4. 树脂的洗涤与再生

（1）树脂的再生　　将树脂从柱中倒入烧杯中，先用蒸馏水反复浸泡 2～3 次，再用配好的氯化钠溶液反复浸泡 3～5 次，每次不少于 5min。

（2）树脂的洗涤　　树脂用氯化钠溶液浸泡完毕后，再用蒸馏水反复浸泡 2～3 次。

将再生与洗涤完后的树脂用蒸馏水浸泡，防止树脂的破裂。

【研究与探讨】

1. 青霉素盐的转化为什么用蒸馏水-丁醇作为洗脱液？单独用蒸馏水是否可以？为什么？

2. 树脂的预处理为何要用蒸馏水？能否用自来水代替？为什么？

3. 洗脱完后为何进行树脂的洗涤与再生？目的是什么？

【知识拓展】　离子交换技术的应用与发展

一、离子交换技术的应用

1. 制药生产中的水处理

在药品生产过程中，大量的水作为溶剂或用于清洗。不同用途的水，其水质要求不同，多采用离子交换技术进行水处理。水处理工艺及设备多种多样，用于满足不同的水质要求。水的硬度通常用度（H°）表示，$1H°$ 是指每升水中含有相当于 10mg CaO 的硬度。而 $t·H°$ 是指每吨水所含有的总硬度，称为纯度。软水的硬度一般要求在 $1H°$ 以下。

（1）软水制备　　普通的井水和自来水中常含有一定量的无机盐，这种含有 Ca^{2+}、Mg^{2+} 的水称为硬水。硬水不能直接供给锅炉和粗提岗位，必须进行软化。除去 Ca^{2+}、Mg^{2+} 的水称为软水。国内制备软水一般采用 $1×7$（732）树脂，其交换反应式如下：

$$2R—SO_3Na + Ca^{2+} \longrightarrow (R—SO_3)_2Ca^{2+} + 2Na^+$$

$$2R—SO_3Na + Mg^{2+} \longrightarrow (R—SO_3)_2Mg^{2+} + 2Na^+$$

树脂使用一段时间后，其交换能力逐渐下降，出口软水的硬度也逐渐升高，因此需用 10% 的 NaCl 溶液再生成钠型以重复使用，再生反应式为：

$$(R—SO_3)_2Ca^{2+} + 2Na^+ \longrightarrow 2R—SO_3Na + Ca^{2+}$$

$$(R—SO_3)_2Mg^{2+} + 2Na^+ \longrightarrow 2R—SO_3Na + Mg^{2+}$$

锅炉给水处理中常用磺化煤，它是用发烟硫酸或浓硫酸处理粉碎的褐煤或烟煤而得，为黑色无定形颗粒，软化能力为 $700t·H°/m^3$ 以上。

（2）无盐水制备　　无盐水又称去离子水，它是指不含任何盐类及可溶性阴离子和阳离子的水，其纯度较软水高得多，在药品生产中应用较多。无盐水的制备多采用氢型强酸阳离子树脂和羟型强碱或弱碱阴离子树脂。弱碱树脂虽具有交换容量高、再生剂耗量少等优点，但它不能除去弱酸性阴离子如 SiO_3^{2-}、CO_3^{2-} 等，所以水质不如用强碱树脂制得的好。因此，在实际运用时，应根据水质要求和原水质量选用不同的树脂和组合。如采用强酸-强碱组合或强酸-弱碱组合；若原水的硬度较高，也可采用大孔弱酸-强酸-弱酸（或强碱）的组合，以得到较高质量的无盐水。其交换反应式如下：

$$R—SO_3H+MX \longrightarrow R—SO_3M+HX$$
$$R'—OH+HX \longrightarrow R'—X+H_2O$$

式中　M——代表金属阳离子；

　　　X——代表阴离子。

当阴、阳离子树脂需要再生时，可分别用 1mol/L 的 NaOH 和 HCl 进行处理，再生成氢型和羟基型即可重复使用，再生反应为：

$$R—SO_3M+HCl \longrightarrow R—SO_3H+MCl$$
$$R'—X+NaOH \longrightarrow R'—OH+NaX$$

当原水中碳酸氢盐、碳酸盐含量较高时，可在阳床和阴床之间装一个 CO_2 脱气塔，以延长阴离子树脂的使用期限，此法制得的无盐水的电阻率一般可达 $6×10^5\Omega \cdot cm$ 以上。如果水质要求更高，可采用阴、阳离子树脂两次组合或采用混合床装置来制备。混合床是将阴、阳离子树脂混合而成，脱盐效果更好，但再生操作不便，故适于装在强酸-强碱树脂组合的后面以除去残余的少量盐分，提高水质。交换反应式如下：

$$R—SO_3H+R'—OH+MX \longrightarrow R—SO_3M+R'—X+H_2O$$

由上述交换反应可看出，混合床除盐的交换产物为水，故反应完全，所得水质更好，其电阻率可达 $2×10^7 \sim 2×10^8\Omega \cdot cm$，$Cl^-$ 浓度可降至 $0.1\mu g/mL$，硬度达 $0.1H°$ 以下。另外，避免了复床中阳离子交换床层 pH 值变化较大的问题。

（3）影响水处理的因素

① 树脂的选择　树脂的性能决定着水处理的效果。如在硬水软化时，应选择既有较高的软化效率，又有合理的再生效率的离子交换树脂，可选用磺酸型阳离子交换树脂。在无盐水制备中，当水质要求较高时，可采用强酸-弱碱-强酸-强碱的组合。

② 操作方式和操作条件的影响　在制备无盐水时，根据水质要求和生产具体情况，可选常法去离子（阳离子树脂→阴离子树脂）、逆法去离子（阴离子树脂→阳离子树脂）、混合床去离子（强酸阳离子树脂与强碱阴离子树脂混合）等操作方式，通过实验确定最佳操作条件，如流速、温度、交换剂粒度、再生程度、再生剂浓度、再生剂类型等。

③ 有机污染问题　在应用离子交换法进行水处理时，通常只关注无机离子的交换，但有机杂质的影响也不可忽略。如果处理地下水，则有机杂质的影响很小。但是如果以地面水作为水源时，则有机杂质的影响较大。有机杂质一般呈酸性，对阴离子树脂污染比较严重。污染分为两种，一种是对树脂颗粒的机械性阻塞，经逆洗后一般能恢复；另一种为化学性不可逆吸附，如吸附单宁酸、腐殖酸后，会使树脂失效。

阴离子树脂被有机物污染后，一般颜色变深，用漂白粉处理后可使颜色变白，但交换能力不能完全恢复，而且会损坏树脂。也可用 10% 的氯化钠与 1% 的氢氧化钠混合液进行处理，使有机物在碱性条件下分解，去除污染物而使树脂恢复原色。由于碱性食盐溶液对树脂没有损害，故可经常用来处理，处理后的树脂的交换能力虽不能完全恢复，但有显著的改善。

解决有机物污染问题，可以从源头抓起，采取预处理方法，以降低原水中的有机物含量。还可以选用抗有机物污染性能较好的树脂，如强碱Ⅱ型树脂、大网格树脂或均孔树脂等，都具有抗有机污染能力较强、工作交换容量高、再生剂耗量低、淋洗容易等优点，用于水处理效果较好。

④ 再生方式的影响 在固定床制备无盐水时，一般采用顺流进行，即原水自上而下流经树脂层。再生时可以采用顺流再生，也可以采用逆流再生。无盐水的质量主要取决于离开交换塔处树脂层的再生程度；顺流再生时，未再生完全的树脂层在交换塔底部，残留离子会影响水质；逆流再生时，交换塔底部的树脂层再生程度最好，故水质较好。采用逆流再生时，为防止乱层，在再生剂从塔底自下而上通入的同时，可以从塔顶通入水、再生剂或空气来压住树脂。

2. 药物的分离与提纯

离子交换技术除用于制备各种纯水外，在制药工业中还有多种用途，如应用离子交换技术进行药物的提取分离，还可利用离子交换技术进行酸、碱性药物的盐型转换，或对药物进行脱盐精制等。

链霉素为一强碱性生物活性药物，在 pH＝4～5 时稳定，链霉素在中性溶液中为三价正离子，故宜在中性和酸性条件下用阳离子交换树脂提取。强酸性树脂吸附比较容易，但洗脱困难，故宜使用弱酸性树脂。在中性条件下，氢型弱酸性树脂交换作用差，故应预先将树脂处理成钠型。料液的浓度宜适当稀释，使之利于吸附链霉素这种高价离子，而不易吸附低价杂质离子。洗脱时，因弱酸性树脂对氢离子的亲和力很大，故用酸即可将链霉素完全洗脱，酸的浓度控制在 1mol/L，洗脱液浓度较高，交换带较窄，洗脱高峰集中。

新霉素为六价碱性物质，可以用强酸或弱酸性树脂提取。用弱酸性树脂提取时，其流程与链霉素相似，所不同的是可以用氨水将新霉素从磺酸基树脂上洗脱下来，故常用磺酸基树脂来提取。因在碱性条件下，新霉素由正离子变为游离碱，使溶液中的新霉素正离子浓度降低，即解吸离子的浓度降低，故有利于洗脱。选用的树脂交联度要适合，交联度过大，会使交换容量降低；过小会使选择性不好。氨水洗脱液可使羟型强碱树脂脱色，经蒸发去除氨水，不留下灰分，可省去脱盐工序。

我国盛产天然药物，并已研究出用离子交换树脂和吸附树脂从多种天然药物中提取、分离、纯化一系列具有生理药效的物质。如冬虫夏草成分的分离，用 001×7 阳离子交换树脂及 H-103 吸附树脂，将其中的核苷类化合物和芳香性氨基酸分离出来，还有赤芍中赤苷的分离、含黄酮类药物的提取分离等。

药物盐型转换的典型实例为青霉素钾盐转换为青霉素钠盐。用青霉素钾肌内注射很疼，研究表明致疼原因是药品中的钾离子，故临床上使用的多为青霉素钠，但钠盐比钾盐的稳定性差，因此工业产品多为青霉素钾盐。将钾盐转化为钠盐的方法很多，较经济的转化方法为离子交换法；将青霉素钾盐溶于 70％含水丁醇中，通入强酸性钠型阳离子交换柱中，发生下述交换反应：

$$R\!-\!SO_3Na + PenG\text{-}K \Longleftrightarrow R\!-\!SO_3K + PenG\text{-}Na$$

然后用 90％丁醇洗脱，经无菌过滤引入无菌室内的结晶罐，用真空共沸蒸馏法结晶，即得钠盐，用离子交换法转化的收率可达 85％以上。

二、离子交换技术的发展

1. 新型离子交换树脂的开发应用

（1）大网格离子交换树脂 又称大孔离子交换树脂，制造该类树脂时先在聚合物物料中加入一些不参加反应的填充剂（称致孔剂），聚合物形成后再用溶剂萃取法或水洗蒸馏法将致孔剂除去，这样在树脂颗粒内部就形成了相当大的的孔隙。常用的致孔剂有高级醇类有机物、乙苯、二氯甲烷等溶剂，其活性基团通常在聚合后引入，大孔离子交换树脂的合成成功是离子交换技术领域内最重要的发展之一。

一般凝胶离子交换树脂水化后，处在溶胀状态，交联链之间的距离拉长，形成孔隙，这种孔隙通常在 2～3nm，称为微孔。当凝胶树脂失水或在非水体系中，分子链间的孔隙闭合，由于这种孔隙是不稳定的、暂时性的，所以称为"暂时孔"。因此凝胶树脂在干裂或非水体系中无交换能力，这就限制了离子交换技术的应用。另外，凝胶树脂在水中交换有机大分子比较困难，并且有机大分子被交换后不易洗脱，产生不可逆的"有机污染"而使树脂的交换能力大大降低。若降低树脂的交联度，使孔隙增大，虽然交换能力有所改善，但树脂的机械强度相应降低，使树脂易破碎。大孔树脂的开发应用，克服了上述缺点。

大孔树脂的基本性能与凝胶树脂相似，因其制造时在树脂内部留下的孔径可达 100nm，甚至 1000nm 以上，故称"大孔"，而且此类孔隙不因外界条件而变，因此又称为"永久孔"。由于大孔对光线的漫反射，从外观上看大孔树脂呈不透明状。大孔树脂和凝胶树脂孔结构、物理性能的比较见表 6-6，普通凝胶树脂与大网格树脂内部结构示意如图 6-13 所示。

表 6-6　大孔树脂和凝胶树脂孔结构、物理性能的比较

树脂名称	交联度/%	比表面积/(m²/g)	孔径/nm	孔隙率/(mL 孔隙/mL 树脂)	外观	孔结构
凝胶树脂	2～10	<0.1	<3.0	0.01～0.02	透明或半透明	凝胶孔
大孔树脂	15～25	25～100	8～1000	0.15～0.55	不透明	大孔、凝胶孔

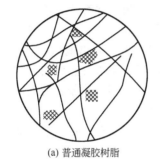

(a) 普通凝胶树脂　　　　　　(b) 大网格树脂

图 6-13　普通凝胶树脂与大网格树脂内部结构示意

与凝胶树脂比较，大孔树脂具有以下特点。

① 交联度高，溶胀度小，理化稳定性好，机械强度高。

② 孔径和比表面积较大，交换速率较快，抗有机污染能力较强，再生容易。

③ 存在永久性孔隙，使树脂耐胀缩，不易破碎，且可应用于非水体系交换。

④ 流体阻力小，工艺参数稳定。但大网格树脂具有孔隙率大、密度小、对小离子的交换容量小、洗脱剂用量多、成本高、一次性投资大等缺点。

大网格树脂已应用于维生素 B_{12}、链霉素、四环素、土霉素、竹桃霉素、赤霉素及头孢菌素 C 的提取。例如链霉素提取，过去采用低交联度羧基树脂，机械强度差，树脂损耗大。现国内外都逐步采用大网格羧基树脂，不仅提高了机械强度，而且由于交联度增大，体积交换容量也有所提高。

（2）适用于分离纯化蛋白质的离子交换剂　离子交换剂在蛋白质纯化中应用广泛，在纯化蛋白质的方法中，有 75% 都应用了离子交换剂，但传统的离子交换树脂并不适用于提取蛋白质。这是由于蛋白质属于两性电解质，分子量高，具有四级结构，稳定性差。为此，开发了一些具有均匀的大网结构、适当的电荷密度、粒度较小、亲水性强等特性的离子交换剂来提取蛋白质。

最早开发的亲水性离子交换剂是以纤维素为骨架的离子交换剂，虽然价廉，但由于呈纤维状，且有可压缩性，使流动性能和分离能力差。后来研究出球状纤维素，以葡聚糖为骨架的树脂 Sephadex、以琼脂糖为骨架的树脂 Sepharose（Sepharose 具有机械强度高的大孔结构，体积随 pH 值和离子强度的变化较小），上述两种树脂均以多糖作为骨架。另外还有以人造聚合物作为骨架的，如树脂 Trisacry 和 Mono Beads；以二氧化硅为骨架，表面覆盖一层含离子交换基团的高聚物树脂 Spherosil 等，均可用于提取蛋白质。常用的功能基团有强酸、强碱和弱酸、弱碱四种，如二乙氨基乙基、季铵乙基、羧甲基和磺丙基。

由于蛋白质分子大，并且带有多价电荷，因而在交换中必须与多个功能团发生作用，一般认为一个蛋白质分子可与多达 15 个官能团发生作用，因此，吸附的蛋白质分子可能会屏蔽住一些未起作用的功能团，或阻断蛋白质分子扩散进入交换剂的其他区域，使离子交换剂上的活性中心不能完全被利用，造成交换容量降低。

2. 离子交换技术与其他分离技术的结合

（1）离子交换膜和电渗析

① 离子交换膜　　将离子交换树脂加工成薄膜状材料，即得离子交换膜，因此离子交换膜与离子交换树脂的性质接近。按活性基团不同可将离子交换膜分为阳离子交换膜，简称阳膜；阴离子交换膜，简称阴膜。阳膜能交换或透过阳离子，阴膜能交换或透过阴离子。

按结构组成不同，离子交换膜可分为异相膜和均相膜两种。异相膜是指将离子交换树脂磨成粉末，加入惰性胶黏剂如聚氯乙烯、聚乙烯、聚乙烯醇等，再经机械混炼加工成膜，由于树脂粉末之间填充着胶黏剂，膜的结构组成是不均匀的，故称为异相膜。均相膜是指以聚乙烯薄膜为载体，首先在苯乙烯、二乙烯苯溶剂中溶胀并以偶氮二异腈为引发剂，在高温、高压和催化剂作用下，于聚乙烯主链上连接支链聚合生成交联结构的共聚体，再用浓硫酸磺化制成阳膜；以氯甲醚氯甲基化后，再经胺化制成阴膜。异相膜的电阻较大，电化学性能也比均相膜差，但机械强度较高，因此水处理一般采用异相膜。近年又研制出半均相膜，它是将聚乙烯粒子浸入苯乙烯、二乙烯苯后，加热聚合，再按上述工艺制成阳膜或阴膜。

② 离子交换膜在电渗析技术中的应用　　由于离子交换膜具有选择透过的性能，即阳膜能透过阳离子，不易透过阴离子；而阴膜能透过阴离子，不易透过阳离子，所以，离子交换膜可应用于电渗析技术。

电渗析技术主要用于制备无盐水，如图 6-14 所示为三槽电渗析示意。中间室中含有一定量的 NaCl 溶液，当通直流电后，中间室的 Cl$^-$ 透过阴膜，向阳极移动，在阳极上发生电极反应产生 Cl$_2$；中间室的 Na$^+$ 透过阳膜，向阴极移动，在阴极上发生电极反应产生 H$_2$ 和 NaOH。这样经过一段时间的通电后，中间室的 NaCl 越来越少，最后得到无盐水。

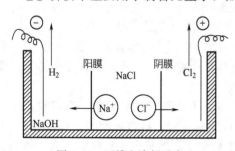

图 6-14　三槽电渗析示意

利用离子交换膜和电渗析技术制备无盐水是依靠电能来实现的，不需进行树脂再生，避免了废酸、废碱的大量排放，减轻环境污染。为了节省电能，工业上电渗析装置多由几百对膜组成，因为电极反应所消耗的能量不论膜数多少都为定值。

电渗析技术还可用于抗生素和生化药物的精制脱盐。

（2）离子交换色谱　　是利用色谱技术，以离子交换树脂为固定相，以适宜的溶剂为移动相，根据各组分与离子交换树脂亲和力的不同，而发生差速迁移，从而实现不同组分的分离。离子交换色谱法成功地应用于多种氨基酸及核苷酸的分离制备或分离分析。

离子交换色谱的装置主要包括蠕动泵、离子交换色谱柱、紫外检测器及部分收集器等。进行离子交换色谱时，先将树脂用展开剂处理，使树脂色谱剂转变为展开剂离子的形式；然后将溶解在少量溶剂（通常为展开剂）中的试样加到色谱柱的上部，再通入展开剂展开，流出液分步收集，测定其含量。在分离制备中，根据检测结果，分段合并各步收集液，并进行浓缩提取。

【能力扩展】

一、离子交换法制备纯净水

【实训目标要求】

1. 掌握离子交换法制备纯水的基本原理；
2. 熟悉水质检验方法；
3. 学会使用电导率仪检测水质；
4. 了解离子交换系统的组成、结构和应用；
5. 学会对离子交换法制备纯化水工艺过程进行控制；
6. 按照操作规程，能熟练进行离子交换、树脂再生、取样等操作过程。

【实训准备】

1. 电导率仪检验原理

在生产和科学实验中，表示水纯度的主要指标是水中的含盐量（即水中各种盐类的阳、阴离子的数量）的大小，而水中含盐量的测定较为复杂，所以通常用水的电阻率或电导率来间接表示。一般将 1mL 水的电阻值称为水的电阻率（又称比电阻），电阻率的倒数称为电导率（又称比电导）。电阻率与电导率的关系为：

$$\rho = \frac{1}{\kappa}$$

式中　ρ——电阻率，$\Omega \cdot cm$；

κ——电导率，S/cm。

25℃时水的电阻率应为 $(0.1 \sim 1.0) \times 10^6 \Omega \cdot cm$ ［电导率 $(10 \sim 1.0) \times 10^{-6} S/cm$］。

2. 水质检验方法

水中所含的主要阳、阴离子可定性鉴定，常用检验方法如下。

（1）用镁试剂检验 Mg^{2+}　镁试剂（对硝基苯偶氮间苯二酚）是一种有机染料，在酸性溶液中呈黄色，在碱性溶液中呈紫色，当它被 $Mg(OH)_2$ 沉淀吸附后呈天蓝色，其反应必须在碱性溶液中进行。操作方法为：在 3mL 水样中，加入 1 滴 2mol/L NaOH，再加入 1 滴镁试剂，观察有无天蓝色沉淀生成，判断有无 Mg^{2+}。

（2）用钙指示剂检验 Ca^{2+}　游离的钙指示剂呈蓝色，在 pH＞12 的碱性溶液中，它能与 Ca^{2+} 结合显红色。在 pH＞12 时，Mg^{2+} 不干涉 Ca^{2+} 的检验，因为 pH＞12 时，Mg^{2+} 已生成 $Mg(OH)_2$ 沉淀。操作方法为：在 1mL 水样中，加入 1 滴 2mol/L NaOH，再加入 1 滴钙指示剂，观察有无红色溶液生成，判断有无 Ca^{2+}。

（3）用 $AgNO_3$ 溶液检验 Cl^-　操作方法为：在 1mL 水样中，加入 1 滴 2mol/L HNO_3 酸化，再加入 1 滴 0.1mol/L $AgNO_3$ 溶液，观察有无白色沉淀生成，判断有无 Ag^+。

（4）用 $BaCl_2$ 溶液检验 SO_4^{2-}　在 1mL 水样中，加入 1 滴 2mol/L HCl，再加入 1 滴 1mol/L $BaCl_2$ 溶液，观察有无白色沉淀生成，判断有无 SO_4^{2-}。

【实训注意事项】

1. 严格控制实训过程中的操作流量。
2. 离子交换过程中要注意巡检，发现异常情况要立即停车，并找机修或电工修理。
3. 要注意树脂层内不能有气泡。
4. 配制和使用酸、碱再生剂，要严格按规定操作进行，并做好劳动保护，防止造成人身伤害。
5. 树脂再生时产生的废酸、废碱混合液，必须调整 pH 至中性才能排放。
6. 操作前一定要检查各处阀门是否关闭，以防出现跑料现象。

【实训操作考核】

教师针对学生的操作过程关键点进行考核，主要包括：进入工作现场程序是否正确，是否检查各阀门、开关状态，离子交换、反洗、顺流再生、逆流再生等操作的阀门开关是否正确，各种料液的配比和加量是否正确，启动泵操作是否正确，调节转子流量计操作是否正确，转子流量计读数是否准确，是否观察液位计的液位，取样操作是否正确，检测操作是否正确，是否按规定记录，停泵操作是否正确，料液排放是否正确，清场操作是否规范等。

【研究与探讨】

1. 离子交换制备纯水过程中，影响纯水质量的因素有哪些？
2. 树脂再生过程中，要注意哪些影响因素？
3. 离子交换法制纯水的基本原理是什么？
4. 树脂中为何不能有气泡？
5. 钠型阳离子交换树脂和氯型阴离子交换树脂为什么在使用前要分别用酸、碱处理，并洗至中性？
6. 阳离子交换柱出水的电导率为什么反而比自来水大？能否认为水的纯度下降？

【能力提升】

1. 改变流速等操作条件，找出最佳操作控制参数。
2. 对比分析各种离子交换工艺制备纯化水的优缺点，选择最佳工艺。
3. 制定最佳工艺的离子交换法制备纯水操作规程。

二、离子交换技术应用实例与方案设计

【离子交换技术应用实例——应用离子交换技术从猪肠黏膜中提取肝素】

1. 肝素的结构及应用

肝素属于黏多糖，由于最初在肝脏中发现而得名。它是由 6 个或 8 个葡萄糖单元组成的线性链状分子。三硫酸双糖和二硫酸双糖以约 3∶1 的比例交替连接。肝素是由不同链长的多种组分组成的，可以认为肝素是一族化合物的总称，这些化合物不仅分子量不同，其结构和生物学活性也不同。商品肝素至少有 21 种分子个体，相对分子质量为 3000～37500。

肝素为抗凝血剂，能抑制血液的凝结过程，用于防止血栓的形成。肝素在降血脂和免疫方面也有一定的作用，还可能有抗炎抗过敏作用，可用于肾病渗血治疗、急性心肌梗死治疗、配合治疗爆发性流脑败血症、治疗病毒性肝炎、配合化疗防止癌细胞转移等。

2. 肝素的提取工艺

（1）肝素的存在　肝素广泛分布于哺乳动物的组织中，如肠黏膜、十二指肠、肝、心、胰脏、胎盘、血液等。最初在肝脏中发现，然后从牛肺中开始提取应用，近年来几乎都从猪肠黏膜中提取。肝素和大多数黏多糖一样，在体内与蛋白质结合成复合体，这种复合体无抗

凝血活性；当除去蛋白质后，其药用功能方能显示出来。

（2）工艺原理　肝素提取一般包括肝素-蛋白质复合物的提取、肝素-蛋白质复合物的分解和肝素的分级分离三步。

① 提取　碱能打断肝素与蛋白质的结合，且对肝素影响较小，故组织内肝素的提取都采用钠盐的碱性热水或沸水浸提。

② 分解　包括酶解和盐解过程。在提取时先加入蛋白水解酶，由于水解后仍会存在蛋白质，且加入的酶本身也是蛋白质，所以要靠调 pH 值并加热除去。常用的酶有胰蛋白酶、胰酶、胃蛋白酶和木瓜蛋白酶等。若在酸性条件下加热，会使肝素丧失部分活性。加碱性食盐水提取，与热变性和凝结剂（如明矾、硫酸铝）等变性措施结合除去蛋白质的过程，称为盐解。

③ 分级分离　利用上述方法得到的产物，含有其他黏多糖，也含有未除尽的蛋白质和核酸类物质，要用阴离子交换剂或长链季铵盐进行分级分离，然后再经乙醇沉淀和氧化剂氧化等步骤进一步精制。

（3）工艺过程及要点

$$\text{猪肠黏膜} \xrightarrow[\text{胰浆、氯化钠，pH=8.5,40℃}]{\text{酶解}} \text{滤液} \xrightarrow[\text{D-254 树脂，pH=7}]{\text{离子交换}} \text{吸附物} \longrightarrow$$

$$\xrightarrow[\text{氯化钠溶液}]{\text{洗涤}} \xrightarrow[\text{氯化钠溶液}]{\text{洗脱}} \text{洗脱液} \xrightarrow[\text{乙醇}]{\text{乙醇沉淀}} \text{沉淀物} \longrightarrow$$

$$\xrightarrow[\text{无水乙醇、丙酮}]{\text{脱水、干燥}} \text{肝素粗品}$$

① 酶解　每 100kg 新鲜肠黏膜加苯酚 200mL，气温低时可不加。搅拌下加入搅碎的胰脏 0.5～1kg，用 10mol/L 氢氧化钠溶液调 pH 值至 8.5，升温至 40℃左右，保温 2～3h，pH 值应保持在 8 左右。加入 5kg 粗盐，升温至约 90℃，用 6mol/L 盐酸调 pH 值至 6.5，停止搅拌，保温 20min，以布袋过滤。

② 离子交换　滤液冷却至 50℃以下，用 6mol/L 氢氧化钠溶液调至 pH=7，加入 5kg D-254 强碱性阴离子交换树脂，搅拌 5h。交换完毕，弃去液体。

D-254 树脂是一种聚苯乙烯二乙烯苯、三甲胺季铵型强碱性阴离子交换树脂。按此工艺生产的肝素钠产品，最高效价可达 140U/mg 以上，收率平均约 2×10^4 U/kg 肠黏膜。树脂经洗脱后浸泡于 4mol/L 氯化钠溶液中，下次使用前用水洗涤数遍，即可使用。

③ 洗涤与洗脱　用自来水漂洗树脂至水清。用约与树脂体积等量的 2mol/L 氯化钠溶液搅拌洗涤 15min，弃去洗涤液。再加 2 倍量的 1.2mol/L 氯化钠溶液同法洗涤 2 次。

用半倍量的 5mol/L 氯化钠溶液洗脱 1h，收集洗脱液，然后用树脂体积 1/3 量的 3 mol/L 氯化钠溶液同法洗脱 2 次，合并洗脱液。

④ 乙醇沉淀、脱水干燥　用纸浆等助滤，将洗脱液过滤澄清。加 0.9 倍体积量的 95% 乙醇（活性炭处理过的）冷却沉淀 8～12h。虹吸上层清液，收集沉淀。按 100kg 肠黏膜加 300mL 蒸馏水使沉淀溶解完全，加入 4 倍量 95% 乙醇，冷却放置 6h，收集沉淀。用无水乙醇脱水 1 次，丙酮脱水 2 次，五氧化二磷真空干燥，即得肝素钠粗品。

3. 肝素的检验

肝素可用天青 A 比色法进行测定。首先用肝素纯品测绘吸光度标准曲线，然后再测定样品含量。肝素能与含氨基的碱性染料如天青 A 反应，使天青 A 的吸光波长向短波移动。天青 A 在 pH=3.5 时，最大吸收波长在 620nm 附近，与肝素结合后，最大吸收波长移向 505nm 或 515nm 附近，且吸光度的增加基本上与肝素浓度成正比。测定时，以巴比妥缓冲液固定 pH 值和离子强度，以西黄蓍胶为保护胶体，用分光光度计于 505nm 测定吸光度，结果较稳定。

【离子交换操作实训方案设计与能力培养】

　　① 教师结合本院校实际情况，指定实训题目，提出实训具体要求。

　　② 学生查阅资料，找出药品的结构、理化性质、提取工艺等。培养学生搜集信息的能力。

　　③ 在教师的指导下，参照生产工艺配方，等比例缩小到实训规模。初步确定工艺参数、配方数据。培养学生设计实训方案，绘制工艺流程简图的能力。

　　④ 拟定所用仪器的品种、型号、个数，向指导教师提出申请。培养学生制订计划和对设备仪器的选型能力。

　　⑤ 计算并编写所用溶液的配制方案，并经教师指导确认后配制溶液，培养学生基本工艺计算和配制溶液的操作技能。

　　⑥ 按照拟订方案进行实训操作。结合实际情况和条件，参考所查阅的有关资料，灵活机动地处理实训中存在的问题，将工艺具体化或改革工艺（如将静态交换法改为动态交换法等），培养学生的离子交换操作技能及分析解决实际问题的能力。

　　⑦ 根据实际操作情况，编写实训报告，注重对工艺改革的总结或思考，培养学生撰写技术报告的能力。

【研究与探讨】

　　① 树脂的预处理操作方法；

　　② 离子交换操作方法；

　　③ 洗脱操作方法；

　　④ 树脂的再生、转型操作方法。

　【阅读材料】

离子交换树脂的处理及主要性能测定

　　一、新树脂的处理

　　新的离子交换树脂，常含有少量低聚合物和未参加聚合反应的物质，除了这些有机物外，还往往含有铁、铝、铜等无机物质。因此，当树脂与水、酸、碱或其他溶液相接触时，上述可溶性杂质就会转入溶液中而影响水质，所以新树脂在使用之前要进行处理，处理之后的树脂稳定性会显著提高。具体处理方法如下。

　　(1) 用饱和食盐水处理　将树脂置于饱和食盐水溶液中浸泡，盐水量约等于被处理树脂体积的2倍，处理18～20h，然后放尽盐水，用清水漂洗，直至排除水不带黄色。

　　(2) 用稀盐酸处理　将树脂置于2％～5％浓度的HCl溶液中浸泡，HCl溶液的量约等于被处理树脂体积的2倍，浸泡4h以上，然后放尽酸液，用清水洗至中性为止。

　　(3) 用稀碱溶液处理　将树脂置于2％～4％的NaOH溶液中浸泡，NaOH溶液的量约等于被处理树脂体积的2倍，浸泡4h以上，然后放尽碱液，用清水洗至中性为止。

　　二、离子交换树脂的污染与复苏

　　在离子交换水处理系统中，由于水中杂质侵入，致使树脂性能下降，因尚未涉及树脂结构的破坏，故这种劣化现象称为树脂的污染。树脂的污染是一个可逆过程，也就是说当树脂被污染后，通过适当的处理，可以恢复其交换性能，这种处理称为树脂的复苏。

　　1. 铁对树脂的污染

（1）污染的现象　阴、阳树脂都可能发生铁的污染，被铁污染的树脂的颜色明显变深，甚至呈黑色；铁污染会使树脂层的压降增加和可能导致偏流，严重降低交换容量和再生效率，造成树脂含水量增加，还可使阴树脂加速降解。

（2）污染的原因

① 在阳树脂的使用中，原水带入的铁离子大部分以二价铁存在，它们被树脂吸附后，部分被氧化为 Fe^{3+}，再生时铁离子不能完全被 H^+ 交换出来，这是由于高价铁化合物牢固地沉积在树脂内部和表面，堵塞了树脂微孔，从而影响了孔道扩散，造成铁污染。

② 水的预处理中，如果使用铁盐作混凝剂，再生时溶解的 Fe^{3+} 被树脂吸附。

③ 工业盐酸中所含 Fe^{3+} 也会形成铁污染。

④ 高铁酸盐随碱液进入阴床后，因 pH 降低发生分解反应，使得 Fe^{3+} 进一步形成 $Fe(OH)_3$ 而附着在阴树脂颗粒表面上，造成铁的污染。

（3）防止铁污染的方法

① 减少阳树脂进水的含铁量，对含铁量高的地下水采用锰砂过滤除铁。

② 输送高含盐量的原水管道及贮槽应采取防腐措施，减少水中含铁量。

③ 阴树脂再生烧碱的贮槽及输送管道应采用衬胶进行防腐，以减少再生碱液中的含铁量。

2. 铝对树脂的污染

（1）污染的现象　在交换柱内，有铝化合物的絮凝体覆盖在树脂表面上，致使树脂交换容量降低。

（2）污染的原因　通常是采用铝盐进行水的混凝处理时，因沉淀或过滤效果不好而进入离子交换器内所致。

（3）防止铝污染的方法　因为天然水中铝的含量极少，所以用铝盐作混凝剂进行预处理时，必须提高沉淀和过滤效果，这是防止铝污染的关键。

三、离子交换树脂的变质与预防

离子交换树脂在水处理系统运行过程中，由于氧化或降解，树脂结构遭受破坏，这是一种不可逆的树脂劣化，称为树脂的变质。

1. 阳离子交换树脂的氧化

（1）氧化的原因和现象　阳离子交树脂氧化的原因主要是由于水中有氧化剂，如游离氯、硝酸根等。水中金属离子能起催化作用，当温度高时，树脂受氧化剂侵蚀更为严重，其结果是使树脂交换基团降解和交换骨架断裂，树脂颜色变淡和体积增大。

（2）防止氧化的方法　常用的有：①活性炭过滤；②化学还原法；③选用高交联度的大孔阳离子交换树脂；④避免使用质量差的盐酸。

2. 强碱性阴离子交换树脂的降解

（1）降解的原因和过程　在离子交换水处理系统中，强碱阴树脂通常置于阳树脂后使用，一般是遭受水中溶解氧的氧化，以及再生过程中碱中所含氧化剂（ClO_3^-、FeO_4^{2-}）的氧化，其结果是强碱性季铵基团逐渐降解，但不会发生骨架的断链。

（2）防止降解的方法

① 真空除气法：使用真空除气器，减少阴床进水中氧含量。

② 降低再生液中的含铁量。

③ 选用隔膜法生产的烧碱，降低碱液中的 $NaClO_3$ 的含量。

四、离子交换树脂主要性能的测定

供测定性能用的树脂，为了使其含水量恒定，需要先处理成风干树脂或抽干树脂。将处理好的树脂，充分暴露在空气中，经若干天后，使与空气的湿度相平衡，即得风干树脂。将树脂在布氏漏斗中抽干得到的树脂即为抽干树脂。由于空气湿度随季节和气候变化，风干树脂的含水量也随之改变，故以抽干树脂作为基准较准确，但风干树脂使用较方便。

（1）含水量的测定　将树脂在 $105\sim110℃$ 干燥至恒重，即可测定其含水量。

（2）膨胀度的测定　将 $10\sim15mL$ 风干树脂放入量筒中，加入欲实验的溶剂，通常是水，不时摇动，24h 后，测定树脂体积。由前后体积之比，即可计算出膨胀系数。

（3）湿真密度的测定　取处理成所需形式的湿树脂，在布氏漏斗中抽干。迅速称取 $2\sim5g$ 抽干树脂，放入比重瓶中，加水至刻度称重。湿真密度计算式为：

$$\gamma=\frac{W_2}{W_3}$$

$$W_3=W_1-W_4$$

式中　γ——湿真密度；

W_2——树脂称样重，g；

W_3——被排挤的水重，g；

W_1——充满水的比重瓶（无树脂）加上样品的总重，g；

W_4——盛有水及树脂的比重瓶的总重，g。

（4）交换容量的测定　交换容量是表征树脂性能的重要数据。对于阳离子交换树脂，可先将树脂处理成氢型。称取几克树脂，测其含水量，同时称取若干克干树脂，加入一定量的标准氢氧化钠溶液，强酸性树脂静置 24h，弱酸性树脂静置数昼夜，测定剩余氢氧化钠的物质的量，即可求得总交换容量。

对于阴离子交换树脂，因羟型阴离子交换树脂在高温下易分解，其含水量测不准；且当用水洗涤时，羟型树脂吸附二氧化碳，而使部分树脂成为碳酸型，所以应用氯型树脂来测定。称取一定量的氯型树脂放入柱中，在动态下通入硫酸钠溶液，以硝酸银溶液滴定流出液中氯离子的含量。根据洗下来的氯离子量，即可求得总交换容量。

若将树脂充填在柱中进行操作，即在固定床中操作，当流出液中有价值的离子浓度达到规定数值时，操作即停止，而进行再生。此时树脂所吸附的量称为工作交换容量，在实际应用中非常重要。

复习思考题

6-1　什么叫离子交换分离技术？有何特点？有何用途？

6-2　什么是离子交换树脂？有哪些分类方法？

6-3　离子交换树脂的单元结构由哪三部分构成？根据离子交换树脂的活性基团不同，树脂可以分为哪四大类？各类的主要特征有哪些？其化学稳定性如何？怎样命名？

6-4　说明离子交换树脂的交联度、膨胀度、交换容量及机械强度之间的关系。

6-5　简述离子交换的基本原理，影响离子交换速率的因素有哪些？

6-6　选用离子交换树脂时应考虑哪些条件？为什么要求树脂带有较浅的颜色？为什么商品树脂多呈球形？

6-7　如何选择洗脱剂？常用的洗脱剂有哪些？

6-8　新树脂在使用前应如何进行预处理？树脂为什么要再生？怎样再生？

6-9　离子交换的操作方式主要有哪两种？有何区别？

6-10　离子交换技术有哪几方面的应用？

6-11　什么是软水和无盐水？写出用 $1×7(732)$ 和 D-152 树脂除去 Ca^{2+}、Mg^{2+} 的交换反应方程式。

6-12　离子交换设备有哪几类？各有何优缺点？

6-13　大网格离子交换树脂和普通凝胶树脂的外观、孔结构和吸附性能有何不同？

6-14　离子交换法与电渗析法制备无盐水各有何特点？

项目 7　柱色谱分离阿司匹林粗品

【知识与能力目标】

掌握各种色谱分离（吸附、分配、离子交换、凝胶、亲和）的分离机理；熟悉薄层色谱、柱色谱分离的基本操作及特点；了解 GC、HPLC 及新型色谱分离技术的发展及应用现状。

能根据薄层色谱确定柱色谱合适的展开剂，选出柱色谱适宜的 R_f 值；能制备薄层色谱；能根据薄层色谱确定大致含量。

任务 7.1　搜集色谱分离相关知识和技术资料

色谱分离技术是一类相关分离方法的总称。利用不同组分在两相中物理化学性质（如吸附力、分子极性和大小、分子亲和力、分配系数等）的差别，通过两相不断的相对运动，使各组分以不同的速率移动，而将各组分分离的技术，称为色谱分离技术。

色谱分离技术的机理多种多样，但都必须包括两个相。一相为表面积较大的固体或附着在固体上且不发生运动的液体，称为固定相；固定相能与待分离的物质发生可逆的吸附、溶解、交换等作用，它是色谱的一个基质，对色谱分离的效果起关键作用。另一相是不断运动的气体或液体，称为流动相（又称展层剂、洗脱剂）；它携带各组分朝着一个方向移动，也是色谱分离中的重要影响因素之一。当流动相流过固定相时，易分配于固定相中的物质随流动相移动的速度较慢，易分配于流动相中的物质随流动相移动的速度较快，使不同组分发生差速迁移，从而实现逐步分离。

色谱分离首先应用在分析检测中，具有较高的分辨率。随着生物技术、医药工业的发展和科学的进步，对物质纯度的要求也越来越高，采用传统的分离技术（如超滤、萃取、结晶等）往往达不到所需的纯度要求，因此色谱分离逐渐应用于药物和生物物质的分离纯化过程中，称为制备色谱或色谱分离技术，但与一般分离技术相比，色谱分离的规模还是相当小的。根据分离时一次进样量多少的不同，色谱分离可分为色谱分析（$<10mg$）、半制备或称中等制备规模（$10\sim50mg$）、制备或称样品制备（$0.1\sim10g$）和工业生产规模（$>20g$）。目前，色谱分离技术已逐渐发展成为药品和生物产品高度纯化的重要手段之一。

比较分析色谱、制备色谱及工业色谱，在应用色谱技术色谱分离理论方面、范围方面、操作方面都有许多不同之处。制备和工业色谱主要是采用以液相为流动相的柱色谱，要求色谱柱应大些，进样量应多些，以便分离和纯化较多的产品。在制备和工业色谱的分离过程中，色谱峰高和保留值等参数不能作为定性、定量分析的指标。

根据流动相的相态不同可分为气相色谱、液相色谱和超临界流体色谱；根据固定相形态不同可分为纸色谱、薄层色谱和柱色谱。根据操作压力的不同可分为低压色谱（$<0.5MPa$）、

中压色谱（0.5～4.0MPa）和高压色谱（4.0～40MPa），其中，中、低压色谱多用于分离纯化过程；根据流动相的流向不同可分为轴向流色谱和径向流色谱，如图 7-1 所示；根据分离机理的不同可分为吸附、分配、离子交换、凝胶、亲和色谱等。根据操作方法的不同可分为洗脱展开法、前沿分析法和置换展开法。

色谱分离技术具有分离效率高、应用范围广、选择性强、分离速度快、操作条件温和、高灵敏度的在线检测、操作方便等优点，适用于各种物质的分离。其缺点是处理量小，操作周期长，不能连续生产。因此，色谱分离技术主要应用于物质的分离纯化、物质的分析鉴定、粗制品的精制纯化和成品纯度的检查等。例如四环素生产中产生的脱水四环素和差向四环素，其结构与四环素接近，一般的分离纯化方法不能将这两种影响成品质量的杂质分离除去，色谱分离则可以将它们分开。再如链霉素中的杂质链霉胍和二连胍霉胺对成品的毒性影响很大，必须用纸电泳或纸色谱进行检测。在维生素 B_{12} 生产中，应用氧化铝柱色谱可分离除去杂质。

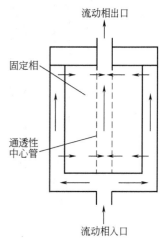

图 7-1 径向流色谱操作示意

一、色谱分离理论基础

（一）色谱分离的依据

色谱分离技术是依据混合物中各组分物理化学性质（如吸附力、分子形状及大小、分子的荷电性、溶解度及亲和力等）的差异，通过物质在两相间反复多次的平衡过程，使各组分在两相中的移动速率或分布程度不同，表现为各组分的流出次序不同，而使各组分分离的技术。由此可知，色谱分离一般属于物理分离方法，其最基本的特征是有一个固定相和一个流动相，各组分的分离发生在两相进行相对运动的过程中。

在定温定压条件下，当色谱分离过程达到平衡状态时，某种组分在固定相 S 和流动相 m 中含量（浓度）c 的比值，称为平衡系数 K（也称分配系数、吸附系数、选择性系数等）。其表达通式可写为：

$$K = \frac{c_S}{c_m}$$

式中　K——平衡系数（分配系数、吸附系数、选择性系数等）；

　　　c_S——固定相中的浓度；

　　　c_m——流动相中的浓度。

平衡系数 K 主要与以下因素有关：被分离物质本身的性质；固定相和流动相的性质；色谱柱的操作温度。一般情况下，温度与平衡系数成反比，各组分平衡系数 K 的差异程度决定了色谱分离的效果，K 值差异越大，色谱分离效果越理想。

（二）色谱分离过程

柱色谱分离过程示意如图 7-2 所示。当混合物被流动相带入色谱柱并在柱中移动时，由于各组分在固定相中的分配系数或溶解、吸附、交换、渗透或亲和能力的差异，使各组分随流动相移动的速率不同。因此当流动相移动一定柱长后，使各组分在色谱柱内分层，从而达到各组分分离的目的。

图 7-2 中，混合液中各组分对固定相的吸附能力的大小次序为：白球分子（。）＞黑球

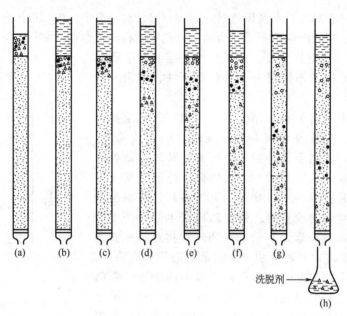

图 7-2　柱色谱分离过程示意

分子（•）＞三角形分子（▲）。将三种组分的混合物加入色谱柱的顶端［见图 7-2(a)］，然后加入流动相（展开剂、洗脱剂），在重力或压力差的作用下，流动相向下移动，各组分在两相间不断地发生吸附、解吸、再吸附、再解吸……的过程，连续多次的吸附平衡过程是吸附色谱分离的基础。如果各组分与固定相的吸附力相同，则各组分以相同的速率随流动相一起向下移动，而不能被分离。如果混合物中各组分与色谱柱中固定相的吸附力大小不同，通过在柱中反复多次地吸附和解吸，使各组分间不断地发生差速迁移［见图 7-2(b)～(g)］，最后，作用力最弱的"▲"分子随流动相的移动速率快，最先从色谱柱中流出［见图 7-2(h)］，中等吸附力的"•"分子在中间流出，吸附力最大的"◦"分子最后从柱中流出，实现了各组分的分离。

　　由色谱分离过程可看出，差速迁移是色谱分离的基础，混合物中各组分理化性质的差异、固定相的吸附能力和流动相的解吸（洗脱）能力是产生差速迁移的三个最重要的因素。

　　在色谱分离操作中，将加入流动相使各组分分层的操作过程，称为展开操作。展开后各组分的分布情况，称为色谱图。加入洗脱剂，使各组分分别从色谱柱中流出的操作过程，称为洗脱操作。从柱中流出的含有某一组分的溶液，称为洗脱液。在实际的色谱分离操作中，有时展开与洗脱合并为一个操作过程。

　　色谱分离的检测控制一般采用某种形式的电讯号，电讯号的大小反映了物质的量的多少，因色谱分离中各组分的流出时间不同，可通过检测器及记录仪来获得色谱分离的有关信息。如某混合物中含有 A、B 两种组分，A 组分的平衡系数 K_A 大于 B 组分的平衡系数 K_B。当混合物在色谱柱内随流动相移动时，平衡系数小的 B 组分不易被固定相滞留，而先随流动相流出色谱柱，当通过检测器时，检测器将其可测性质转化为电讯号，并通过记录仪将信号记录下来；而平衡系数大的 A 组分在固定相上滞留时间长，较晚流出色谱柱，检测器也将其信号记录下来，形成色谱。因 A、B 组分性质的差异，使色谱图中各组分的色谱峰位置不同，峰的大小形状不同，从而达到分析、检测、控制的目的。

（三）阻滞因数或比移值 R_f

　　在色谱柱（纸、板）中，溶质的移动速率与流动相的移动速率之比，称为阻滞因数或比移值 R_f，其定义式可写为：

$$R_f = \frac{溶质(浓度中心)的移动速率}{流动相的移动速率} = \frac{溶质(浓度中心)的移动距离(r)}{在同一时间流动相前沿的移动距离(R)}$$

令 A_S 为固定相平均截面积，A_m 为流动相平均截面积，则系统或柱的总截面积 $A_t = A_S + A_m$。设体积为 V 的流动相流过色谱系统，流速很慢，可以认为溶质在两相间平衡，则：

$$溶质移动距离 = \frac{V}{能进行分配的有效截面积} = \frac{V}{A_m + KA_S}$$

$$流动相移动距离 = \frac{V}{A_m}$$

由阻滞因数的定义式可得

$$R_f = \frac{A_m}{A_m + KA_S}$$

因此，当 A_m、A_S 一定时（与装柱时的紧密程度有关），一定的平衡系数 K 有相应的 R_f 值。

（四）塔板理论

塔板理论源于精馏，是 Martin 将其引入色谱的。塔板理论假设，色谱柱的内径和柱内的填料是均匀一致的，混合液流经一小段色谱柱后，各组分在两相间达到平衡。这一小段色谱柱可看成是一个理论塔板，相当于精馏操作中的一块理论塔板，一块理论塔板所对应的色谱柱的长度称为理论塔板高度（理论板高），一个色谱柱可包含若干块理论塔板。

尽管理论塔板本身是个虚拟的概念，但是理论塔板数的多少可反映色谱柱分离性能的优劣。单位长度色谱柱内包含的理论塔板数越多，流动相通过的塔板数也越多，说明流动相流过色谱柱的平衡次数越多，色谱柱的分离效率就越高。

塔板理论可在一定程度上解释色谱柱的保留时间，也能粗略地说明色谱流出曲线的形状以及谱带展宽对理论板高的影响。但是，所有这些都是半经验性的，还有很多方法能进一步揭示理论板高的本质和谱带移动的规律，主要是建立数学模型（如范氏方程）。

（五）色谱图及基本概念

混合液中各组分经色谱柱分离后，随流动相依次流出色谱柱进入检测器，检测器的响应信号-时间曲线或检测器的响应信号-流动相体积曲线，称为色谱流出曲线，又称色谱图，如图 7-3 所示。色谱图的纵坐标为检测器的响应信号；横坐标为时间 t，也可用流动相体积 V 或距离 L 表示。

1. 基线

在操作条件下，色谱柱出口处没有组分流出，仅有纯流动相流过检测器，此时的流出曲线称为基线，如图 7-3 中 OC 曲线。使基线发生细小波动的现象称为噪声，如图 7-3 中的空气峰。基线反映了操作条件下，检测器系统噪声随时间变化的波动情况，稳定的基线应是一条平行于横坐标的直线。

2. 色谱峰

当样品中的组分随流动相流入检测器时，检测器的响应信号大小随时间变化所形成的峰形曲线称为色谱峰，峰的起点和终点的连接直线称为峰底。

3. 峰形

正常的色谱流出曲线为对称于峰尖的正态分布曲线，如图 7-4（a）所示。但实际上，流出曲线并非完全对称，不正常的色谱峰有拖尾峰和前伸峰，如图 7-4（b）、（c）所示。

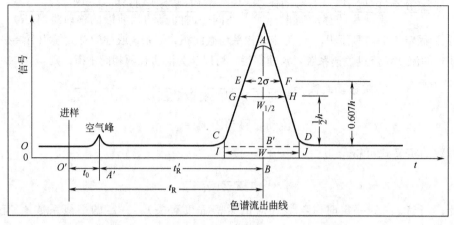

图 7-3 色谱图

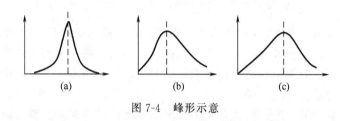

图 7-4 峰形示意

4. 保留值

表示混合物中各组分在色谱柱中停留时间或将组分带出色谱柱所需流动相体积的数值，称为保留值。保留值可作为定性分析的参数，由于计量单位不同，分别称为保留时间、保留体积。

(1) 保留时间 t_R 从开始进样到柱出口处被测组分出现浓度最大值时所需的时间，称为保留时间，如图 7-3 所示。

(2) 保留体积 V_R 从开始进样到柱出口处被测组分出现浓度最大值时所通过的流动相体积，称为保留体积。

(3) 死时间 t_0 不被固定相滞留的组分（气相色谱中如空气、甲烷等），从开始进样到柱出口处被测组分出现浓度最大值时所需的时间称为死时间，其值等于流动相流经色谱柱的时间，如图 7-3 所示。

(4) 死体积 V_0 不被固定相滞留的组分，从进样到出现最大峰值所需流动相的体积，称为死体积。它可由死时间 t_0 与色谱柱出口处流动相的体积流速 F_c 来计算，即 $V_0 = t_0 F_c$。

(5) 校正保留时间 t_R' 扣除死时间后的保留时间称为校正保留时间（或调整保留时间），如图 7-3 所示。校正保留时间可理解为组分在固定相中实际滞留的时间，其定义式为：

$$t_R' = t_R - t_0$$

(6) 校正保留体积 V_R' 扣除死体积后的保留体积称为校正保留体积（或调整保留体积），其定义式为：

$$V_R' = V_R - V_0$$

V_R' 与 t_R' 之间的关系为：

$$V_R' = t_R' F_c$$

死体积 V_0 反映了色谱柱的几何特性，它与被测物质的性质无关。保留体积 V_R 中扣除死体积 V_0 后，即校正保留体积 V_R'，将更合理地反映被测组分的保留特点。

(7) 相对保留值 $r_{2,1}$ 在相同的操作条件下，待测组分与参比组分的校正保留值之比，称为相对保留值，又称为选择因子。其定义式为：

$$r_{2,1}=\frac{t'_{R2}}{t'_{R1}}=\frac{V'_{R2}}{V'_{R1}}$$

式中 t'_{R2}，t'_{R1}——被测物质和参比物质的校正保留时间；

　　V'_{R1}，V'_{R2}——被测物质和参比物质的校正保留体积。

相对保留值 $r_{2,1}$ 可以消除某些操作条件对保留值的影响，只要柱温、固定相和流动相的性质保持不变，即使填充情况、柱长、柱径及流动相流速有所变化，相对保留值仍保持不变。

5. 峰高与峰面积

色谱峰顶点与峰底之间的垂直距离称为峰高，用 h 表示；峰与峰底之间的面积称为峰面积，用 A 表示，可作为定量分析的参数。

6. 区域宽度

色谱峰的区域宽度可衡量柱效，并且可与峰高相乘来计算峰面积，如图 7-3 所示。色谱峰的区域宽度通常有三种表示方法。

(1) 标准偏差 σ 即 $0.607h$ 峰高处的峰宽的 $1/2$。

(2) 半高峰宽 $W_{1/2}$ 即 $1/2$ 峰高处的峰宽。它与标准偏差的关系为：$W_{1/2}=2.355\sigma$。

(3) 峰宽 W 自色谱峰两侧的转折点（拐点）处所作的切线与峰底相交于两点，这两点间的距离称为峰宽。它与标准偏差的关系为：$W=4\sigma$。

标准偏差、峰宽与半高峰宽的单位由色谱峰横坐标单位而定，可以是时间、体积或距离等。在理想的色谱中，组分的谱带应是很窄的，若谱带较宽，将直接导致分离效果下降。

7. 分离度 R

分离度 R 是指相邻两色谱峰保留值之差与两组分色谱峰峰底宽度平均值的比值，即

$$R=\frac{t_{R2}-t_{R1}}{(W_2-W_1)/2}$$

式中 t_{R1}，t_{R2}——组分 1 和组分 2 的保留时间（也可采用其他保留值）；

　　W_1，W_2——组分 1 和组分 2 的色谱峰的峰底宽度，与保留值的单位相同。

分离度 R 综合考虑了保留值的差值与峰宽两方面的因素对柱效率的影响，可衡量色谱柱的总分离效能。根据分离度 R 的大小可以判断被分离物质在色谱柱中的分离情况。R 值越大，两色谱峰的距离越远，分离效果越好，如图 7-5 所示。当 $R<1$ 时，两峰有部分重叠；当 $R=1$ 时，两峰有 98% 的分离；当 $R=1.5$ 时，分离程度可达 99.7%；一般用 $R=1.5$ 作为相邻两峰完全分离的标志。

8. 柱效

柱效是表达色谱柱性能的一个重要参数，可用塔板数 N 和塔板高度 H 表示，其计算式为：

$$N=5.54\left(\frac{t_R}{W_{1/2}}\right)$$

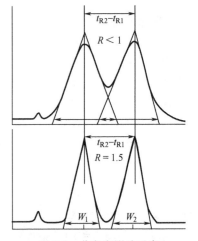

图 7-5 分离度影响示意

$$H = \frac{L}{N}$$

9. 色谱流出曲线的意义

色谱峰数等于样品中单组分的最少个数；色谱保留值是定性分析的依据；色谱峰高或面积是定量分析的依据；色谱保留值或区域宽度是色谱柱分离效能的评价指标；色谱峰间距是固定相或流动相选择是否合适的判定依据。

二、各种色谱分离的基本原理

(一) 吸附色谱

吸附色谱的固定相为固体吸附剂，吸附剂表面的活性中心具有吸附能力。混合物被流动相带入柱内，依据固定相对不同物质的吸附力不同，而使混合物分离的方法，称为吸附色谱法。在一定温度下，当吸附过程达平衡时，其吸附量与浓度之间的关系，可用吸附等温方程来描述，即

$$m = \frac{m_\infty bc}{1 + bc}$$

式中　m——每克吸附剂吸附溶质的量；

　　　m_∞——每克吸附剂所能吸附溶质的最大量；

　　　c——液相浓度；

　　　b——吸附常数与解吸常数之比。

吸附色谱应用最早，其关键是固体吸附剂的性能。随着固体吸附剂制造技术的发展，高效有机材料制成的吸附剂逐渐被开发应用，常用的固体吸附剂有强极性硅胶、中等极性氧化铝、非极性炭质及特殊作用的分子筛等。

根据所用吸附剂和吸附力的不同，吸附色谱可分为无机基质吸附色谱（多种作用力）、疏水作用吸附色谱（疏水作用）、共价作用吸附色谱（共价键）、金属螯合作用吸附色谱（螯合作用）、聚酰胺吸附色谱（氢键作用）等，这些色谱分离方法尽管其作用机理和作用力不同，但都可看作是可逆的吸附作用。

液相吸附色谱主要应用于具有不同官能团或具有相同官能团但数目不同的极性化合物及异构体的分离分析，在农药残存分析、天然产物分离和生物制药分离等方面有广泛的应用。

(二) 分配色谱

分配色谱的固定相由一种多孔固体（如硅胶、纤维素、硅藻土等）吸附着一种溶剂构成，因此又称为液液色谱。固定相中的固体本身对分离不起作用，仅起一个支持作用，故又称为"支持剂"或"载体"。当被分离的混合物在流动相的携带下通过固定相时，根据物质在两种互不相溶（或部分互溶）的两液体中的分配系数不同，而实现分离的方法，称为分配色谱。

在分配色谱中，溶质在固定相和流动相之间的平衡关系同样服从分配定律，其定义式为：

$$K_d = \frac{c_S}{c_m}$$

式中　K_d——分配系数；

　　　c_S——固定相中的浓度；

　　　c_m——流动相中的浓度。

分配系数 K_d 越大，固定相中被分离组分的浓度越大，其保留值越大，移动速率越慢，可定性反映出色谱柱的分离效能。

根据固定相和流动相之间相对极性的大小，可将分配色谱法分成正相分配色谱法和反相分配色谱法两类。正相分配色谱法的流动相极性低而固定相极性高，因此固定相对于极性强的组分有较大的保留值，适于分离强极性化合物。反相分配色谱法的流动相极性大于固定相极性，因此固定相对于极性弱的组分有较大的保留值，适于分离弱极性的化合物。在强极性的流动相中加入与被测离子电荷相反的平衡离子而实现色谱分离的方法称为反相离子对色谱法。它使用普通的反相柱，还可以进行梯度洗脱，适用于易电离的有机化合物的分离分析，如核酸、核苷、儿茶酚胺、生物碱以及药品等。

(三) 离子交换色谱

离子交换色谱是利用离子交换树脂上能解离的离子与流动相中具有相同电荷的组分离子进行可逆交换，当混合液中各种组分（离子）与树脂上基团结合的牢固程度（即结合力大小）有差异时，选用适当的洗脱液，即可将各组分逐个洗脱下来，由此实现混合物中各组分的分离。该法适用于可解离成离子的组分的分离，如蛋白质、多肽、氨基酸、核酸等生物药物的分离纯化。

由第四章的理论知识可知，离子交换反应的平衡常数（也称为选择性系数、分配系数），可反映树脂与离子间结合力的大小，其值越大，离子就越易于保留而难于洗脱。

(四) 凝胶色谱

凝胶色谱的固定相为化学惰性多孔物质，凝胶色谱利用的是固定相中的微孔，根据各组分分子大小的不同，来实现物质的分离，又称为凝胶过滤色谱、尺寸排阻色谱和空间排阻色谱或分子筛色谱。

如图 7-6 所示为凝胶色谱分离原理示意。柱内装有凝胶颗粒，凝胶颗粒内部具有多孔网状结构，当被分离的混合物流过色谱柱时，各组分分子存在两种运动，即垂直向下的移动和无定向的扩散运动。由于混合物中含有大、小不同的分子，在随流动相移动时，比凝胶孔径大的分子不能进入凝胶孔内，而是随流动相在凝胶颗粒之间的孔隙向下移动（见图 7-7），并最先被洗脱出来 [见图 7-6(c)]；比凝胶孔小的分子以不同的扩散程度进入凝胶颗粒的微孔内，使其向下移动的速率较慢（见图 7-7），在色谱柱中逐渐将大分子物质拉开距离 [见图 7-6(d)]，最终达到分离目的。

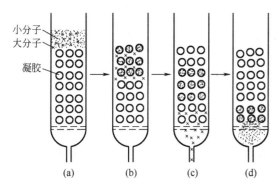

图 7-6　凝胶色谱分离原理示意

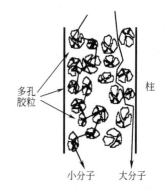

图 7-7　凝胶色谱柱中大、小分子移动示意

凝胶色谱法主要用于分离分析相对分子质量较高（>2000）的化合物，如脱盐、分级分离和分子量的确定等。脱盐是分离大小不同的两类分子的操作，如无机盐与生物大

分子。分级分离是将分子大小相近的物质分开。对于球形蛋白分子，在排斥极限和渗透极限之间，保留值与相对分子质量的对数之间存在线性关系，据此可测定相对分子质量。采用凝胶色谱法能简便快速地对分子量相差较大的混合物进行分离；对于复杂的未知样品，可采用凝胶色谱法进行初步分级分离，无需进行复杂实验就能获得样品组成分布方面较为全面的概况。

凝胶色谱按其流动相的不同分为两大类：一类是水相系统，称为凝胶过滤色谱，其所用的凝胶是亲水性的，适用于分离水溶性化合物；另一类是有机相系统，称为凝胶渗透色谱，其所用的凝胶是疏水性的，适用于分离油溶性化合物。

作为固定相的凝胶，其材料性质、颗粒大小、孔径、机械强度、化学稳定性及其均一性等，都对凝胶色谱分离的效果有重要的影响。因此，凝胶的选择必须根据被分离物质分子的大小、形状和分离要求的不同，选用不同的凝胶，同时还要考虑凝胶颗粒的大小对流速、压强降和分离效果的影响。

凝胶色谱分离具有许多特点：凝胶为惰性物质，不带电，不与溶质分子发生任何作用，因此分离条件温和；应用范围广，可分离从几百到数百万相对分子质量的分子；设备简单，易于操作，周期短，凝胶一般不需要再生即可反复适用。在生物物质分离、制药生产和科研中被广泛应用。

（五）亲和色谱

随着生物技术的深入研究，人们认识到生物体中许多大分子化合物具有与其结构相对应的专一分子可逆结合的特性，如蛋白酶与辅酶、抗原和抗体、激素与其受体、核糖核酸与其互补的脱氧核糖核酸等体系，都具有这种特性，生物分子间的这种专一结合能力称为亲和力。依据生物高分子物质能与相应专一配基分子可逆结合的原理，采用一定技术，把与目的产物具有特异亲和力的生物分子固定化后作为固定相，则含有目的产物的混合物（流动相）流经此固定相后，可将目的产物从混合物中分离出来，此种分离技术称为亲和色谱。

如图 7-8 所示为亲和色谱分离示意。将具有特异亲和力的一对分子的任何一方作为配基，在不伤害其生物功能的情况下，与不溶性载体结合，使之固定化，装入色谱柱中（见图 7-8 中 ○-），然后将含有目的物质的混合液作为流动相，在有利于固定相配基与目的物质形成络合物的条件下进入色谱柱。这时，混合液中只有能与配基发生络合反应形成络合物的目的物质（见图 7-8 中•）被吸附（见图 7-8 中 ○-•），不能发生络合反应的杂质分子（见图 7-8 中△）直接流出。经清洗后，选择适当的洗脱液或改变洗脱条件进行洗脱［见图 7-8(c)］，使被分离物质与固定相配基解离，即可将目的产物分离纯化。

一般情况下，需根据目的产物选择适合的亲和配基来修饰固体粒子，以制备所需的亲和吸附介质（固定相）。固体粒子称为配基的载体。作为载体的物质应具有：不溶性的多孔网状结构，渗透性好；物理和化学稳定性高，有较高的机械强度，使用寿命长；具有亲水性，无非特异性吸附；含有可活化的反应基团，利于亲和配基的固定化；抗微生物和酶的侵蚀；最好为粒径均一的球形粒子。常用的载体有葡聚糖、聚丙烯酰胺等，近年来多孔硅胶和合成高分子化合物载体正在被开发应用于亲和色谱。

亲和配基可选择酶的抑制剂、抗体、蛋白质 A、凝集素、辅酶和磷酸腺苷、三嗪类色素、组氨酸和肝素等。当配基的分子量较小时，将其直接固定在载体上，会由于载体的空间位阻，配基与生物大分子不能发生有效的亲和吸附作用，如图 7-9(a) 所示。如果在配基与载体之间连接间隔臂，可以增大配基与载体之间的距离，使其与生物大分子发生有效的亲和

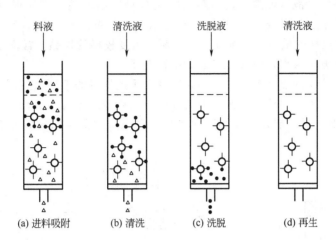

图 7-8 亲和色谱分离示意

• 目的物质；△ 杂质分子

结合，如图 7-9（b）所示。

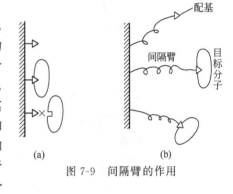

图 7-9 间隔臂的作用

亲和色谱专一性高，操作条件温和，过程简单，纯化倍数可达几千倍级，能有效地保持生物活性物质的高级结构的稳定性，其回收率也非常高，对含量极少且不稳定的生物活性药物的分离极为有效，它是一种专门用于分离纯化生物大分子的色谱分离技术。亲和色谱最初用于蛋白质特别是酶的分离和精制，后来发展到大规模应用于酶抑制剂、抗体和干扰素等的分离精制。在生物化学领域，主要用于各种酶、辅酶、激素和免疫球蛋白等生物分子的分离分析。

亲和色谱必须要有特异的亲和配体。事实上，不是任何生物大分子间都有特异的亲和力，也很难找到适当的亲和配体。另外，亲和色谱必须针对某一被分离物质而专门制备一种固定相，并寻找特定的色谱条件，因此亲和色谱的应用受到一定的限制。

任务 7.2 方案设计与讨论

一、色谱分离操作过程

色谱分离技术的机理多种多样，但其分离操作过程主要由固定相的形态决定，下面介绍几种典型的色谱分离基本操作过程。

（一）纸色谱分离

纸色谱是以滤纸为载体的分配色谱。滤纸纤维一般能吸附 25%～29% 的水分，其中 6%～7% 的水分以氢键与纤维素结合。纸色谱的固定相即为滤纸纤维及其结合水；流动相则为有机溶剂。依据混合物中各组分在水相和有机相中的溶解度（分配系数）的不同，而实现各组分的分离。纸色谱的一般操作如下。

（1）点样　将混合液（或溶于适当溶剂的混合物）用玻璃毛细管或点样器在滤纸上点样。要求点样点距纸底边约 2cm，每点间距约 2cm，点的直径一般小于 0.5cm，也可点成3～5mm 横长条。点样的量与样品浓度有关，对于浓度较稀的样品，常需多次点样，在每次点样后，要晾干后方可再点，以保证点的大小符合要求。

（2）展开　将滤纸的点样端（约 0.5cm）浸没于选择好的溶剂（展开剂）中，利用毛细现象，从点样一端向另一端流动。按溶剂展开的方向可分为上行、下行和径向三种，其装置如图 7-10～图 7-12 所示。展开装置需注意密封，以保持内部空间被展开剂蒸气所饱和，操作温度要维持恒定。

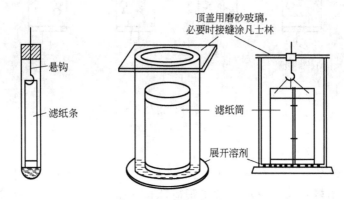

图 7-10　上行色谱法装置

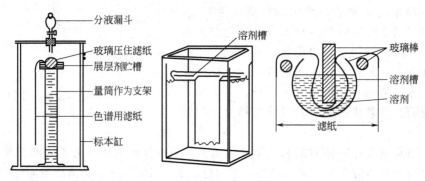

图 7-11　下行色谱法装置

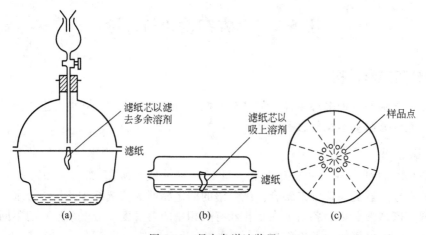

图 7-12　径向色谱法装置

（3）显迹　展开后取出滤纸，在溶剂到达的前沿处画线做记号，然后在室温下阴干，选用某种物理化学方法检查或显示色带位置。如需定量测定，则可将分离后的斑点剪下，用适当的溶剂将组分溶解（洗脱）下来，再进行定量分析。

纸色谱具有设备简单、操作方便、分离效率高、所需样品量少等特点，广泛用于定性与定量分析，但由于展开时间长（一般需几小时甚至几十小时）、分离量少和回收困难，因而一般不用于制备和生产规模的分离。

（二）柱色谱分离

各种不同机理的色谱分离均可在色谱柱中进行，色谱柱一般是在圆柱形容器内装入各类固定相而制得的。圆柱形容器直径要均匀，长径比一般为 20（有些高达 90～150），通常用玻璃制成，工业中的大型色谱柱可用金属制造，为便于观察，一般在柱壁上嵌一条玻璃或有机玻璃。常用色谱柱如图 7-13 所示。

在选用色谱柱时要注意，柱的下部出口管应尽量短些，柱出口管口最好为 45°，其尖端与收集容器接触，可使洗脱液顺利留下，保证出口管基本上是空的，以避免分离后的组分重新混合。

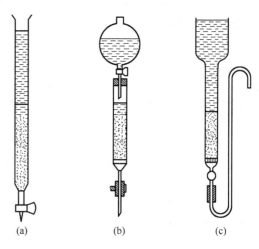

图 7-13　常用色谱柱

柱色谱分离装置如图 7-14 所示，由进样、流动相供给、色谱柱、检测及收集器等部分构成。柱色谱分离的主要操作如下。

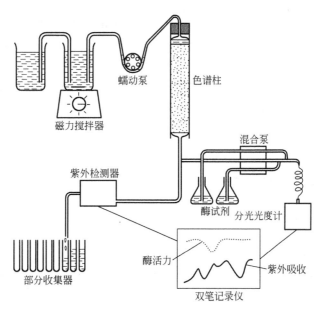

图 7-14　柱色谱分离装置

（1）装柱　装柱前，柱的底部要先放些玻璃棉、玻璃细孔板等可拆卸的支持物，以支持固定相。常用的固定相装柱方法有两种：干装和湿装。干装时，将固定相粉末直接倒入柱中，轻敲柱壁或采用压实法，使装填紧密，但色谱柱层内常留有气泡，使液体流动不均匀，故一般不采用干装。湿装时，先在柱内装入溶剂（展开剂、洗脱剂），然后将固定相与溶剂搅拌混匀至浆状，分次、少量加入柱中。在装填过程中要保持溶剂液面高于固定相层，以免将空气夹带入柱内。最后通入足量的溶剂，使填充层沉降至不再收缩，慢慢放出溶剂至液面略高于填充层，备用。

（2）加样　将混合物溶于溶剂（展开剂、洗脱剂）中，用滴管轻轻沿柱壁将试样加入到柱的上面，防止扰动填充层表面，减少对色谱分离效果的影响。然后打开柱底活塞，让填充层内的溶剂慢慢流出，而样品留在填充层的上部表面处。如果混合物难溶于所用的溶剂时，则可先将混合物溶于能溶的有机溶剂，并同少量固定相搅匀，放置至溶剂挥发完后，再将这部分固定相填充入色谱柱的上层。

（3）展开与洗脱　展开与洗脱时，为防止加入溶剂时造成固定相的扰动，常在填充层上方放滤纸或玻璃棉。在制备型和工业型色谱分离中，溶剂由加压泵供给，操作时要保持一定的压力和流速，以保证溶剂在色谱柱内的送入速度与流出速度相等（即连续流动），防止柱内形成气泡而影响展开与洗脱效果。在色谱柱的出口处，有多个接受洗脱液的收集器（见图7-14），分别收集各组分。检测器安装在柱底出口处，利用各组分的理化特性如紫外吸收、荧光性、电导率、旋光性以及可见光光密度等，选择适当的检测仪器，进行在线检测，根据检测结果分别收集洗脱液。收集器有滴数式、容量式、质量式等若干种，其中以容量式和质量式较为方便实用。

展开与洗脱操作的方式有多种，常用的有前沿分析法、洗脱展开法和置换展开法。

① 前沿分析法　又称迎头法。该方法所分离的混合液不是作为少量样品进入色谱柱，而是其本身作为流动相，连续不断地输入到色谱柱中。当混合液通过固定相时，因各组分与固定相的作用力不同而产生不同的移动速率。如图7-15所示为三组分迎头法色谱图。由图可知，前沿分析不能将混合液中的各个组分（A、B、C）都分离开，只能得到部分作用力最弱的纯物质A，其他各组分则不能分离。

② 洗脱展开法　又称洗脱分析法。该方法所分离的混合液需尽量浓缩，使体积缩小，以少量样品引入色谱柱（即前面述及的加样过程），然后加入流动相，在流动相移动的过程中，各组分发生差速迁移，达到展开洗脱的目的。如图7-16所示为洗脱展开法色谱图，又称流出液组成图。图中每一个峰对应一种组分，其中与固定相作用力最弱的组分，其峰最先出现，峰面积与组分含量成正比。此法可将混合物中的各组分较完全地分离，因此在色谱分离中应用最普遍。

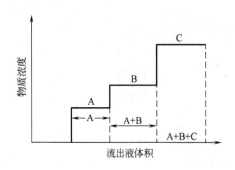

图 7-15　三组分迎头法色谱图

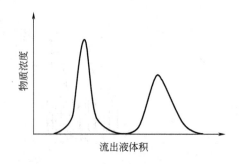

图 7-16　洗脱展开法色谱图

根据洗脱展开过程中溶剂的组成是否改变，可将洗脱展开法分为恒定洗脱法、逐次洗脱法和梯度洗脱法。选择何种操作方法，取决于混合物的性质、产品的纯度要求及收率指标等。

③ 置换展开法　又称顶替法或取代法。此法与洗脱展开法的主要区别是所选择的移动

相不同。顶替法是利用一种吸附力比各组分都强的溶剂作为洗脱剂，替代结合在固定相上的各组分，由于各组分与固定相的结合力不同，随移动相向下移动的速率也就不同，从而实现各组分的分离。

柱色谱具有结构简单、操作方便、处理量较大、回收容易等特点，在高纯度药品和生物制品的分离纯化中应用较多。

(三) 薄层色谱分离

薄层色谱是一种将固定相在固体（一般为玻璃平板）上铺成薄层而进行的色谱分离方法。薄层色谱的主要操作如下。

(1) 薄层板制备　薄层板通常用玻璃板作基板，上面涂铺固定相薄层，根据薄层的牢固程度不同，可分为硬板和软板。

硬板制备，又称湿法铺层法。将固定相、胶黏剂、溶剂等调成糊状，用刮刀推移法或涂铺器，将其均匀涂铺于基板上，于室温下晾干，使用前再进行活化处理。湿法制成的薄层比较牢固，展开效果好，展开后易于保存。

软板制备，又称干法铺层法，如图 7-17 所示。干法铺层制成的薄板疏松，展开速度快，但斑点较散，展开后不能保存，不能采用喷雾显色，因此应用较少。

(2) 点样　薄层色谱点样方法与纸色谱类似，但对于制备和生产规模的色谱分离过程，薄层色谱的点样量较大，一般采用以下方法：将样品溶液点在直径 2～3mm 的小圆形滤纸上，点样时将滤纸固定于插在软木塞的小针上，同时在薄层起始线上也制成相同直径的小圆穴（圆穴及滤纸片均可用适当大小的打孔器印出），必要时在圆穴中放入少许淀粉糊，将已点样并除去溶剂后的圆形滤纸片小心放在薄层圆穴中粘住，然后展开。采用这种方法，样品溶液体积大至 1～2mL 也能方便地点样，并能保证圆点形状的一致。

在干法制成的薄层上点样，经常把点样处的固定相滴成孔穴，因此必须在点样完毕后用小针头拨动孔旁的固定相，将此孔填补起来，否则展开后斑点形状不规则，影响分离效果。当样品量很大时，则可将固定相吸去一条，将样品溶液与固定相搅匀，干燥后再把它仔细地填充在原来的沟槽内，再行展开。

(3) 展开　薄层色谱的展开方式可分为上行展开和下行展开，单次展开和多次展开，单向展开和多向展开；其展开方法与纸色谱相同。对于软板，则采用上行水平展开方式，在色谱槽内进行展开操作，如图 7-18 所示。

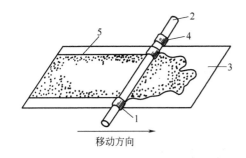

图 7-17　干法铺层法

1—调节薄层厚度的塑料环；2—均匀直径的玻璃棒；
3—玻璃棒；4—防止玻璃滑动的环；5—薄层吸附剂

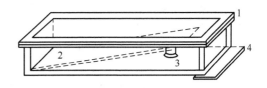

图 7-18　色谱槽

1—色谱槽；2—薄层板；3—垫架；4—垫板

(4) 显迹　薄层色谱在显迹前，一般均需使溶剂挥发除尽，然后利用荧光法、喷雾显色法、蒸气显色法等理化方法或生物显色法进行显色，也可利用基于投射法或反射法的薄层色谱扫描仪进行扫描测量。

薄层色谱是纸色谱和柱色谱的结合，因此兼具两者的特点。

① 设备简单，操作方便。只需一块玻璃板和一个色谱缸，即可进行复杂混合物的定性与定量分析及分离制备。其原理与经典柱色谱相同，但在敞开的薄层上操作，在检查混合物的成分是否分开以及在显色时都比较方便。

② 快速，展开时间短。薄层板比滤纸的毛细管作用大，因此展开速度快，薄层色谱一般只需十几分钟至几十分钟。

③ 显色方法选择范围宽。如对于无机物固定相，可采用腐蚀性的显色剂。

④ 可以选用各种固定相。移动相也可广泛选用，较纸色谱有显著的灵活性。

⑤ 斑点较密集，检出灵敏度较高。

⑥ 适用于大型制备色谱。如增加薄层厚度，可增大样品的处理量。

⑦ 展开机理和方式多种多样。

⑧ 适用于热不稳定、难挥发药物的分离，但不适用于挥发性药物的分离。另外，对于成分过于复杂的混合物，采用薄层色谱法分离还是有困难的。

二、色谱分离方案设计与讨论

【色谱分离操作实训方案设计与能力培养】

① 教师结合本院校实际情况，指定实训题目，提出具体实训要求。

② 学生查阅资料，找出混合物中各组分的结构、理化性质等的差异及分离方法，以培养学生收集信息的能力。

③ 在教师指导下，选择色谱分离的固定相、流动相，初步确定色谱分离的方案，达到培养学生设计实训方案的能力。

④ 学生按实训方案拟订具体的操作过程，选取所用仪器设备，做好样品及溶剂的浓缩、配制工作，以培养学生的组织计划能力。

⑤ 按照实训方案进行操作练习，使学生熟练掌握点样、装柱（制板）、展开与洗脱等色谱分离的基本操作技能；并能结合具体药品的色谱分离操作，分析解释有关影响因素，达到培养学生色谱操作技能的目的。

⑥ 编写实训报告，并分析各操作环节的要点，能解释如此操作的原因，以培养学生认真思考的良好习惯和分析解决实际问题的能力。

【研究与探讨】

① 固定相、流动性的选择方法；

② 柱色谱分离中，点样、装柱（制板）、展开与洗脱等操作过程；

③ 常用的显色操作技术；

④ 观察色谱带，认识色谱图。

任务 7.3　柱色谱分离阿司匹林粗品

【实训目标要求】

1. 掌握色谱柱的填充方法；

2. 熟悉柱色谱的分离方法；

3. 了解柱色谱的分离原理。

【实训原理】

色谱分离技术的机理多种多样，但都必须包括两个相。一相为表面积较大的固体或附着在固体上且不发生运动的液体，称为固定相；固定相能与待分离的物质发生可逆的吸附、溶解、交换等作用，它是色谱的一个基质，对色谱分离的效果起着关键作用。另一相是不断运动着的气体或液体，称为流动相（又称展层剂、洗脱剂）；它携带各组分朝着一个方向移动，也是色谱分离中的重要影响因素之一。当流动相流过固定相时，易分配于固定相中的物质随流动相移动的速度慢，易分配于流动相中的物质随流动相移动的速度较快，使不同组分发生差速迁移，从而实现逐步分离。

薄层色谱是一种将固定相在固体（一般为玻璃平板）上铺成薄层而进行的色谱分离方法。

色谱柱一般是在圆柱形容器内装入各类固定相而制得。圆柱形容器直径要均匀，长径比一般为 20（也有高达 $90 \sim 150$），通常用玻璃制成，工业上的大型色谱柱可用金属制造，为便于观察，一般在柱壁上嵌一条玻璃或有机玻璃。

【实训药品】

名　　　称	规　　格	用　　量
阿司匹林粗品	自制	5g
GF254 薄层硅胶	分析纯	30g
（200～300 目）柱色谱硅胶	分析纯	150g
石油醚	分析纯	500mL
乙酸乙酯	分析纯	200mL
羧甲基纤维素钠	分析纯	0.3g

【实训操作】

1. 色谱柱的选择

柱色谱分离，常用的是以硅胶或氧化铝作固定相的色谱柱。色谱柱径高比一般在 1：（5～10），硅胶量是样品量的 30～40 倍，具体的选择要具体分析。如果需要将组分和杂质分得比较开（是指在所需分离组分 R_f 在 $0.2 \sim 0.4$，杂质相差 0.1 以上），就可以少用硅胶，用小柱子（例如 200mg 的样品，用 2cm×20cm 的柱子）；如果相差不到 0.1，就要加大柱子，增加柱子的直径，比如用 3cm 的，也可以减小淋洗剂的极性等。

2. 装柱（湿法装柱）

装柱可分为干法装柱和湿法装柱两种，一般多采用湿法装柱。

① 色谱柱要保持干燥，底部要先放些玻璃棉、玻璃细孔板或脱脂棉等可拆卸的支持物，以支撑固定相。

② 称 200～300 目柱色谱硅胶 100～150g，放入 200mL 烧杯。加入干硅胶体积一倍的石油醚溶剂，用玻璃棒充分搅拌成匀浆，待用。

③ 将匀浆用玻璃棒导流一次加入色谱柱中，打开柱下活塞，放一干净烧杯于色谱柱口，随着沉降，会有一些硅胶沾在色谱柱内，用石油醚将其冲入柱中。

④ 为使柱子装的紧密、均匀，可用吸耳球轻轻敲打柱壁，同时，加入更多的石油醚，用双联球或气泵加压，直至柱内无气泡，流速恒定。

3. 加样

（1）阿司匹林溶液配制　将阿司匹林 2g 用石油醚：乙酸乙酯＝10：1 共 22mL 溶解，观察溶液颜色应澄清，无固体沉淀。将硅胶 GF254-15g 加入到溶解液中，搅拌均匀。

（2）加样　将拌好的硅胶加入到硅胶柱中，注意要均匀加入，保持硅胶面水平。加完后，在硅胶上面加一层滤纸。缓缓加入石油醚，并保持液面始终高于硅胶面。注意不要加得太快，防止将硅胶冲起。

4. 展开与洗脱

① 在硅胶柱中不断加入石油醚，并随时观察柱中的情况。

② 30min 后，可采用逐级洗脱法，逐渐加大洗脱剂的极性。配制石油醚：乙酸乙酯＝5：1的溶液，缓缓加入到柱中。

③ 间隔一段时间后，增大洗脱剂极性，配制石油醚：乙酸乙酯＝3：1的溶液，缓缓加入到柱中。如此逐渐加大极性。

5. 纯品展开与收集

用大试管或锥形瓶收集柱下流出的石油醚，刚开始间隔 20min 收集流出液，以后每隔 10～15min 收集一次。收集液用薄层板点样跟踪监测，石油醚：乙酸乙酯＝1：1做展开剂，展开后置于紫外灯下进行显色，阿司匹林的比移值 $R_f = 0.4$ 左右。

将收集的纯品流出液，倒入 250mL 茄形瓶中，进行旋转蒸发以收集阿司匹林纯品，称量，计算收率。

【注意事项】

1. 色谱柱使用时要保持干燥，否则易出现硅胶层的断层与裂纹。

2. 装好的柱子要均匀、紧密、无气泡，若柱子装的不紧密、松散，有气泡或裂纹，会影响分离效果，导致分离失败。

【研究与探讨】

1. 硅胶柱中加好样后为何要加一层滤纸？目的是什么？

2. 洗脱过程中，为何保持洗脱剂的液面始终高于硅胶液面？如果洗脱剂液面低于硅胶面会出现怎样的后果？

3. 如何选择合适的洗脱剂？

4. 对于样品的显色，除了用紫外灯外，还可用什么方法？

【知识拓展】　典型制备色谱简介

一、模拟移动床色谱

模拟移动床色谱（SMB）是连续操作的色谱系统，它由多个色谱柱（大多为 5～12 根）组成。各柱相互之间用多位阀和管子连接在一起，每根柱子均设有样品的进、出口，并通过多位阀沿着移动相的流动方向，周期性地改变样品进、出口的位置，以此来模拟固定相与流动相之间的逆流移动，实现组分的连续分离。主要用于分离提纯手性药物及生物药物，制备高纯度标准品，在医药工业中得到了广泛应用。

模拟移动床色谱分离技术的优势表现在：属于连续色谱分离过程；分离效率高；可以实现旋光异构物质的分离过程；适合于不同规模的色谱分离过程。

二、高压液相色谱

高压液相色谱，简称 HPLC，又称高速液相色谱、高效液相色谱、高分辨液相色谱等，其特点如下。

① 分离效能高　由于使用了新型高效微粒固定相填料，液相色谱填充柱的柱效可达 $2\times10^3\sim5\times10^4$ 块理论塔板数/m，远远高于气相色谱填充柱 10^3 块理论塔板数/m 的柱效。

② 选择性高　由于液相色谱柱具有高柱效，且流动相可以控制，改善了分离过程的选择性。因此，高效液相色谱法不仅可以分析不同类型的有机化合物及其同分异构体，还可分析在性质上极为相似的旋光异构体，在高疗效的合成药物和生化药物的生产控制分析中发挥了重要作用。

③ 检测灵敏度高　在高效液相色谱法中使用的检测器大多具有较高的灵敏度。如被广泛使用的紫外吸收检测器，最小检出量为 $10\sim9$mol/L；用于痕量分析的荧光检测器，最小检出量为 $10\sim12$mol/L。

④ 分析速度快　由于使用了高压输液泵，相对于经典液相（柱）色谱，其分析时间大大缩短，当输液压力增加时，流动相流速会加快，完成一个样品的分析时间仅需几分钟到几十分钟。

高效液相色谱法除具有以上特点外，其应用范围也日益扩展。由于它使用了非破坏性检测器，可用于样品的纯化制备。样品被分析后，在大多数情况下，可除去流动相，实现对少量珍贵样品的回收。高效液相色谱法与经典液相（柱）色谱法的比较见表7-1。

表 7-1　高效液相色谱法与经典液相（柱）色谱法的比较

项　　目	高效液相色谱法	经典液相(柱)色谱法
色谱柱:柱长/cm	10～25	10～200
柱内径/mm	2～10	10～50
固定相粒度:粒径/μm	5～50	75～600
筛孔/目	2500～300	200～30
色谱柱入口压力/MPa	2～20	0.001～0.1
色谱柱柱效/(块理论塔板数/m)	$2\times10^3\sim5\times10^4$	2～50
进样量/g	$10^{-6}\sim10^{-2}$	1～10
分析时间/h	0.05～1.0	1～20

 【阅读材料】

色谱法的产生及发展

色谱法是 1906 年俄国植物学家 Michael Tswett 发现并命名的。他将植物叶子的石油醚抽提液通过 $CaCO_3$ 管柱，并以石油醚淋洗，由于 $CaCO_3$ 对抽提液中各种色素的吸附能力不同，以不同的速率流动而被逐渐分离，在管柱中形成色带或称色谱图（chromatogram）。由此，该技术得名为"色谱法"（chromatography），后来无色物质也可利用吸附柱色谱分离，色谱法又称色谱法。

1944 年出现纸上色谱。

1952 年诞生了气相色谱仪。

1956 年范第姆特总结前人的经验，提出了反映载气流速与柱效关系的范第姆特方程，建立了初步的色谱理论。同年高莱发明了毛细管柱。随后各种介质的生产和自动化仪器产生。

20 世纪 60 年代末诞生了高效液相色谱仪，大大拓宽了色谱法的应用范围。

20 世纪 80 年代初发展了超临界流体色谱法，之后又出现了毛细管电泳法、智能化色谱、色谱广谱联用技术、三维色谱等新技术。

复习思考题

7-1 色谱分离技术及特点。

7-2 色谱法的基础是什么？由哪三个重要因素决定？

7-3 解释名词及概念：

阻滞因素；保留值；分离度；点样；展开；洗脱；洗脱液；柱效

7-4 分析色谱、制备色谱与工业色谱的主要区别是什么？

7-5 各种色谱分离技术（吸附、分配、离子交换、凝胶、亲和）的机理是什么？

7-6 为什么说色谱分离的效率是所有分离纯化技术中最高的？

项目8 综合训练

【知识与能力目标】

掌握影响药物分离与纯化过程选择的因素；熟悉药物分离与纯化过程选择的一般规则及步骤；了解药物分离与纯化技术的应用。

能分析、比较各种分离与纯化技术的特点；能对青霉素提取分离过程进修仿真或模拟操作。

任务 8.1 搜集相关知识和技术资料

一、药物分离与纯化技术过程的分析与比较

前面几章分述了各种分离与纯化技术的基本原理、工艺过程、影响因素、典型设备及应用等，为制药生产中药物分离与纯化工艺的选择奠定了基础。为了选择适当的药物分离与纯化技术，就必须对各种分离与纯化过程进行分析比较，全面了解不同分离与纯化过程的特性，以便针对各种药物的不同分离纯化要求进行选择。

分离纯化过程的特性包括分离能力、适应性及分离能耗等，其中分离能力是药物分离与纯化技术的重要特性。分离能力是指一定的分离技术、在一定的设备内完成所能达到的分离效率和处理能力。影响分离效率的主要因素是分离纯化过程的不完全性。

(一) 分离纯化过程的不完全性

所谓分离纯化过程的不完全性，是指在分离纯化不同的相或组分时，往往不能达到完全分离的特性。分离纯化主要分为传质分离和机械分离两大类，它们的不完全程度不同，产生的原因也是多种多样。如在萃取分离过程中，与萃取平衡的差距决定了其传质分离的不完全性；而在沉降分离过程中，夹带的多少决定了其机械分离的不完全性。

混合物的分离与纯化过程都是根据混合物中各组分或相间的理化性质等方面的差异来分离的，因此，被分离组分的物性差异大小是导致分离纯化不完全性的主要原因之一。这些差异越大，就越易分离，分离的不完全性就越低；反之，则分离的不完全性就越高。

1. 传质分离的不完全性

对于平衡分离过程，其传质分离的极限是达到平衡状态，并不是完全分离。而且在实际的传质分离过程中，由于传质面积和传质时间有限，很难达到平衡状态，即传质分离是不完全的，因此平衡分离过程是绝对不完全的。例如，干燥过程的极限是物料的含水量降至平衡水分，平衡水分的量与被干燥物料性质、干燥介质状态、干燥条件等因素有关，而且实际干燥过程很难达到平衡状态，只要控制干燥程度，使其达到规定的含水量要求即可。

另外，在平衡传质分离过程中，物质的混合程度对分离纯化的不完全性影响也较大。如

萃取过程中，流体湍动程度越大，两相混合程度越高，使传质面增大，传质速率提高，当其传质结果越接近平衡状态时，其不完全性越低。

2. 机械分离的不完全性

通常夹带是造成机械分离不完全性的主要原因之一。夹带是指机械分离（又称相分离）过程中，由于颗粒的运动性、附着性或持液性等原因，导致一相携带另一相进入某一产品流的现象。当采用不同的机械分离操作时，其分离的不完全性有很大差异。如用过滤与沉降操作分离相同的物料，沉降比过滤所得的固相中的液体量大很多，即沉降分离的不完全性高，而液相中也可能含有少量的固体，因此机械分离操作大多是不完全的。

在萃取过程的两相分离阶段，由于乳化等原因，造成两相不能完全分层，其中一相的微小液滴均匀分散在另一相中，当用机械分离法分离两相时，很容易发生夹带现象，造成萃取分离不完全。另外，分离两相所用的设备不同，其分离效率差异也很大，如重力澄清器与离心分离器，它们对微小颗粒或液滴的分离效率相差极大。

在过滤分离过程中，由于其固体颗粒的形状、大小、附着性或持液性不同，其分离的不完全性也不同。颗粒越小，附着性越强，其持液量越大，分离纯化的不完全性越高。另外，操作条件也影响过滤分离的不完全性，如真空抽滤分离过程，真空度越高，压力差越大，滤饼含液量越低，分离越完全。除此之外，过滤操作中的短路、沟流、泄漏也会造成分离不完全，但可以采取一定的方法来控制。

在沉降分离过程中，其颗粒的运动性、颗粒与流体间的密度差、流体的流动状态、颗粒的含量等不同，其分离的不完全性也有较大差异。颗粒与流体间的密度差越大，沉降速率越快，沉降分离的不完全性越低；流体的湍动程度增大，可能造成返混，从而不利于沉降分离，使沉降分离的不完全性增高。当颗粒的含量增大时，混合液的黏度增大，颗粒间可能会相互干扰沉降过程，容易引起回流夹带等现象，从而导致分离与纯化过程不完全，降低分离效率。

分离纯化过程的不完全性普遍存在，可采取一些措施来降低其不完全性，但不可能完全消除，不过也没有必要全部消除。若分离纯化的不完全性越低，意味着分离纯化费用越高，使药品的成本越高。对于药品质量来说，其分离纯化的要求一般比较高，只需将其分离纯化的不完全性控制在规定范围内，使其达到生产要求即可。

(二) 分离与纯化过程的分析比较

从分离纯化过程操作的连续性考虑，含有固相的分离纯化过程比各相都是流体的过程更不利于连续操作，其主要原因是固相难以实现连续流动过程。为了解决该问题，需采用复杂的分离设备，或利用固定床结构。固定床操作本质上不是完全连续的，通常要利用床层间相互切换的方式，实现周期性半连续操作，如离子交换过程、色谱分离过程等。

从分离纯化过程多级操作的难易考虑，可同时在一个设备内完成多级操作的分离过程比较经济，易于实现，例如，蒸馏、萃取、色谱分离过程等都可以把许多级放在一个设备内完成，其精馏塔、萃取塔、色谱柱等都是多级分离设备。但是有些分离过程的多级操作较难实现，如膜分离过程，每一级是相对独立的，多级串联操作的工艺设备复杂，费用较高。

从分离纯化过程能耗的大小考虑，引入质量分离剂的分离过程要比引入能量分离剂的分离过程能耗大，这是因为引入质量分离剂即引入新相、新组分后，要先进行充分混合，完成其传质过程，然后再将两相分离，最后还需将引入的组分从产品中分离出来，所以增加了分离纯化过程的能耗，如萃取分离能耗大于蒸馏分离能耗。

另外，分离纯化的要求、分离难易程度决定着单位处理量所需的费用。选用哪些分离纯化方法，取决于药物分离的质量要求和经济性。对于机械分离与传质分离，两者相辅相成，多数传质分离过程需经过机械分离才能实现物质的最终分离，如萃取过程中的离心分离、结晶过程中的过滤分离等。

二、药物分离与纯化过程的设计

（一）影响药物分离与纯化过程选择的因素

在药物分离与纯化过程的选择与设计中要考虑很多因素，其中主要包括：被分离药物及其混合物的性质，药物的分离要求，分离费用，产品价值，生产规模，分离剂的选用，对产品或环境的污染等多个方面。此外，一些外界因素如现有设备、厂房、经济实力等条件，操作者对某些分离方法的熟练程度等也是应考虑的因素。

1. 被分离药物及其混合物的性质

在选择与设计药物分离与纯化过程前，首先要了解被分离药物及其混合物的性质，混合物的一般性质见表 8-1。由于均相混合物与非均相混合物的性质差异较大，需分别讨论。

表 8-1　混合物的一般性质

几 何 性 质		颗粒粒度、形状
物理性质	力学性质	密度、黏度、密度差、表面张力、颗粒破碎、摩擦因素
	热力学性质	熔点、沸点、其他临界点或转变点、溶解度、蒸气压、分配系数、吸附平衡
	电、磁、波性质	电荷、电导率、介电常数、迁移率、磁化率
	传递性质	扩散系数、分子运动速率
	其他性质	浓度
化学性质	热力学性质	反应平衡常数、化学吸附平衡常数、离解常数、电离电位
	反应性质	反应速率常数
生物性质		生物学亲和力、生物学吸附常数、生物学反应速率常数

（1）均相混合物　均相混合物中，由于各组分间没有明显的界面，两相间性质的主要差别是由分子的性质所决定。各种不同的分子性质，在各种分离与纯化过程中的重要作用不同。例如，分子的形状、大小差异决定着膜分离过程；溶解度差异对萃取、结晶分离过程影响很大；各种分子的化学反应特性的差异存在于离子交换、结晶、螯合色谱等分离纯化过程中；扩散系数几乎影响所有的传质分离过程。

分离与纯化过程依据的是被分离组分之间在某些物理、化学、生物学性质方面的差异，因此只要找出组分间存在的特性差异，结合各种药物分离与纯化技术的特点，就有可能选择适宜的分离与纯化方法，最终实现药物的分离与纯化。

对于均相混合物的分离，采用机械分离方法是无能为力的，必须采用传质分离方法，包括相变分离和非相变分离，即根据不同组分的气化点、凝固点、溶解度或扩散速率等物理化学方面的特性差异，选用蒸馏、干燥、结晶、萃取、超滤、反渗透等分离方法。

传质分离方法有时可以独立完成分离任务，如蒸馏、干燥、超滤等；但有时传质分离只能完成相变，即将均相混合物转变为非均相混合物，不能完全完成分离任务，如结晶、萃取等，这时就需要采用机械分离方法将不同的相分离，最终达到产品分离的目的。

（2）非均相混合物　对于非均相混合物的分离，首先要看混合物内相的组成、形态、溶解性、挥发性等方面的差异，其次是混合物内相的其他性质，如粒度差、密度差等。混合物内相的组成及其形态决定了相的流动性或截留性，若不同的相之间有密度差、粒度差等，则其差异程度决定了混合物内潜在的沉降、离析特性，则可用机械分离过程。

固-液非均相混合物具有相的形态、密度、挥发性、凝结性或表面化学性等方面的差异，因此可用过滤、沉降、结晶等方法进行分离；对于流动性差的固-液系统，可以采用压榨、干燥和萃取方法进行分离。液-液非均相混合物中，两相均为流体，没有形状，因此没有形态差，也就没有基于形态和大小的截留性差异，所以不能用常规的过滤器分离，除非用特殊的过滤器，如用亲油而不亲水的材料作为过滤介质的过滤器。但是，液-液非均相混合物常具有密度差、挥发性差、凝结性和溶解性差等，因此可用沉降、蒸馏、结晶、萃取等方法分离。当含有少量液滴时，也可用吸附法、液体渗透法、化学反应法和生化反应法等进行分离。

如上所述，根据混合物的相态，可能有几种分离方法可用，为了确定最适合的分离方法和操作条件，还要对混合物的其他一些性质做进一步分析。混合物内颗粒的粒度及两相密度差是混合物沉降分离的内在驱动力；颗粒小到一定程度会产生布朗运动而无法采用重力沉降法分离。混合物的浓度和黏度在分离方法的选择时往往也是必须要考虑的因素。一般来讲，浓度大会增加混合物的黏度、流动性减小、改变流型甚至使组成形态发生变化，还会增加沉降干扰，从而影响分离能力。

2. 药物的分离纯化要求

产品的得率和纯度是药物分离纯化要求中最重要的控制指标。产品的得率反映了对资源的利用程度，主要由经济性确定。产品的纯度一般是根据产品的使用目的来确定的，如注射药物与口服药物的纯度要求是不同的。产品的得率和纯度往往是矛盾的两个方面，而且两者与产品成本或效益密切相关，随着得率和纯度的提高，效益也增加，会出现最高效益点，若再进一步提高得率和纯度，效益反而会降低，因为随着分离程度的增大，其分离费用增加很快，使总效益反而下降，这是分离过程的一个经济效益特性。

3. 分离纯化的费用、产品价值和生产规模

分离与纯化操作的费用包括分离设备的投资、操作、运行、维护等方面的费用。单纯由费用高低很难选择，还要考虑产品的价值，产品的价值低，就应选择能耗低、分离剂价格也低（即分离费用低）的分离过程，因此产品的价值对选择分离操作方法有较大的影响。如果某种分离过程或设备能满足某一分离任务的分离要求，但费用较高，而其产品价值很高，则可以认为该分离过程能满足该分离任务要求，当然，降低费用可提高经济效益。

另外，分离过程的选择还要看产品的生产规模，低价产品往往市场需求量大，其生产过程很可能是大规模的，这样就会带来规模效应，以提高经济效益。一般来讲，对于大型工厂而言，建厂投资与规模的 0.6 次方成正比，当规模小到某种程度后，投资不再随规模的下降而下降。对于较小规模的工厂，应尽量选用操作简单、自动化程度高的分离纯化方法。

4. 分离剂的选用

分离剂是分离过程的辅助物质或推动力，属于分离与纯化过程的必要条件，它包括能量分离剂和质量分离剂。一般情况下，使用质量分离剂可以减少能量分离剂的用量，但使用质量分离剂可能造成产品的污染和环境污染。此外，引入的质量分离剂又需要与产品分离，从而增加了设备和能耗。因此，选择和设计分离纯化过程时，应优先考虑采用能量分离剂，对质量分离剂的选用要考虑整个分离纯化过程的要求。

5. 对产品或环境的损害和污染

分离与纯化过程的选择还要考虑到是否对产品有损害的问题，对产品的损害包括由加入分离剂及机械损伤引起的。

加入能量分离剂，可引起高温热损害、低温冻害等。热损害可能表现在产品的变质、变

色、聚合等方面；冷冻对生物物质可能造成不可逆的损害，选择冷冻能量分离剂时，应注意控制冷冻条件。加入质量分离剂，会造成对药品的污染，这是因为质量分离剂不能与产品完全分离。

机械损伤是指固体产品在分离纯化过程中，因机械力的作用而造成破碎等损害。如采用刮刀卸料的离心机分离，则有可能造成晶粒破碎。

有些分离与纯化过程还会对环境造成损害和污染，如质量分离剂的排放、能量的释放都会对环境造成危害。

6. 经验

在选择分离与纯化方法时，人们习惯于采用成熟的分离过程，或是采用过去已具体应用检验过的过程。当一种新过程研究得越深入、成功使用的场合越多时，它就成为分离与纯化技术中较为重要的组成部分之一。然而，在没有达到这一程度前，其所带来的预期价值必须超过由于实验、开发和不确定性而付出的代价才能被选择。

（二）药物分离与纯化过程选择的一般规则及步骤

通常，选择药物分离与纯化过程时，遵循的一般原则是：

① 优先采用简单的分离纯化方法；

② 先分离较易除去的组分；

③ 尽早分离出混合物中特别有害的物质或可能导致副反应的物质；

④ 优先考虑采用机械分离，其次考虑传质分离，尽量少用化学方法；

⑤所选分离与纯化过程，既要技术上可靠，又要经济上可行。

需要注意的是，在选择分离过程时也要对工艺过程、设备的各种因素予以考虑。此外，在确定了分离设备后，对辅助处理装置和液体及固体的输送等也必须考虑，以尽量恰当的配置来适应所选择的分离设备。总之，应全面地从整个工艺过程来考虑分离过程的选择。

分离与纯化过程一般按以下步骤进行选择：

① 了解混合物的特性，明确分离纯化要求及分离过程的特性；

② 分析所选分离方法是否能适应所处理的物料，能否达到所需纯度或分离要求；

③ 分析分离与纯化过程所需的能量，选择低能耗的分离方法；

④ 根据产品的纯度要求，验证所选择的分离与纯化方法；

⑤ 分离与纯化设备的分离效率测评；

⑥ 根据生产规模，评估其经济性。

（三）新过程的产生

新分离与纯化技术的选用，可能受到人们已有思想观念的限制，也会受到技术应用的广泛性、成熟度的限制，但人们对新过程的探索是永不停息的。对于分离与纯化过程来说，考查这些方法的所有组合，考虑流程和设备的新结构，考虑新性质差异是否可以作为分离的基础，都可以产生新的分离与纯化过程。在许多情况下，在一种类型的过程中成功的技术革新，可以通过某种形式的技术转移，把它引用到极不相同的类型过程中去，从而实现新过程。

（四）分离过程的组合

从理论和实践可知，不同的分离方法在分离能力（如分离效率、处理质量、处理速率）、成本（如投资、能耗）、适应性（如均相、非均相混合物、粒度、浓度、黏度、温度）等各方面往往各不相同，各有优缺点，若进行适当的组合，可提高产品质量和处理量。

组合分离过程是采用不同种类的分离技术进行多级分离的操作，其中多级分离过程是用一种分离技术进行多级分离的操作。对于某一分离与纯化过程，有时可用一种分离方法完成，但需采用多级分离才能完成，如多级膜分离、多级蒸馏等。有时由于分离方法固有的分离不完全性，单种分离操作的多级过程也可能达不到所要求的产品纯度，甚至不能完成分离任务，或分离成本过高。此时，常将多种分离方法有机地结合起来，取长补短，形成一个最佳的组合分离过程，既能达到分离的质量要求，又能使分离费用降到最低限度。

　　分离过程组合的目的是：提高产品纯度或处理质量；降低分离剂的耗量；提高某一分离操作的性能；延长分离设备的再生周期或使用寿命。

三、药物分离与纯化技术案例分析——青霉素的分离纯化工艺分析

　　青霉素是利用特定的丝状或球状菌种，经培养发酵，控制其代谢过程，使菌种产生青霉素。由于新的高产菌种不断取代低产菌种，发酵工艺也不断改进，发酵单位已提高到 $60000\sim85000U/mL$，但发酵液中青霉素的含量只有 4% 左右；而在发酵完成后，发酵液中除了含有很低浓度的青霉素外，还含有大量的其他杂质，这些杂质包括菌种本身、未用完的培养基（蛋白质类、糖类、无机盐类、难溶物质等）、微生物的代谢产物及其他物质。

　　含有杂质多、目的药物成分含量低的发酵液是不能直接用于临床的，而且青霉素在水溶液中也不稳定，故必须及时将青霉素从发酵液中提取出来，并通过逐步的纯化，得到较纯的晶体或粉末，以便于临床应用。

　　由青霉素性质可知，青霉素属于热敏性物质，因此整个提炼过程应在低温下快速进行，并严格控制 pH 值，以减少提炼过程中青霉素的损失。由于青霉素盐在水中的溶解度很大，而青霉素酸在某些有机溶剂中的溶解度较大，依据这一特性，可选用溶剂萃取法提取、浓缩青霉素，目前工业生产中普遍应用此方法。另外，青霉素含有一个羧基，可解离为阴离子，故也可采用离子交换法分离提纯，也有采用沉淀法分离，但均未应用于生产。下面仅对溶剂萃取法的工艺要点进行分析讨论。

1. 发酵液的预处理和过滤

　　① 将发酵液冷却至 10℃ 以下。青霉素的发酵温度一般控制在 26～27℃，当发酵完成后，应及时冷却，因青霉素在低温下较稳定，可避免其被分解破坏，同时低温可降低微生物繁殖速度，防止菌体自溶使发酵液成分复杂。生产中通常采用板式换热器进行冷却，其换热效率高，冷却速率快。

　　② 用 10% 硫酸调 pH=4.5～5.0，加 0.07% 的溴代十五烷吡咯（PPB）进行预处理。青霉素发酵时 pH 值一般控制在 6.2～7.2 之间，由于发酵液中含有大量的菌体、杂蛋白等杂质，可直接影响发酵液的表面张力、黏度和离子强度等物理性质，对青霉素的提取分离影响较大。因此，调整 pH 值使其在杂蛋白的等点电附近，再加入凝聚、絮凝剂，可使大量蛋白质杂质、胶体粒子、微细颗粒等集结沉淀，经固液分离后除去。青霉素生产中的预处理罐都带有冷却和搅拌装置，以保证料液在低温下均匀混合，防止局部酸度或浓度过高而使青霉素遭到破坏。

　　③ 固液分离。青霉素菌的菌丝较粗，一般过滤较容易，生产中多采用板框过滤或转鼓真空过滤，但需加入硅藻土作助滤剂。随着膜分离技术的发展，目前许多生产厂家已开始采用超滤分离技术来分离青霉素发酵液，超滤法的最大优点是可获得高质量的滤液。

2. 溶剂萃取

　　（1）萃取方法　用 10% 硫酸将滤液的 pH 值再调低至 1.8～2.2，用乙酸丁酯作为萃取剂，分别送入萃取机内进行一级萃取分离，一次萃取相（丁酯相）经水洗（洗去酯相中的水溶性杂质）后，送至下一岗位；一次萃余相（水相）再进行二级萃取，二

级萃取相（低单位丁酯）中的青霉素含量较低，作为一级萃取的萃取剂使用，二级萃余相则作为废液排出。

（2）影响青霉素提取的因素　　pH 值是影响青霉素溶解度和稳定性的重要因素。当 pH 值在 2.0 左右时，青霉素酸在乙酸丁酯相中的溶解度比在水中的溶解度大 40 倍以上，利于萃取过程的进行；而青霉素在 pH＝5.0 时最稳定，在 pH＜5.0 时稳定性减小，当青霉素在碱性溶液中时，则极不稳定。因此，萃取操作中适宜 pH 值的选择非常重要。

萃取温度和时间直接影响青霉素的稳定性。根据实验结果可知，24℃ 和 0℃ 时的稳定性相差 10 倍以上，一般要求青霉素在低温（10℃ 以下）条件下进行提取，而且在提取过程中，停留时间应越短越好，因此要求有性能良好的萃取分离设备。目前生产中多选用 POD 离心萃取机进行萃取分离。

根据萃取方式及理论收率计算可知，多级逆流萃取较理想，因此目前生产中一般都采用二级逆流萃取方式。浓缩比的选择也很重要，因为乙酸丁酯用量与收率和质量有很大关系，生产中滤液与乙酸丁酯用量的浓缩比为 1.5～2.5。

3. 结晶

（1）结晶方法　　青霉素在乙酸丁酯中的溶解度很大，但如果与金属成盐后，在酯相中的溶解度就大幅度降低，利用该性质在乙酸丁酯萃取相中加入乙酸钾的乙醇溶液，可获得青霉素钾盐的结晶，为获得较高的收率，在上述反应结晶的基础上，进一步采用共沸蒸发结晶的方法，以除去溶液中的水分，使结晶完全。

（2）影响结晶的因素　　溶液中的含水量对青霉素盐的溶解度有很大影响，直接影响结晶的收率。由于青霉素盐在水中的溶解度很大，若结晶液中含水量高，则青霉素钾的溶解量大，使青霉素钾的收率降低，然而水分也可以溶去一部分杂质，可提高晶体质量。当含水量控制在 0.9% 以下时，对质量和收率的影响较小。为了控制含水量，在配制乙酸钾-乙醇溶液时，应控制含水量在 9.5%～11% 范围内，乙酸钾浓度在 46%～51% 范围内，应注意乙酸钾浓度与含水量成正比较好。

青霉素钾盐的晶体质量、收率还与溶液污染数和温度有关。杂酸与青霉素含量的比值称为"污染数"，"污染数"对结晶有一定的影响。污染数高，反应结晶速率降低，生成的晶体略大些，但结晶收率低，同时杂酸的存在会污染晶体，影响晶体质量，因此工艺条件要求控制污染数。结晶温度的控制与污染数也有关系，当污染数在 0.5% 以下时，结晶温度控制在 10～15℃；当污染数在 0.5% 以上时，则结晶温度控制在 15～20℃。

对于可逆反应结晶过程，采用过量 0.1mol 乙酸钾，使反应朝生成青霉素钾盐的方向进行。另外，杂酸也消耗一部分乙酸钾，因此结晶过程中，根据污染数多少而决定乙酸钾的加入量，以保证反应能进行完全。如污染数在 0.5% 左右，则反应时加入的乙酸钾的摩尔比控制在 1:1.6。

需要说明的是各生产厂家的青霉素生产工艺过程大致相同，而其生产设备不尽相同，工艺控制指标也略有差异，但都是以提高产品质量和收率为目的，结合实际生产情况确定最佳的工艺控制条件。

任务 8.2　青霉素提取精制仿真操作实训（选作）

一、绘制青霉素提取精制仿真工艺流程图

1. 认识青霉素仿真生产工艺过程

北京东方仿真软件中的青霉素生产工艺过程如图 8-1 所示。运用所学课程中的相关专业

知识，正确理解和分析青霉素生产工艺过程，能熟练进入各个岗位流程界面。

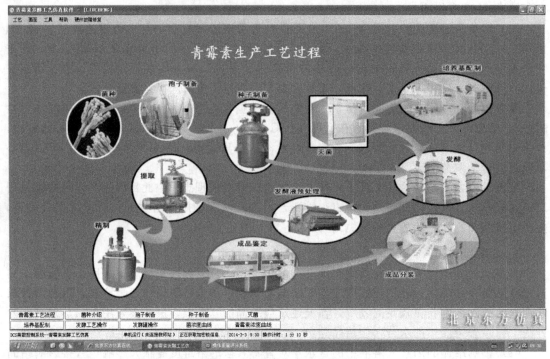

图 8-1　青霉素生产工艺过程

2. 认识青霉素仿真各岗位流程图

北京东方仿真软件中的青霉素生产工艺岗位划分为：发酵岗位、预处理和过滤岗位、提取岗位、精制岗位，各岗位的流程图如图 8-2～图 8-5 所示。

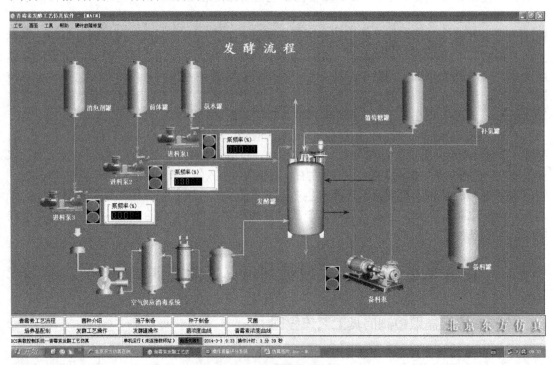

图 8-2　青霉素发酵流程

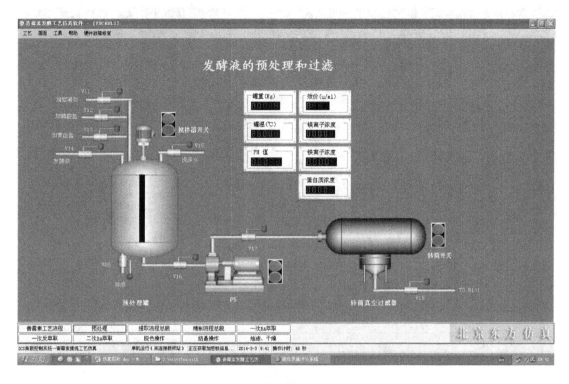

图 8-3　发酵液的预处理和过滤流程

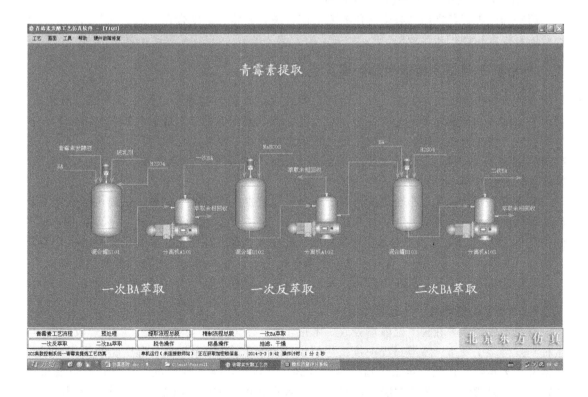

图 8-4　青霉素提取流程

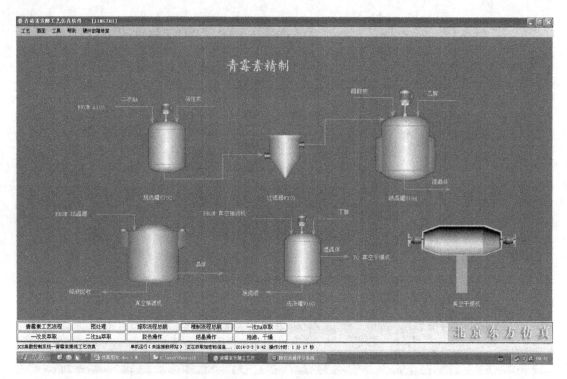

图 8-5　青霉素精制流程

3. 绘制青霉素仿真提取精制工艺流程图

理解和分析青霉素仿真各个岗位界面的流程图，并将它们组合在一起，绘制出完整的青霉素仿真提取精制工艺流程图。

二、分析解读青霉素提取精制仿真工艺流程

青霉素在临床应用中，主要控制敏感金黄色葡萄球菌、链球菌、肺炎双球菌、淋球菌、脑膜炎双球菌、螺旋体等引起的感染，对大多数革兰氏阳性菌（如金黄色葡萄球菌）和某些革兰氏阴性细菌及螺旋体也有抗菌作用。青霉素的优点是毒性小，但由于难以分离除去青霉噻唑酸蛋白（微量可能引起过敏反应），需要皮试；青霉素的缺点是对酸不稳定，不能口服，排泄快，对阴性菌无效。

青霉素工业盐是各种半合成抗生素的原料，主要提供头孢菌素母核。目前国际上青霉素活性单位的表示方法有两种：一是指定单位（unit）；二是活性质量（μg）。青霉素最早规定的指定单位是：50mL 肉汤培养基中恰能抑制标准金黄色葡萄球菌生长的青霉素量为一个青霉素单位。在以后，证明了一个青霉素单位相当于 $0.6\mu g$ 青霉素钠。因此青霉素的质量单位为：$0.6\mu g$ 青霉素钠等于 1 个青霉素单位。由此，1mg 青霉素钠等于 1670 个青霉素单位（unit）。

1. 分析解读青霉素生产工艺过程

青霉素生产菌种在种子组内培养成小米孢子后，直接接种到种子罐。培养一段时间后，接种到发酵罐中发酵。发酵过程中按工艺要求调控 pH、碳源、氮源、温度、溶解氧、微量元素等工艺参数。达到一定工艺指标后，放罐。发酵液经预处理后进入真空转鼓过滤机过滤，得青霉素滤液。滤液经二级逆流萃取后，青霉素由水相转到有机相。再经过精制工序，获得青霉素工业盐，经化验合格后，进入到产品分装，成为可以销售的原料药。

2. 分析解读青霉素发酵流程

发酵过程的主要目的是为了使微生物分泌大量的抗生素。发酵开始前，有关设备和培养基必须先经过灭菌，然后接入种子。接种量一般为 5%～20%。发酵周期一般为 4～5 天，但也有少于 24h，或长达 2 周以上的。在整个过程中，需要不断通气和搅拌，维持一定的罐温和罐压，并隔一段时间取样进行生化分析和无菌试验，观察代谢变化、抗生素产生情况和有无杂菌污染。

3. 分析解读发酵液的预处理和过滤流程

发酵液中含有的杂质如高价无机离子（Fe^{2+}、Ca^{2+}、Mg^{2+}）和蛋白质对提取和精制过程影响甚大。如用溶剂萃取法提取时，蛋白质的存在会产生乳化，使溶剂相与水相分离困难。加入絮凝剂后，去除大量无机离子与蛋白质，进入转鼓真空过滤机，得青霉素滤液。

4. 分析解读青霉素提取流程

在滤液中加入醋酸丁酯、调整 pH 后，经二级逆流萃取后，得青霉素萃取相。

5. 分析解读青霉素精制流程

青霉素萃取相加入活性炭脱色后，加入碱化剂后沉降，重相进入结晶罐进行结晶。结晶母液在罐式三合一内经过滤、洗涤、干燥，取样化验合格后，分装成药品。

三、青霉素提取精制岗位仿真操作

1. 发酵液的预处理和过滤岗位仿真操作

① 打开阀 V14，加发酵液。待加料至 5000kg 时，关闭阀 V14。
② 打开预处理罐搅拌器。
③ 打开阀 V13，加黄血盐，去除铁离子。观察铁离子浓度变化，待铁离子浓度为零时，关闭阀 V13。
④ 打开阀 V12，加磷酸盐，去除镁离子。观察镁离子浓度变化，镁离子浓度为零时，关闭阀 V12。
⑤ 打开阀 V11，加絮凝剂，去除蛋白质。观察蛋白质浓度变化，蛋白质浓度为零时，关闭阀 V11。
⑥ 打开阀 V16、V17 及泵 P5，同时打开转筒过滤器开关及后阀 V18。待发酵液经过滤排至混合罐 B101 后，关闭阀 V16、V17、泵 P5 以及转筒过滤器开关及后阀 V18。
⑦ 停止预处理罐搅拌器。

2. 提取岗位仿真操作

① 打开混合罐 B101 搅拌器。
② 打开阀 V19，加 BA（醋酸丁酯）质量为发酵液的 1/4～1/3 倍。关闭阀 V19。
③ 打开阀 V22，加稀硫酸调节 pH 值。待 pH 值调节至 2～3 时，关闭阀 V22。
④ 打开阀 V21，加破乳剂。加破乳剂量为 100kg 时，关闭阀 V21。
⑤ 打开阀 V23、V24 及泵 P6，向分离机注液。待分离机中有液位时，迅速打开 A101 开关。
⑥ 打开萃余相回收阀 V26，调节 V26 阀门开度，控制重相液位在总液位的 80% 左右，使轻相液能充分的溢流至 B102。
⑦ 待混合罐 B101 液体排空后，关闭阀 V23、V24 及泵 P6，停止混合罐 B101 搅拌器。
⑧ 待分离机 A101 中液体排尽后，关闭阀 V26，关闭分离机 A101 开关。

3. 精制岗位仿真操作

（1）反萃仿真操作

① 打开混合罐 B102 搅拌器。

② 打开 V28，加碳酸氢钠溶液，碳酸氢钠溶液的质量为青霉素溶液的 3～4 倍，并调节 pH 值为 7～8。待 pH 值调节至 7～8 时，关闭阀 V28。

③ 打开阀 V29、30 及泵 P7，向分离机 A102 注液。待分离机 A102 中有液位时，迅速打开 A102 开关。

④ 打开萃余相回收阀 V32，调节 V32 阀门开度，控制重相液位在总液位的 80% 左右，轻相液能充分的溢流出。

⑤ 待混合罐 B102 液体排空后，关闭阀 V29、V30 及泵 P7。停止混合罐 B102 搅拌器。

⑥ 待分离机中剩余少许重液时，关闭阀 V32，防止轻液流入混合罐 B103 中。关闭分离机 A102 开关。

（2）脱色罐仿真操作

① 打开活性炭进料阀。进料量为 25kg 时，关闭进料阀。

② 打开脱色罐搅拌器，并设定搅拌时间为 10min。搅拌 10min 后，打开阀 V41、V42 及泵 P9，将青霉素溶液经过过滤器排至结晶罐

③ 待脱色罐液体排空后，关闭阀 V41、V42 及泵 P9。停止脱色罐搅拌器。

（3）结晶罐及抽滤、干燥仿真操作

① 启动结晶罐搅拌器。

② 打开阀 V43，向结晶罐中加入醋酸钠-乙醇溶液。观测青霉素浓度，待青霉素刚好反应完时，关闭阀 V43。

③ 打开冷却水阀 V44 及 VD10，控制结晶罐温度为 5℃ 以下，并输入保持时间，保持 10min。

④ 打开阀 V45、V46 及泵 P10，将结晶液排至真空抽滤机进行抽滤。待真空抽滤机中上层液位达到 50% 左右后，迅速打开真空阀 V47，进行抽滤。同时打开 V48，回收母液。

⑤ 待结晶罐中液体排空后，关闭阀 V45、V46 及泵 P10，停止结晶罐搅拌器。

⑥ 抽滤完成后，关闭真空阀 V47。待母液全部回收后，关闭阀 V48。

⑦ 点击"移出晶体"按钮，将抽滤后的晶体移入洗涤罐。打开阀 V49，加丁醇进行洗涤。待丁醇加入量为 500kg 时，关闭阀 V49。

⑧ 启动洗涤罐搅拌器，并设定时间为 8min。搅拌 8min 后，停止洗涤罐搅拌器。并设定保持时间 10min。

⑨ 打开阀 V50，排出废洗液。待废洗液排尽后，关闭阀 V50。

⑩ 点击"移出晶体"，将洗涤后的晶体移至真空干燥机。启动干燥机，设定时间为 20min。干燥 20min 后，关闭干燥机开关，停止干燥。

任务 8.3 青霉素提取精制模拟操作实训（选作）

一、绘制青霉素模拟提取精制各岗位平面布置图

校内实训室建有青霉素模拟生产车间，包括发酵岗位、陶瓷膜过滤岗位、萃取岗位、反萃岗位、结晶岗位和抽滤、洗涤、干燥岗位，各岗位的工艺流程如图 8-6～图 8-11 所示。运用所学课程中的相关专业知识，熟悉各岗位现场的工艺管路和设备，正确识别各操作阀门和控制按钮，绘制各岗位的平面布置图。

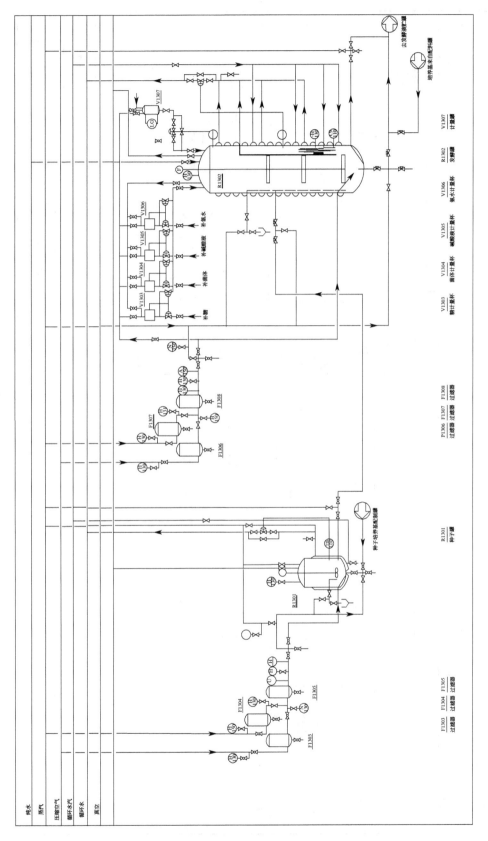

图 8-6　青霉素发酵工艺流程图

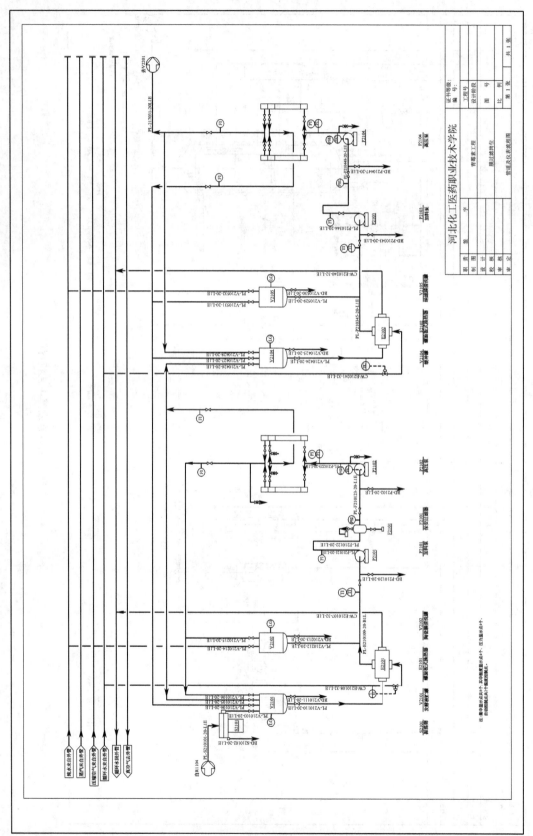

图 8-7 青霉素陶瓷膜过滤工艺流程图

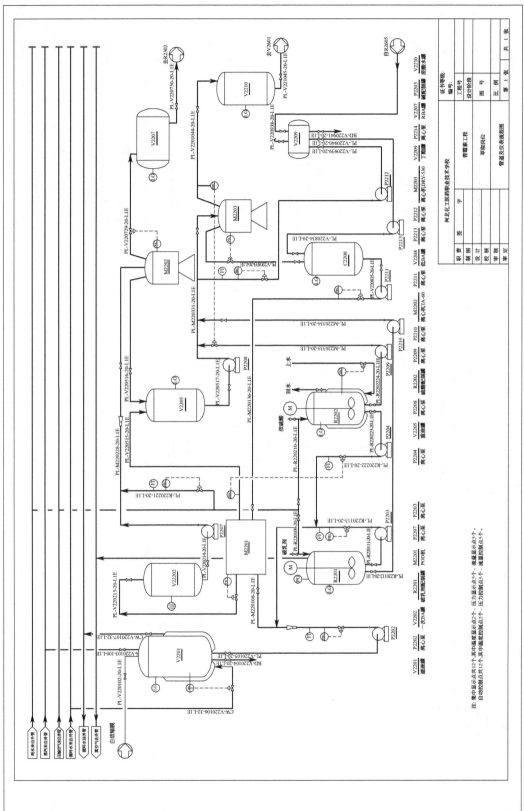

图 8-8　青霉素醋酸丁酯萃取工艺流程图

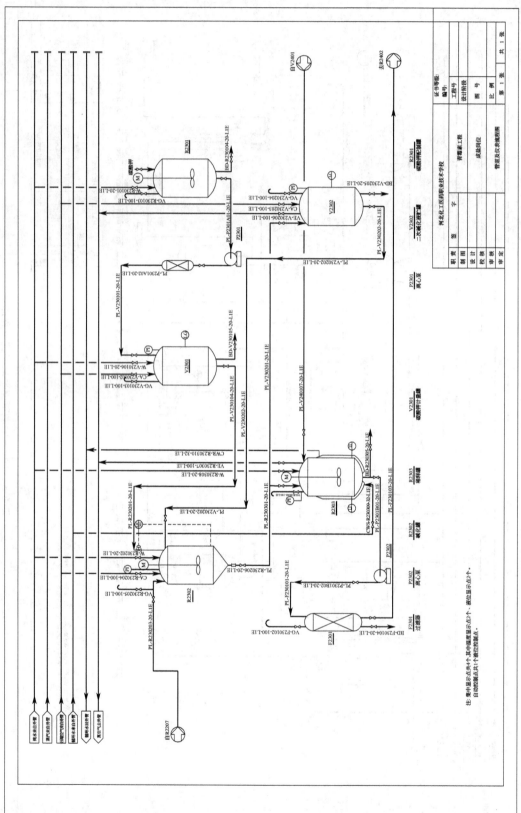

图 8-9 青霉素反萃取工艺流程图

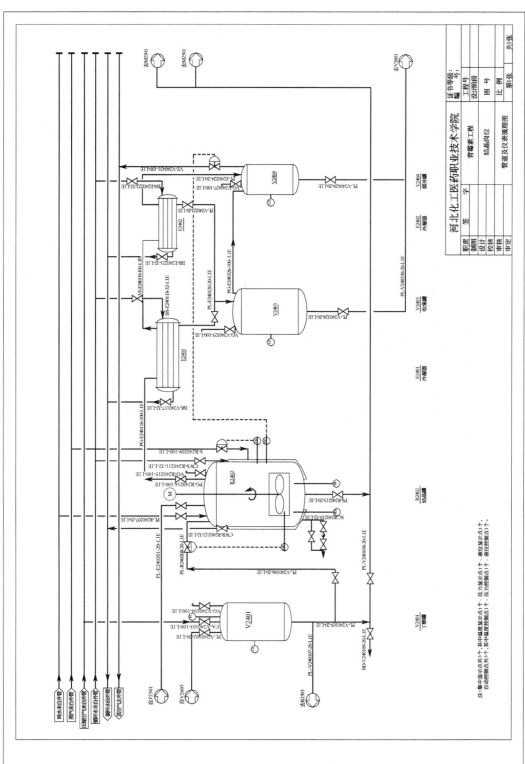

图 8-10　青霉素结晶工艺流程图

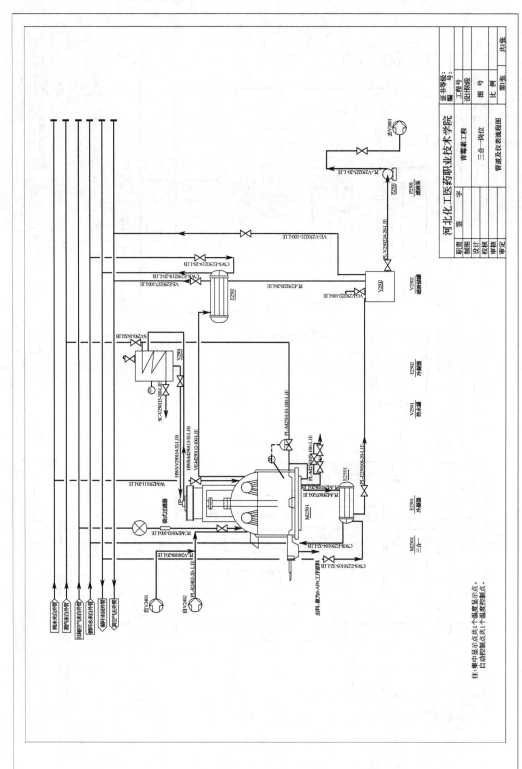

图 8-11　青霉素抽滤、洗涤、干燥工艺流程图

二、分析解读青霉素模拟提取精制工艺流程

1. 分析解读陶瓷膜过滤工艺流程

来自发酵部分的发酵液通过振动筛进到发酵液罐,在发酵液罐内按发酵液体积 $0.1\%\sim$ 0.2% 加入甲醛,加入碱或调节 pH 到 $7.5\sim8.5$,然后通过打料泵将发酵液打入陶瓷膜系统进行过滤。发酵液体积压缩到 1/2 左右时,通过混合器加入透析液水或补入原水稀释发酵液,保持补水量和滤液出料量平衡,直至滤液效价达到工艺要求,停止进料,排渣后清洗陶瓷膜设备,准备下一批进料。

经过陶瓷膜过滤的滤液通过打料泵从滤液缓冲罐进入纳滤膜系统进行浓缩,浓缩后的浓缩液进入萃取岗位。浓缩完成后,清洗纳滤膜设备,准备下一批进料。

2. 分析解读萃取工艺流程

来自过滤岗位的浓缩滤液加入稀硫酸和破乳剂后,与醋酸丁酯混合进入 POD 机。浓缩滤液与醋酸丁酯在 POD 机中进行萃取、分离,分离后的轻相一次 BA 液进入一次 BA 液罐;重相进入重液罐。一次 BA 液通过 TA-60 蝶式离心机进行再次分离,分离后的轻相 RBA 液进入碱化罐进行碱化;重液进入重液罐。重液罐中的重液通过 DRY-530 蝶式离心机进行分离,分离后废酸水进入废酸水罐准备回收处理;低 BA 液进入低 BA 罐后再次进入 POD 机进行萃取、分离。

3. 分析解读反萃工艺流程

RBA 液进入碱化罐后先加纯水进行水洗。水洗后将水分离出去。缓慢加入配制好的碳酸钾溶液进行一次碱化。上层轻相测效价,下层重相测 pH 值,达到要求后,依次打开稀释罐碱化液进料阀及碱化罐碱化液出料阀,将一次碱化液抽进稀释罐,加入丁醇进行稀释。稀释液效价达到标准后准备与结晶岗位交接。抽完一次碱化液后,对一次上清液进行二次碱化,操作同一次碱化。碱化完后,将二次碱化液抽进二次碱化液贮罐。

4. 分析解读结晶工艺流程

待稀释液压送完毕,碱化岗位与结晶岗位交接完成。开真空泵,当结晶罐真空度达到 0.090MPa 后,开下夹套蒸汽进、出阀门,开始共沸结晶操作。控制蒸汽压力在 $0.02\sim$ 0.08MPa,出晶时温度控制在 $28\sim34℃$;养晶时调低蒸汽压力至 $0.01\sim0.05$MPa,养晶完毕后重新调回蒸汽压力。共沸过程中通过补加丁醇使罐内液面基本保持不变。共沸过程中抽出的蒸汽通过冷凝、收集后去回收岗。共沸全程 $4\sim5$h,取母液样品送化验室测母液水分及效价。母液终点水分和效价符合要求后,打开结晶罐底放料阀开始放料,将料液送到抽滤岗位。

5. 分析解读抽滤、洗涤、干燥工艺流程

罐式三合一抽滤接料前,先将搅拌用热水罐预热,避免结晶粘在搅拌上。罐式三合一抽滤接料完毕后,通知泵房开启真空泵,开始真空抽滤。通过人孔处视镜观察滤饼的情况,确定抽滤完毕后,打开罐体洗涤水进料阀门进行洗涤操作。洗涤结束后,按工艺要求进行冷抽操作。冷抽结束后,关闭气源管路进气阀门及罐底真空阀,依次打开三合一罐底的真空平衡阀及罐顶真空阀,按工艺要求进行干燥操作。干燥后期取样检测,检测合格后,关闭热水阀,打开冷却水阀对罐体进行降温。打开三合一出粉口阀门,顺时针旋转间歇开搅拌,出干粉。

三、青霉素提取精制各岗位模拟操作

按照校内实训车间的岗位设置,轮流到各岗位进行模拟操作,掌握各岗位的安全操作规程,学会维护各岗位设备,通过控制工艺条件,提取精制出合格的青霉素。

参 考 文 献

[1] 顾觉奋主编. 分离纯化工艺原理. 北京：中国医药科技出版社，2002.
[2] 顾觉奋主编. 离子交换与吸附树脂在制药工业上的应用. 北京：中国医药科技出版社，2008.
[3] 毛忠贵主编. 生物工业下游技术. 北京：中国轻工业出版社，1999.
[4] 李淑芬，姜忠义主编. 高等制药分离工程. 北京：化学工业出版社，2008.
[5] 俞俊棠主编. 新编生物工艺学：上册. 北京：化学工业出版社，2003.
[6] 李津，俞咏霆，董德祥主编. 生物制药设备和分离纯化技术. 北京：化学工业出版社，2003.
[7] 陆九芳，李总成，包铁竹编著. 分离过程化学. 北京：清华大学出版社，1993.
[8] 周立雪等. 传质与分离技术. 北京：化学工业出版社，2002.
[9] 袁惠新主编. 分离工程. 北京：中国石化出版社，2002.
[10] 《化工设备设计全书》编辑委员会. 化工设备设计全书：干燥设备. 北京：化学工业出版社，2002.
[11] 俞文和主编. 新编抗生素工艺学. 北京：中国建材工业出版社，1996.
[12] 孙彦编著. 生物分离工程. 北京：化学工业出版社，1998.
[13] 吴梧桐主编. 生物制药工艺学. 北京：中国医药科技出版社，2006.
[14] 欧阳平凯，胡永红等. 生物分离原理及技术. 北京：化学工业出版社，2010.
[15] 严希康主编. 生化分离工程. 北京：化学工业出版社，2004.
[16] 郑裕国，薛亚平，金利群. 生物加工过程与设备. 北京：化学工业出版社，2004.
[17] 陈来同主编. 生化工艺学. 北京：科学出版社，2004.
[18] 朱素贞主编. 微生物制药工艺. 北京：中国医药科技出版社，2000.
[19] 陆美娟主编. 化工原理：下册. 北京：化学工业出版社，2001.
[20] 郑怀礼等编著. 生物絮凝剂与絮凝技术. 北京：化学工业出版社，2004.
[21] 蒋维钧，雷良恒等. 化工原理：下册. 北京：清华大学出版社，2010.
[22] 刘茉娥等编著. 膜分离技术. 北京：化学工业出版社，2000.
[23] 严希康. 中国医药工业杂志，1995，**26**（10）：472.
[24] 陈立功，张卫红，冯亚青等编. 精细化学品的现代分离与分析. 北京：化学工业出版社，2000.
[25] 时钧编著. 化学工程手册：下册. 北京：化学工业出版社，2003.